江苏省地理信息资源开发与利用协同创新中心建设项目
资助出版

Support by Jiangsu Center for Collaborative Innovation in
Geographical Information Resource Development and Application

居维叶及灾变论

张之沧◎著

Georges Cuvier and Catastrophism

科学出版社
北 京

图书在版编目(CIP)数据

居维叶及灾变论/张之沧著.—北京：科学出版社. 2016.10
ISBN 978-7-03-047590-9

I. ①居… II. ①张… III. ①灾变论 IV. ①P53

中国版本图书馆CIP数据核字(2016)第046589号

责任编辑：邹 聪 刘 溪 李嘉佳 / 责任校对：彭 涛
责任印制：徐晓晨 / 封面设计：无极书装
编辑部电话：010-64035853
E-mail:houjunlin@mail. sciencep.com

科学出版社出版
北京东黄城根北街16号
邮政编码：100717
http://www.sciencep.com

北京京华虎彩印刷有限公司印刷
科学出版社发行 各地新华书店经销

*

2016年10月第 一 版 开本：720×1000 B5
2018年 1 月第二次印刷 印张：13 3/4

字数：251 000
定价：68.00元
（如有印装质量问题，我社负责调换）

前　言

　　尽管新中国历尽艰辛，迎来科学的春天，科学技术获得迅猛发展，然而还是不得不遗憾地说，新中国成立60多年来，原创性科学理论凤毛麟角，国际一流科学大家出之甚少。造成这种现状的原因当然很多，通过探索和总结，我们发现，科技、艺术和理论创新至少需要具备如下条件：成熟的创新主体，从事创新所需要的知识背景、学术环境、社会制度、经济基础、文化底蕴、研究传统、社会需要以及从事科技创新的思维形式和方法途径。但关键还是在我们的研究传统和思维方式中，一种按部就班、循规蹈矩、僵硬狭隘、顽固守旧的经验主义、实证主义、归纳主义和消极、被动的"反映论"始终笼罩着科技人员，束缚着他们的思想，堵塞着他们的思维，压抑着他们的智慧，阻碍着他们的技术发明和理论创新；使他们普遍缺乏驰骋天宇、自由翱翔的想象，纵横捭阖、精深幽邃的沉思，以及"疯癫醉狂、摧毁一切"的酒神精神。因此，中国科学要想振翅高飞，除了需要加大资金投入之外，关键还是要加速培养科学家发明创造的能力，否则投入再多的钱，也不会从一个僵死、生硬的脑袋里迸发或构建出那超越自然万物、跨越无限时空的科学理论来。具体地说，今天中国在创新领域最需要做的工作就是培养成熟的创新主体，掀起创新思维和创新实践领域中的一场革命。而在这个过程中借鉴科技发展史上伟大科学家的一些思维方法、创新形式和科学态度，必将大有裨益。法国大革命时期的居维叶就是这样一位既取得辉煌科学成就又在科学研究方法上独辟蹊径、有所创新的科学家。具体地说，乔治·居维叶（Georges Cuvier，1769～1832年）不仅是18～19世纪著名的博物学家、地质学家、比较解剖学家、古生物地层学的奠基人、古生物学的创始人、灾变论的创立者，而且是一位理论思维和研究方法创新的楷模。

　　这位在科学界曾经红极一时的人，1769年8月23日出生于当时还属于德国的蒙贝利亚尔Montbéliard。1784～1788年，居维叶在德国斯图加特的卡罗琳学院学习。1788年毕业后，在诺曼底当家庭教师。后因研究成果卓著，经朋友引荐，于1795年去巴黎的自然历史博物馆教授动物解剖学，并被任命为动物学教授。1796年成为法兰西学院物理科学协会会员，开始对一种已经灭绝的动物——"原始象"进行研究，1797年发表《动物学初阶》，1800年成为法兰西学院的自然史教授。1799～1805年出版5卷本的《比较解剖学讲义》。1802年被任命为慕塞自然学院的比较解剖学教授，1803年成为法兰西学院物理学科的终身教授。1804年在亚历山大·布朗格尼亚特的协助下，开始地质学研究，特别是对地层成因的研究取得了开创性的成果。1808年被拿破仑任命为大学顾问。1808～1811年出版《巴黎地区的矿物地理》。这本书通过多年的不断修改和充实，后来被扩充为《巴黎地区的地理现象》。1809～1813年前往意大利、荷兰与德国，考察当地发达的教育现状和科学技术。1812年出版《四足动物骨骼化石研究》，1813年出版《论地球表面的革命》（法文原版书名为 *Discours sur les revolutions de la surface du Globe*）。这是一本从《四足动物骨骼化石研究》中抽出来的单纯论述。同年，由英国地质学家 R. 詹姆森译成英文，并作了大量的矿物学注释和有关居维叶在地质学上的发现的说明。中译本《地球理论随笔》由英译本（*Essay on the Theory of the Earth*）转译，于1987年由地质出版社出版（张之沧教授译，李鄂荣研究员校）。居维叶1814年成为国会议员，1817年任内务部副大臣，同年出版《动物界》。1819～1832年，他成为法国参议院内政部主席。1828年出版22卷本的《鱼的自然历史》。1830年与埃提纳·圣提雷尔展开公开论辩。1832年5月13日，于霍乱流行期间，不幸逝世于法国巴黎。

作为18～19世纪法国最伟大的科学家，居维叶一生的科学贡献是多方面的，而且在许多科学领域都是开创者和奠基者。特别是在接受了林奈的有关物种分类的《自然系统》和布丰的有关宇宙演化的36卷《自然史》的熏陶之后，他对探索大自然的兴趣变得更加浓厚。不仅从此开始对保存在地层中各种形态的古生物化石进行研究和追踪，而且从此一发而不可收，在诸多学科门类以及自然科学方法论等方面都做出划时代贡献。

一、创立比较解剖学

居维叶是系统整理解剖学资料，使之成为一门独立学科的第一人。他在这方面花费了惊人的劳动量。他说，"出自我的爱好和兴趣，从童年起我就献身于比较解剖学的研究"。为了打破林奈的人为分类系统，建立自然分类系统，"我曾经一个个地检查了我的标本的物种"。"在每一种机会里，我都至少解剖每一个亚属的一个物种"。对于鸟类，"我曾经以最大的耐心检查了博物院内的4000多只鸟……，我的繁重的工作将证明对试图研究一个真实、正确的鸟类史的人是有价值的"。居维叶还谈道，他在软体动物、节肢动物、特别是鱼类的研究上付出巨大劳动。为了推动比较解剖学这门学科的迅速发展，居维叶不仅自己身体力行，还积极倡导在当时有影响、有学识、在比较解剖学上做出巨大成就的博物学家联合进行研究。为此，居维叶自1792年起，发表了若干篇非常有价值的论文。1798年出版了一部广为传播的著作《动物自然史的基本状况》，1800年，《比较解剖学讲义》的第一、第二卷问世，1805年又完成了《比较解剖学讲义》的

第三卷。

　　比较解剖学，一方面为分类学、古生物学、人类学、生理学的研究奠定了理论基础；另一方面又可以使人们根据解剖事实来确定所研究的动植物在进化序列中的位置，确立各物种间的亲缘关系，追溯它们的发展演化历史。例如，居维叶比较了人和猿的"两臂"、蝙蝠和鸟类的"两翼"、海豹和鲸的"胸鳍"、蝾螈和青蛙的"前肢"等结构，证明它们在动物的起源上都是四肢动物的"前肢"，于是得出结论：四肢动物的"肢体的形状根据它们所适合的用途而变化。前肢可以变成手，或足，或翼，或鳍；后肢可以变成足，或鳍"。也就是说，凡是长有手、足、翼、鳍的各种不同物种都起源于共同祖先，都是由原始的四肢动物演变而来。

　　居维叶通过比较解剖学把无限多样的动物界成功地归纳为四种原型。他不仅在各物种、各类群之间确立了某种亲缘关系，而且在四大门类之间找到了一些过渡类型。他发现细胞是构成一切生物体的基本单位，并指出，"细胞是一种海绵体，与生物体有同样形式，生物体的所有部分都贯穿着或充满着细胞"。居维叶在比较解剖学上的另一突出贡献，就是发现了著名的"器官相关律"；在方法论上，开辟了研究古生物化石的新时代。

　　居维叶创立的比较解剖学不仅大大促进了生物学的深入发展，而且为进化论的确立提供了丰富可靠的科学事实与根据。所以，德国进化论者海克尔曾指出，"我们今天称为比较解剖学的这一高度发达的学科，直到1803年才算诞生。伟大的法国动物学家居维叶出版了他的主要著作《比较解剖学》。在这部著作中，他首次试图确立人和动物躯体构造的一定规律……居维叶广泛而详尽地观察了动物结构的整体……把人类明确地归入脊椎动物这一类，并讲清了人类与其他物种的根本区别"[①]。法国生物学家雅克·莫诺在谈到生物进化学说史时，也明确指出，"正是这些不朽的业绩引起了并证实了进化论"[②]。

二、发现"器官相关律"

　　在居维叶的时代，绝大多数的博物学家和化石采集人对化石及所代表的生物的结构和功能都了解得极少，因此他们都不能确切地知道某块特定的骨头是否能相应地代表现存的某个物种。许多有机会对岩石和洞穴中的化石进行观察和收集的化石采集人，往往都对矿物学和采矿业的实用价值感兴趣，而把化石（fossil）中与动植物体相似的东西看作是自然界游戏的结果，是大自然变幻莫测的活动造

---

① 海克尔.2002.宇宙之谜.郑开琪等译.上海：上海译文出版社：23.

② 雅克·莫诺.1997.偶然性与必然性.上海外国自然科学哲学著作编译组译.上海：上海人民出版社：76.

成的一种艺术品，是用来娱乐人类而又迷惑人类的东西①。因此，与古代的矿物学和采矿技术形成对比，现代的古生物学从 18 世纪晚期才开始形成。今天，虽然古生物学已经成为历史地理学的一个研究领域，但最初它却被认为是解剖学的一部分，被紧密地与医学联系在一起。为了认识化石上的动物，居维叶运用比较的方法对现存生物体的骨骼进行了深入细致的研究和探索工作。更为重要的是，他运用了他的有关生物体形态和功能之间存在着功能上联系的知识对化石进行分析，并称此种方法为"相关理论"。进一步说，正是居维叶根据自己对大量的古生物化石的研究和对许多动物进行的解剖结构和功能上的探索，提出了他的著名的"器官相关律"。

这一相关法则表明：任何一个有机个体的所有器官都形成一个完整系统，它的各个部分都相互一致、相互作用。为此，一个部分发生变化，必然会使其余部分发生相应变化。这样，如果一个动物的内脏器官适于消化新鲜的肉，那么它的嘴的结构就应当适于吞食捕获物，爪的结构就应当适于把捕获物抓住并撕裂为碎片，牙齿就应当适于剪切和咀嚼捕获物的肉，整个机体系统就应当适于追捕和袭击远处猎物，自然界也一定会赐给它一个头脑使它具有足够的本能隐蔽自己和制订捕捉猎物的计划。例如，牛羊等反刍动物既然拥有磨碎粗糙植物纤维的牙齿，就必然会拥有相应的嚼肌、上下颌骨和关节，以及相应的消化道和那适于抵御与逃避敌害的洞角和肢体构造，而虎狼等肉食动物则具有与捕捉猎物相应的各种运动、消化方面的构造和机能等。居维叶说，决定动物器官关系的这个规律，就是建立在这些机能和结构的相互依存与相互协助上的。牙齿的形状就意味着颚的形状，肩胛骨的形状就意味着爪的形状。正如一个曲线方程含有曲线的所有属性一样，所有它们的性质都可以通过假定每一个个别性质而得到确定。同样，对一个爪、一个肩胛骨、一个髁、一条腿骨、一块臂骨，或任何其他骨头分别考虑，能使我们发现它们的牙齿的形状。这样，通过认真观察任何一块骨头，就可以重新复原这块骨头所属动物的整体结构。因为任何熟悉这一条规律的人，只要他看到一个偶蹄的印迹，就可以得出结论：它是一个反刍动物留下来的。因此，恩格斯在《家庭、私有制和国家的起源》一书中对"器官相关律"曾给予高度评价。

居维叶作为解剖学和古生物学的创始人，不仅研究现在存活着的动物种类，还将当时已知的绝灭物种的化石遗骸归入同一个动物系统进行比较研究。他运用器官相关的原则和方法，根据少数的骨骼化石对动物进行了大量的整体复原工作。这种开创性的研究工作，使他成了比较解剖学和古生物学的创始人。他首先指出，非洲象与亚洲象是两个不同的种，而猛犸象（即长毛象）则是一种更接近于亚洲象的绝灭动物，并证明北美发现的"猛犸"化石是另一个绝灭的新属——

---

① 洛伊斯·N. 玛格纳.2009.生命科学史.第 3 版.刘学礼译.上海：上海人民出版社：265.

乳齿象。尽管他反对当时流行的一些哲学意味上的生物进化论，但他却正确地提出了物种（以及种上类群）自然绝灭的概念，并论证了现存种类与绝灭种类之间在形态和"亲缘"上的相互联系，在客观上为生物进化论提供了科学的证据。

不仅如此，由"器官相关律"发展而来的相关分析法，从此成为居维叶的古生物学和地球革命的理论得以确立的又一重要的科学方法。他在论述这种方法的重要性及其具体运用时说，作为一个新种类的古物收藏者，必须学会解释和恢复这些残余物；根据它们的原始排列，学习揭露和聚集构成原来生物体的分散的毁坏的碎片的艺术；以及根据它们本来的比例和特征重新产生这些碎片以前所属的动物，再把这些动物与仍然生活在地球表面的动物相比较的艺术。这是一种几乎没有被认识的艺术，用这种艺术可以推断以前几乎不曾获得的知识，也就是说可以认识那些用来区分生物体的不同部分的结构形态的共存规律。居维叶的古生物学主要就是运用这种方法取得的成果。根据这种方法，人们完全可以依据骨头与骨头之间的相关性复原一个已经绝灭的物种的体态、结构和特征。对于这种具有辩证法和现代系统论特质的方法论，居维叶曾满怀信心地说，运用这种方法，"把每一块骨头是归于它的特殊的种，还是归于仍然存在的种；是归于它的属，还是归于一个未知种；是归于它的目，还是归于一个新属；最后是归于它的纲，还是归于一个未知目，几乎总能得到满意的结果"①。

三、确立古生物学

18 世纪末，地质学虽然初具形态，成为一门独立科学，但主要局限在对岩石矿物及地层组成方面的研究，关于地质构造和地壳发展演化史基本上没有留下肯定的结论。真正在地质学上开辟一个崭新时代，把生物学第一次带进地质学，利用古生物化石比较法使地质学成为一门比较精确的科学的科学家便是居维叶。在 18 世纪末至 19 世纪初，许多地质学家常常从野外带来大量古生物化石，请求这位比较解剖学权威鉴定。居维叶发现，许多化石骨骼与现存物种骨骼不同。于是他和朋友布罗格尼亚一起，进行了长期艰苦的野外调查，搜集了大量古生物化石，并根据"器官相关律"复原了 150 多种古代绝灭的物种，终于在 1812 年发表了四卷巨著《四足动物骨骼化石研究》，创立了古生物学。这部著作当时受到欧洲许多国家的科学家称颂。有人认为，正是从这部著作发表的时候起，地质学才获得第一个精确的知识。有人认为，这部阐述局部地质学的最光辉、最有益的著作甚至可以赠给全世界。这部著作在地质学史上开辟了一个新纪元。正是这部著作澄清了以前的一些错误的，甚至是十分迷信和神秘的传说。"例如，有一块化石曾被认为是死于诺亚大洪水之前的人的骨头，而居维叶则证明它实际上是一

---

① Cuvier G.1813. Essay on the Theory of the Earth. London:Strand:103.

种目前已绝种的巨大蝾螈的遗骸"[①]。

概括起来，居维叶对古生物学贡献主要有三点：第一，他最先认识到研究古生物化石对于认识地球演化史及生物发展史的重要意义。同时指出，"其他博物学家的确曾经研究了成千上万种动植物……但是，他们只是从这些化石本身去考虑，而不是就它们与地球理论的联系来考虑，或者只是把化石当作稀奇的事，并不当作历史的见证"。而他写《四足动物骨骼化石研究》一书，就是要使读者通过熟悉古生物化石来了解地质演化史和生物进化史。第二，他在系统地研究大量古生物化石和地质资料的基础上揭示了化石本质，把化石从神迹中彻底解放出来。在他之前，化石一直被认为是"世界洪水"的证据，是神意的显示，或是自然界的游戏。而居维叶则旗帜鲜明地指出，"无知地提出这些化石只是天然的畸形——是由地球内部的创造力繁殖的产物的时期已经过去了"。化石只不过是过去被毁灭了的生物的残迹。因此，当18世纪末，许多人都认为，挖出的巨大骨头是过去巨人或天使的遗骸的时候，他敏锐地指出，"由著名的主教提到的，曾在挪威发现的被假定为巨人骨头的是象的残遗化石"。这样，他通过对化石本质的揭露，澄清了诸多非科学的猜测和臆想。第三，他利用比较解剖学和"器官相关律"复原了大量古代绝灭了的物种，给人类认识地球演化史及生物进化史提供了丰富可靠的根据。他通过对生物化石与地层之间关系的研究，发现不同地层含有不同物种。地层越古老，含有的化石越低级、简单；地层越新，含有的物种越高级、复杂。在最古老的原生地层中，没有生命化石，而人类的化石只是发现于最新的埋藏地层中。这证明，在地壳由老变新的过程中，伴随着生物从无到有、从简单到复杂、从低级到高级的发展。居维叶还指出，每个地层都含有特定的化石物种。根据这些特定化石，就可以准确地确定地层的新老关系、先后顺序、相对年龄，及其间可能发生的各种地质事件。这样，古生物化石就像黑暗中发射出的一束光明，使人类能够洞悉横贯地球历史千百万年的变化和发展。居维叶对古生物学的贡献至今依然经常出现在许多古生物学、地质学和动物分类学的书刊中。

四、开创地史学

居维叶通过把一些反映大规模地壳运动的痕迹与现存的渐变作用的结果进行比较，发现地球表面现存的各种地质营力只能轻微地改变地貌特征，不能形成横贯地球表面的巨大山脉，不能产生面积巨大的地层的隆起和沉陷，不能造成大批生物的灭绝。特别是他通过对海相与陆相两种不同生成环境的地层进行相互比较之后，便得出海水曾经多次发生大规模进退的结论。在居维叶看来，利用这种

[①] 洛伊斯·N. 玛格纳.2009.生命科学史.第3版.刘学礼译.上海：上海人民出版社：266.

历史比较法将比所有充满矛盾的地球起源假说有无限多的价值。人类也只有在观察基础上正确地运用这种逻辑思维，通过对岩石矿物、地层特征、地质构造、海水进退和古生物化石进行细致地分析、研究和比较，才能恢复人类之前已经存在的千百万年的地球历史及生命演化史。于是，他根据自己对大量的地层化石的收集、研究和比较，认为地层时代越新，其中的古生物类型也越高级、越复杂和越进步。最古老的地层中没有古生物化石和生命现象，后来出现了植物与海洋无脊椎动物的化石，然后又出现脊椎动物的化石。在最近的地质时代的岩层中，才出现现代类型的哺乳类与人类的化石。

他通过对绝灭种与现存种之间、古老地层与新近地层之间、岩层与岩层之间都存在巨大间断的考察，发现水平岩层可以直接覆盖在陡立岩层之上形成明显的角度不整合；物种与地层之间，不仅一定的地层含有一定的物种，而且一定的物种总是伴随一定的地层间断突然消失或突然出现。不仅如此，如此明显的地层间断在时间上还是多次出现，于是他根据各大地质时代与生物各发展阶段之间的"间断"现象，得出结论：地球表面一定曾经发生多次大规模的剧烈的突然性灾变。正是自然界所引发的这类全球性的大变革，才造成生物类群的"大绝灭"，而残存的部分经过发展与传播又形成了以后各个阶段的生物类群。他的这一科学假设不仅开辟了古生物地层学，而且也基本上与现代地质学和古生物学的结论相一致。

五、提出地质"灾变论"

居维叶认为，在整个地质发展的过程中，地球经常发生各种突如其来的灾害性变化，并且有的灾害是具有很大规模的。例如，海洋干涸成陆地，陆地又隆起山脉，反过来陆地也可以下沉为海洋，还有火山爆发、洪水泛滥、气候急剧变化等。当洪水泛滥之时，大地的景象都发生了变化，许多生物遭到灭顶之灾。每当经过一次巨大的灾害性变化，就会使几乎所有的生物灭绝。这些灭绝的生物就沉积在相应的地层，并变成化石而被保存下来。这时，造物主又重新创造出新的物种，使地球又重新恢复了生机。原来地球上有多少物种，每个物种都具有什么样的形态和结构，造物主已记得不十分准确了。所以造物主只是根据原来的大致印象来创造新的物种。这也就是新物种同旧物种拥有少许差别的原因。如此循环往复，就构成了我们在各个地层中看到的情况。

"在如何认识灭绝的和现存的物种之间在种群上的不连续现象时，居维叶用'灾变'或'革命'这样的术语来解释动物世界中发生的变化。这些'灾变'和'革命'在史前时期大批地杀死了整个种群。"[①] 据此，居维叶推断，地球上已发生过 4 次灾害性的激变。最近的一次是距今 5000 多年前发生的摩西洪水泛滥。这

---

① 洛伊斯·N. 玛格纳.2009. 生命科学史. 第 3 版. 刘学礼译. 上海：上海人民出版社：266.

使地球上生物几乎荡尽，因而上帝又重新创造出各个物种。后来，居维叶的学生R. 欧文（R. Owen，1804～1892年）便以此为据，极力鼓吹灾变论，不仅在法国产生了很大影响，而且影响到国外。

尽管灾变说在法国学术界取得了统治地位，但是，居维叶的理论却受到一些生物学家的批评，特别是主张生物进化论的拉马克和圣提雷尔，对其提出了非常严厉的批判和否定，虽然他们三人在18世纪末的巴黎自然历史博物馆曾结下深厚友谊。1830年，居维叶同圣提雷尔开展了有关"灾变论和进化论"或"激变论与渐变论"的激烈辩论，这场辩论是在法国科学院的会议上爆发的。双方的辩论一天比一天激烈，并且一共持续了6周，如此激烈的辩论在科学史上也是少见的。这场辩论在法国乃至整个欧洲都引起了人们的关注。当时的报纸和一些宣传机构都对此进行了报道。最后的结果是居维叶获得胜利。在辩论会上，居维叶依据大量的科学证据淋漓尽致地表述了他的学术观点，激烈地反对拉马克和圣提雷尔的理论，顽固地坚持灾变论。这使得灾变论在地质学领域具有似乎不可动摇的地位，因为灾变论的确可用于解释许多地质现象和地球变迁。然而，就在灾变论在地学界取得胜利的时候，英国地质学家赖尔却竭力主张地质"渐变论"，反对灾变论，并试图在英国彻底清除灾变论的影响。

六、创立自然分类法

居维叶获得的各项伟大的科学成就，毫无疑问都与他所发明的研究方法和由此引发的创新思维密不可分。可以说，正是他对科学实践的重视，才促使他深入野外研究各种岩石、地层及其中包含的古生物化石；正是他的大胆想象和猜测，才提出地质灾变论；正是他的普遍联系和大胆推断，才发现了"器官相关律"；也正是他对自然史、地球史和生物演化史的重视，才使得他的著作中包含着地球革命和生物进化的思想。当然在方法论上最重要的贡献，就是他不畏惧权威，敢于打破传统，在分类学上创立了自然分类法。

众所周知，居维叶生活的时代，在分类学上是林奈的《自然系统》占据着绝对的统治地位，这正如恩格斯所言，"植物学和动物学由于林奈而达到了一种近似的完成"。这不仅因为分类和命名是科学的基础，植物学研究是当时最迫切需要进行系统识别、分类和命名的最重要学科，还因为林奈的科学成就代表了近代自然科学巨大进步的重要方面。然而正是他的分类学中包含着的"人为分类法"和仅仅根据物种的外部形态进行分类的方法，使他的分类学中存在着许多误差和错谬，混淆了许多"纲、目、科、属、种"中的物种类别和归属。

换句话说，由于这种方法是仅仅根据容易看到的个别特性或表面的近似特征进行分类，而不是根据生物的内在特征，按照各生物的类属之间的亲缘关系、演化序列以及它们在生物界中所占的高度和位置进行分类，致使他的动植物分类依然被变化不清的物种界限所混淆。正如居维叶所言："当我来做这项工作的时候，我不仅发现这些物种或者是违反常识地会聚，或者是违反常识地分散；而且也看到许多物种显然不是根据它们所属特征来确立的，而是根据它们的外表描述来确定的。"① 由此，居维叶在林奈的分类系统中常常发现：一个种类或一个属内的物种完全可以被归并到不同的纲中，甚至不同的门中。这样，也就把整个生物界的实际发展演化系统搞得混乱不清乃至本末倒置。所以从林奈的人为分类系统中，人们还不能直接认识到生物发展演化的基本趋势、大概轮廓和未来特征。为此，居维叶在比较解剖学基础上，通过近 30 年的艰苦劳动，认真地观察研究了各种不同物种的生存和演化的自然条件；通过对大量现存物种内部结构的解剖研究和比较，以及对无数古代残遗化石进行的复原再现工作；在改造、继承和发展前人分类学的基础上，终于打破林奈的人为分类系统，在其巨作《动物界》中，利用自然分类法、比较解剖学和"器官相关律"，重新建构了整个生命界中的物种分类，创立了自然分类系统，使其分类学取得前所未有的成功，并获得人们的高度赞誉，认为"他的开创性的和奇迹般的劳动成果已经铸成一盏照亮了神秘的有机界的明灯"②。他自己在 1792 年也不无骄傲地写道："在我之前，现代的博物学家把所有的无脊椎动物分成两大类：昆虫类和蠕虫类，而我是首先提出另一种分类方法的人。在这种分类方法里，我提出了软体动物、甲壳动物、昆虫、蠕虫，棘皮动物和植物形动物的特征和界线。"③

七、全身心奉献科学

　　科学作为人类智慧之极致和全部历史财富的精华，一直都和伦理道德紧密联系。一方面，就科学这种高级复杂的精神生产活动而言，科学家非得付出犍牛般的劳动乃至毕生的心血和昂贵的代价不能有所作为。比如居维叶在创立他的自然分类法时，不只是一个一个地检查了他个人所获得的全部物种标本，而且花费最大的耐心和毅力检查了法国自然博物馆内的 4000 多只鸟。其科学意义及此情此景正如他自己所言，"我的疲惫不堪的工作将证明对今后可能试图研究一个真实正确鸟的历史的人是有价值的"④。至于"我的有关鱼类的研究，你们将会发现超过我给予其他脊椎动物的劳动"。"我对于软体动物的解剖同样是大家熟知的"⑤。"我敢对读者保证，我曾经献身给脊椎动物、节肢动物、放射动物和许多昆虫及

---

①　Cuvier G.1834. The Animal Kingdom. Vol.1. London:G Henderson:17.

②　Cuvier G.1834. The Animal Kingdom. Vol.1. London: G Henderson:13.

③　Gillispie, Clarles C.1981.Dictionary of scientific Biography. New York:Scribner:523.

④　Cuvier G.1834. The Animal Kingdom. Vol.1.London: G Henderson:26.

⑤　Cuvier G.1834. The Animal Kingdom. Vol.1. London: G Henderson:22.

甲壳类动物的劳动同样是昂贵的"[1]。"关于结束动物界的植虫动物……我曾经解剖了所有属"[2]。另一方面,科学作为一项艰巨、艰苦和艰难的探索过程,也从来都内在地包含着真理、正义和理性的发扬光大,以及科学家的无私奉献和高度的社会责任感。而居维叶光辉伟大的一生就体现了科学活动中的这种美德和精神。例如,居维叶虽然一生在许多科学领域都取得了辉煌成就,但是他从来没有把这些成果完全归功于自己。他总把所取得的卓越成就与前人和同时代人的科学成就联系起来。也正基于此,居维叶总是乐于为整个科学事业做铺垫工作。在他看来,科学是整个人类集体智慧的结晶,具有连续性和传承性。因此他总把自己的科学活动只当作整个人类科学活动中一个微小的组成部分。此外,居维叶不仅自己为了科学事业呕心沥血,还特别重视对有抱负、有毅力、有才能且敢于攀登科学高峰的青年人的培养和赞助。可以说居维叶一生中的许多精力和钱财都用在对青年人的教育和培养上。至于居维叶的严谨治学态度,对科学事业精益求精、一丝不苟、实事求是和勇于探索的精神更是值得后人学习。

　　总之,居维叶作为一位伟大的科学家,所具有的求实精神、审慎态度、远大抱负、坚强意志,以及谦虚好学、勇于进取、热情待人、科学民主、爱惜人才、不沽名钓誉、不贪天功为己有等科学美德,都是非常值得后人学习和引为借鉴的。

张之沧

2016 年 1 月 22 日

---

① Cuvier G.1834. The Animal Kingdom. Vol.1.London: G Henderson:28.
② Cuvier G.1834. The Animal Kingdom. Vol.1.London: G Henderson:18.

目 录

第一章

青少年时代

在历史上被后人称为"世界之光"的 1769 年，四位为世人所瞩目的伟人几乎同时来到人间。他们分别是曾经叱咤风云且使欧洲所有封建君主闻风丧胆的波拿巴·拿破仑、被誉为"科学之王"的亚历山大·冯·洪堡（Friedrich Wilhelm Heinrich Alexander von Humboldt）、英国的古生物地史学家威廉·史密斯（William Smith）和法国的伟大博物学家乔治·居维叶。

居维叶出生在这一年的 8 月 23 日。他早于拿破仑 9 日、早于亚历山大·冯·洪堡 21 日来到这个世界。他的出生地蒙贝利亚尔，当时隶属于德国符腾堡公爵的领地。他的父亲是瑞士人，青年时代就加入了法国军队，并忠心耿耿地为法国政府效劳。他竭诚卖力的结果是 50 岁解甲还乡，退职回到他位于蒙贝利亚尔的故居，依靠一点少得可怜的退休金度日，后来由于获得一个炮兵司令官的新职位，薪金才大大增加。居维叶的父亲很晚才与一个比他小 20 岁的女人结婚，当未来的博物学家居维叶出世时，他已经年近花甲，无力支撑整个家庭。

由于居维叶出生时体质虚弱，以致整个童年时期身体状况都十分不佳，全靠母亲精心照顾才保住了其脆弱的生命并得以长大成人。所以，居维叶一直到弥留人世之际，都以崇敬的心情保存着母亲的一些珍贵遗物，永不忘怀，以示感激和酬谢慈母之爱。

居维叶自幼颖悟异人，4 岁就能读书，有"小神童"之称，显露出早慧的智力和不可估量的发展前途。童年时期就凭借着天赋和惊人的记忆力熟读了法国大博物学家布丰（Georges Louis Leclere de Buffon，1707 ～ 1788 年）的全部著作，并且由于受到盖斯纳（Gesner）的着色风景画和布丰著作中彩色插图的影响开始喜欢素描和绘画艺术。12 岁时着手自然历史资料的收集工作，并与一些少年朋友以神童猎奇的名义和形式组织了一个科学活动团体。

蒙贝利亚尔最早属于法国，1397 年从布尔戈尼分离出来归属于符腾堡的公爵管辖。到了 16 世纪，尽管这里的居民一直讲法语，却信奉马丁·路德教义。

居维叶在蒙贝利亚尔的初级中学毕业后，根据他在学校里表现的出类拔萃的才能，他的父母原指望他能像他的叔叔那样成为一名路德牧师，但是他的老师却不同意提供奖学金让这位出身清贫的学生进入设在图宾根（Tubingen）的神学校。幸运的是蒙贝利亚尔总督的妻子把居维叶推荐给她的姐夫——符腾堡公国的君主——查理斯（Charles）亲王。于是根据亲王的指令，居维叶于 1784 年进入亲王在斯图加特（德国）附近创办的专门招收聪明的年轻人入校学习的加罗琳学院。

15 岁的居维叶进入这所慈善学院之后，先是学习普通课程，2 年后，他精通了德语，开始专攻包括自然历史各门学科在内的管理学、法律学和经济学。居维叶似乎对自然历史有一种特别的感情和癖好，他总是千方百计地利用一切业余时间野外旅行，不畏劳苦，跋山涉水收集各种动植物标本和绘画素材，详细描绘和记录一些动物的形态特征，并在斯图加特郊区发现了一些新的植物类型。为此，他获得了一枚金质骑士团勋章，这是只有极少数成绩特别突出的学生才能获得的荣誉。这枚勋章的获得使他闻名全校，声誉大振，同时也给他带来了和贵族的孩子们交往的机会，甚至经常和亲王本人接触。由于居维叶记忆力卓越，学习刻苦，工作勤奋，有严格的自律精神，老师们也似乎都特别喜欢这名才华出众的学生。当时在校任教的动物学教授 K. 弗里德里希·基尔迈耶（Karl Friedrich Kielmayer），仅比居维叶大 3 岁，亲自教授居维叶掌握了解剖技术和有关的比较解剖学知识。从此两人也结下了带有 18 世纪德国人所特有的那种热烈感情色彩的终身友谊。

在卡罗琳学院学习一段时间之后，居维叶更受亲王钟爱。加之，亲王了解到过去他对居维叶的家族成员施予过一些恩惠，于是对这位有进取心的青年的一些卓越见解特别感兴趣。不久，这位长着一双明亮的蓝眼睛，浓密的红头发，外表英俊严肃，不修边幅的年轻人，便开始接受训练，成为一名杰出的宫廷成员。在校期间，居维叶与几个朋友一起又创建了一个自然历史学会，会员的主要职责是收集动植物标本，遇到疑难问题，互相切磋合作，为了吸引广大青年人入会，居维叶还提出对参加学会活动最积极的成员给予奖励。

由于政治变动，居维叶的挚友、蒙贝利亚尔的总督——佛莱德利克（Fredrick）退职，使居维叶丧失接受良好教育的资格，被迫离开他所钟爱的卡罗琳学院。此时此景，使得居维叶感到浮现在他面前的原有的那些远大抱负顿时化作泡影。此时的居维叶，一是没有遗产可以继承，因其父青年时期就参加法国军队，退伍后，只能以微薄的养老金度日，家境清贫；二是没有任何其他能谋得生存的永久性手段，于是为了摆脱困境，只得被迫去谋求一个家庭教师的职业。1788 年，他来到法国诺曼底的卡昂。人们在赫利西（Horicy）伯爵的家里发现了他。在那里，他正在一丝不苟地辅导着这个家庭的独生子学习。

由于每年的秋天和冬天，居维叶都要随同主人住在卡昂，在那里有任他自由支配和利用的丰富的藏书和植物园。而每年的春天和夏天，他又可以陪伴伯爵来到诺曼底北部的弗奎维尔堡暂住。由于伯爵的别墅位于海滨且靠近费康渔港，那里风景秀丽，环境优美，这就恰好给居维叶提供了观察和搜集大自然"成果"的方便。也正是这样一个天赐良机，给这位一度悲观失望的家庭教师带来了生活的动力，使他重新萌发了追逐科学殿堂的雄心。

在诺曼底，居维叶教书之余，默默无闻地收集着各种动植物标本，一做就是6年，解剖了无数的无脊椎动物、鱼类和海岸鸟类。由于缺少一些必要的书籍和辅助手段，他就把所有的发现结果都记录下来，或者利用他精湛的绘画艺术给予准确的描绘，并辑书成册。还是在斯图加特学习期间，他就已经养成每天记日记的良好习惯，并且仿照林奈的学风，在他取名为《动物学日记》和《植物学日记》的两大本笔记中做了大量有关动植物种的记述和素描。到了诺曼底之后，又给这两大本日记增加了许多幅美丽的解剖学插图。居维叶在大学期间和在诺曼底做的这些笔记，后来就成为他著书立说的重要资料。

居维叶虽然被迫离开了加罗琳学院，失去良好的教育机会，但是他对母校及旧日同学却十分留恋。他最亲密的追随者——基督教徒普法福（H. Pfaff）还留在学校。他们依然保持着频繁的通信，虽然这些来自德国的信件面临着被法国当局拆开检查的危险，但由于居维叶对法国大革命一直抱着同情态度，所以实际上，他从未和普法福及其母校中断过联系。他经常邮寄一些新采集的动植物标本给斯图加特博物馆。后来当拿破仑军队鲸吞欧洲，德国被侵占时，居维叶曾千方百计地保护斯图加特博物馆，以免遭法军破坏。

在科学史上，居维叶和普法福在这段期间的通信非常重要。因为这些信件表明居维叶在19～23岁时就形成了他在1804～1832年发展起来的基本思想和观念。面对这些信件，人们也应当正视这种事实，对于"生物链"（chain of being）的理论，居维叶显然是不赞同的，因为他对任何推测性理论都没有好感，不管是科学的、哲学的、还是社会的。例如，他在1788年写给普法福的信中就明确地表示，"我希望把实验向我们证实的每一件东西都从假说中分离开来……科学应当建立在事实基础上，而蔑视体系"。1791年，他又向他的朋友解释，一个动物的结构显然与它的生存方式相一致。

基尔迈耶（Kielmeyer）于1791年回到加罗琳学院之后，普法福把基尔迈耶未出版的课本给了居维叶一份，并在一封信中提醒他注意邦尼特（Bonnet）的著名理论，大意是："一切生物，从晶体到人，通过不可察觉的细微的转变构成了一个逐渐复杂化的系统，从而形成了一个连续的链。"然而，居维叶则反对有多少器官系统就组成了多少条链的说法，因为生物类别中显示的复杂性增加，并不处在相同的器官系统中。普法福曾经回信答复：这种链可以导致不同的方向，就像一棵树的各个分枝一样。对此，1792年居维叶在复信中说："我只相信，水栖动物为水所生，其他动物为空气所生，至于它们究竟是树枝、还是树根，甚至是一棵树干的不同部分，我再说一遍，这是我所不能理解的。"

不久以后，居维叶的立场似乎发生了改变，在《自然史杂志》中发表了他的第一项关于木虱的研究成果。在这篇文章中，他突然成为"生物链"的辩护者，并认为"在这里如同其他地方一样，物种性质没有发生跳跃……因此从喇蛄到虾蛄，从虾蛄到栉水蚤，再到木虱，Armadilladiidac和信足纲的多足昆虫是逐渐降低其级次的。所有这些属显然都与一个自然纲有关"。

居维叶在诺曼底作为一名家庭教师，工作并不怎么出色，因为他整个身心几乎全部倾注于实现自己的伟大目标——自然史的探索上。所以，一旦能有机会摆脱这种纯粹是为了谋生的职业，他就会立刻离开诺曼底，奔向那能够施展他全部才华的地方。这种决定居维叶一生命运的机会在法国大革命之后终于到来了。

第二章

从诺曼底到巴黎

在决定居维叶步步高升命运的细节中，我们不能忽视他在诺曼底所处的环境。在赫利西伯爵住地附近的瓦尔蒙小镇里，有一个学术团体，常常为了讨论该地区最重要的民众问题，尤其是为了讨论农业问题而聚会。在这个团体中有一位名叫太希尔的农学教授，通常充当领导角色。由于一次邂逅相遇，居维叶和他交上了朋友，当太希尔发现居维叶所做的大量解剖工作的时候，他惊叹不已："这是我失去的，也是我渴求的。"随即写信给巴黎的朋友圣提雷尔（E. Saint-Hilaire），称在诺曼底的"粪土"中获一"明珠"，喻居维叶，并称居维叶为当今比较解剖学界中一优秀分子，科学院宜从速吸收居维叶。此时的居维叶，由于1793年法国人用武力收回了原属于法国的国土——蒙贝利亚尔，已经成为法国的一名正式公民。为了引起巴黎科学界的注意，他通过太希尔，从未发表的著作中选出一篇文章寄给了圣提雷尔。这位21岁时就被任命为自然历史博物院教授的年轻博物学家收到太希尔的信及居维叶的论文后，热情地邀请居维叶速到巴黎来。1794年居维叶终于遂愿，进入他多少年前就梦寐以求的科学圣地——巴黎，正式开始了他的科学生涯。

居维叶到巴黎后，之所以能迅速地飞黄腾达，主要得益于两方面原因。一方面，是他所从事的科学研究工作的重要性。例如，他到达巴黎后不久，就利用在诺曼底地区搜集和解剖过的大量海生动物资料，发表了一篇极其重要的论文，很快就引起了巴黎科学界的兴趣和注目，认为他对海生动物的研究成果标志着无脊椎动物研究进入一个新阶段。另一方面，是他具有卓越的教师才能，凭着他的天赋和丰富的知识，只要准备几分钟，就能发表一次引人入胜、令人信服、逻辑性强和组织严谨的演讲。他不需要中断演讲，就能快速在黑板上画出各种图以论证和说明他的观点和研究。他的图或图解画得既清晰又精确，使人一目了然。这样，在巴黎万神殿中央学校缺少动物学家的情况下，居维叶理所当然地被任命为该校的动物学教授。此后不久，当比较解剖学教授摩助德（M. metrud）先生发现自己承担的任务即使对于一个比他年轻的人来说，也是难于胜任和过于疲劳的时候，他征得他的同事——著名的三人小组——朱西厄（Jussieu）、杰沃弗罗瓦（Geoffroy）和拉塞佩得（Lacépéde）的同意，委任居维叶作为他的助理教授。虽然居维叶毫无准备地在新的职位上开始了工作，他的职责范围还包括训练学医的学生，但是他很快就在名誉、财富和地位方面超过了圣提雷尔和拉马克。以至当时，就有人称誉他为"第二个亚里士多德"[①]。

1795 年春天，巴黎政界的咨询部门看到，必须进行某种尝试，恢复一些在法国大革命期间被摧毁了的科学文化教育机构。尤其是吉伦特派被推翻，雅各宾派在 1793 年上台之后，小资产阶级的狂热性使法国大革命变得更激进，旧的学术团体和组织，包括巴黎科学院在内都被封闭。许多与旧政权有关的科学家或吉伦特派中的人都被处死，特别是像著名化学家拉瓦锡和反对雅各宾派的巴黎市长、天文学家巴伊（Bailly）那样的人都被推上断头台，巴黎科学院秘书孔多塞也被迫自杀。审判拉瓦锡的法院副院长柯分荷尔竟然声称"共和国不需要科学家"。法官杜朗·德迈兰也说在法国"学者已经太多"。然而事实上，法国由于连年战争，资源短缺、经济停滞、民不聊生，国内外政治经济战争形势迫切需要振兴科学、繁荣经济。正如撰写法国科学院历史的莫里在 1864 年所写："当时，用于国防的一切资源和材料，如火药、枪炮和战备物资等都很缺乏。兵工厂是空的，钢材已停止进口，硝石已好久没有从印度运来。而正是那些被禁止活动的科学家们，能为法国满足这种需要。"[②] 而在这个时候，居维叶已经颇有名望，以至他被公认是进行这项伟大改革的少数实干家之一。于是不久他就被任命为负责建设人文科学的长官。此时，他除了坚持不懈地进行他酷爱的研究工作和教学任务之外，还作为教育部的总监参加了改革法国教育制度的活动，并且被任命为法兰西帝国大学的校长和议员。在上述这些幸运的升级中，居维叶看到他已经穿过了平生夙愿欲达到的名誉和事业道路的大门。到 1795 年年底，他在植物园安了家，在那里，他一直居住到去世。虽然这时他成为一个舒适家庭的主人，而且自己也打算与他的家庭幸存下来的成员——年迈的父亲和年轻的弟弟分享这种舒适生活，但是他却从来也没有度过片刻舒适闲散的日子。

1796 年，居维叶参加了法兰西学院的改组与创建工作，原来的巴黎科学院改组为法兰西学院的一个自然科学部。这个部门由 60 名院士组成，居维叶被选为院士之一，薪金由国家付给。当时他才 26 岁。1800 年，他接替道本顿成为法兰西学院教授。在波拿巴（Bonaparten）担任法兰西学院主席期间，为了在法国 30 个城镇建立文化教育学校，挑选居维叶作为 6 名起监察长作用的官员之一。

① 洛伊斯·N. 玛格纳. 2009. 生命科学史. 第 3 版. 刘学译. 上海：上海人民出版社：265.
② 梅森. 1977. 自然科学史. 上海外国自然科学哲学著作编译组译. 上海：上海人民出版社：410.

他以这种身份，在马赛、南锡和波尔多等地为青年人创办了一些高质量的学校，而且这些学校都被冠以皇家学院的称号。在他被派遣执行这项重要任务时，法兰西学院的组织机构发生了重大变化。然而无论怎样，秘书一职总是需要的和不间断的，于是居维叶名至实归地被提升为国家科学院的常任秘书。

在居维叶生平的这段时间里，对于自然科学的贡献，主要是在比较解剖学方面；并通过比较解剖学所获得的成就对当时许多不同动物类群的分类关系进行了改革、修正和重新的认定。其最突出的贡献就是对哺乳动物和爬行类动物化石的研究和命名。居维叶作为比较解剖学的创始人，在这个领域，可以说是花费了十分惊人的劳动量。正如他自己所说："从童年时代起，我就献身于比较解剖学的研究。"[1] "每一种机会，我都至少解剖每一个亚属的一个物种。"[2] 他花费了毕生的精力和时间为自然博物馆公众画廊收集积累了 13 000 多件有关比较解剖学方面的资料图片，还搜集了大量的绘画和文献。

居维叶不仅自己身体力行，花费了巨大劳动，而且还竭力组织和领导当时有影响、有学识、有兴趣、在比较解剖学方面做出巨大成就的博物学家来共同促进这门科学的发展。例如，在写给他的老师摩助德教授的一封信中，就特别强调比较解剖学当时所取得的进步，并要求从前那些与巴黎自然历史博物馆有联系的学识渊博的人，或对动物的骨骼结构和功能感兴趣的人，要努力帮助和促进比较解剖学成为一门独立的完善的科学。他在信中对他的朋友和老师讲道："……我已经从你和他们那里得到我曾经期望从一个有学识的热爱科学的人那里得到的帮助。我衷心地向你们所表示的慷慨友谊致以十分中肯的谢意。在比较解剖学中没有什么东西能不下工夫就会导致新的发现，或使得我们的知识体系得以完善。"[3]

居维叶对于比较解剖学做出的最初贡献是 1792 年写作的几篇内容不同而又十分有价值的论文。在这几篇论文中，我们追索到他对于化石解剖学的巨大贡献的发端。

在居维叶充当比较解剖学教授摩助德的助手期间，他承担着讲授比较解剖学的任务。而他的一些学生认为他的课程是那样有价值，以至他最喜爱和最有能力的一名学生——杜麦利尔（M. Du-meril）在他的赞助下，把自己的和同学们的课堂笔记整理成册，然后经过居维叶的润色加工，构成了居维叶的《比较解剖学讲义》的前两卷。

1800 年，居维叶接替了占据比较解剖学交椅长达 50 年之久的摩助德，登上了万神殿中央学校比较解剖学的教授宝座，从而成为当时的比较解剖学权威。此

---

① Cuvier G.1834.The Animal Kingdom.Vol.1.London:G Henderson:17.

② Cuvier G.1834.The Animal Kingdom.Vol.1.London:G Henderson:21.

③ Cuvier G.1834.The Animal Kingdom.Vol.1.London:G Henderson:8.

时，正值拿破仑执政府打算组织一批科学家跟随他的远征军到埃及进行科学考察，就博物学家的能力和其他条件而言，居维叶当然处在被提名的随军学者之列，但是他拒绝了这种荣誉。因为家吸引着他，舒适的家庭生活可以为他提供安静的工作学习环境，能为他最热衷的学科——比较解剖学的研究提供实验、资料和人力物力上的无限方便。此后，他又经过5年的艰苦工作和研究，于1805年完成了《比较解剖学讲义》的第三卷。从而最终确立比较解剖学成为一门独立学科。

由于居维叶的《比较解剖学讲义》各卷包括对各种动物的运动器官、感觉器官、营养器官、繁殖器官的详细描述、分析和比较，对动物体各部分、组织器官的数目大小、位置、形状、结构和功能都给予了深入的论证和说明，从而最终发现并指出各不同物种的组织器官的内在差别。由此，我们认为居维叶的比较解剖学，一方面为分类学、古生物学、人类学、生理学和医学的研究奠定了理论基础；另一方面又可以使人们根据解剖事实来确定所研究的动植物结构的复杂程度及其在进化序列中的位置；确立各物种间的亲缘关系；追溯它们的发展演化历史。例如，他比较了人和猿的"两臂"，蝙蝠和鸟类的"双翼"，海豹和鲸的"胸鳍"，蝾螈和青蛙的"前肢"等内部结构，证明它们原来都是四肢动物的"前肢"。于是得出结论："肢体的形状，根据它们所适合的用途而变化，前肢可以变成手、或足、或翼、或鳍，后肢可以变成足或鳍。"[①] 这就是说，凡是长有手、足、翼、鳍的各种不同物种都起源于共同祖先，都是由原始四肢动物的肢体演变而来的。由此，他是运用更有力的科学事实证明了上述各物种间的演化关系。

居维叶通过比较解剖学把几乎是无限多样的动物成功地纳入到四种比较解剖学上的原型中。他不仅在各物种、各类群之间确立了某种亲缘关系，而且在四大部门之间也找到了一些过渡类型，并且发现细胞是构成所有生物体的基本单位。居维叶指出："细胞是一种海绵体，与生物体有同样形式，生物体的所有部分都贯穿着或充满着细胞。"[②]

居维叶在比较解剖学上的另一个突出贡献，就是提出了著名的"器官相关律"，即任何一个有机个体的所有器官都形成一个完整系统，它的各个部分都相互联系、相互一致、相互作用。由此，一个部分发生变化必然会使其余部分发生相应变化。因而每一部分的个别变化都表明其他部分发生了变化。这样，如果一个动物的内脏，其组织器官只适于消化新鲜的肉，那么它的嘴的结构就应当适于吞食捕获物；爪的构造就应当适于抓和撕裂捕获物的肉；四肢就应当适于追捕和袭击远处的猎物；自然界也一定会赐给它一个头脑，使它赋有足够的本能以隐蔽自己和制订捕捉它所必需猎物的计划。居维叶指出，决定动物器官关系的这个规

---

① Cuvier G.1834.The Animal Kingdom. Vol.2.London:G Henderson:397.

② Cuvier G.1834.The Animal Kingdom. Vol.1.London:G Henderson:10.

律就是建立在这些机能和结构的相互依存与相互协助的基础上的。居维叶认为，这个规律具有和形而上学规律或数学规律同样的必然性。牙齿的形状就意味着颚的形状，肩胛骨的形状就意味着爪的形状。正如一条曲线方程式含有曲线的所有属性一样，它们所有的性质都可以通过假定每一个别性质而得到确定。同样，分别考虑一个爪、一个肩胛骨、一个踝、一条腿骨或臂骨，或任何其他骨头，能使我们发现它们所属动物的整体结构。因此任何一个熟悉这条规律的人，只要他看到一个偶蹄的印记，就可以结论，它是由一个反刍动物留下来的。

正是由于居维叶发现了"器官相关律"，所以当一个调皮的学生听了他相关的讲课之后，想考验一下他时，居维叶一眼就戳穿了这个学生的鬼把戏。据说，一天夜里，这个学生把自己装扮成一个怪物，青面獠牙，头上还长着两只锐利的大角，悄悄溜进居维叶的卧室，发出刺耳的嘶叫，并装出凶猛异常要吃掉居维叶的架势。这一阵突如其来的怪声惊醒了居维叶，在微弱的光线下，他定睛一看，镇静地说，"啊！没有什么了不起，你有蹄，又有角，根据器官相关律推测，你只是一只吃草的哺乳动物，有何惧怕的呢？"说完，又酣然入睡。从此这个学生对他的老师敬佩得几乎五体投地。

更有趣的是，他曾当着反对"器官相关律"的一些科学家的面，作了一次精彩的现场表演。他指着一块暴露在巴黎郊区新生代地层中、但又尚未完全暴露的哺乳动物化石说，"你们看这块化石只暴露出牙齿，其他部分尚被围岩覆盖着，由于这种牙齿显示了有袋类动物的特征，因此根据'器官相关律'，我可以推定它是有袋类的负鼠化石，而不是人们所说的蝙蝠类动物，因为其腹部还有袋骨"。说罢，他就用铲子和剔针去掉了围岩，果然负鼠的袋骨暴露出来。在场的反对派科学家无不为之折服。

这一惊人的发现迅速在同时代人们中间传遍，无数人对于居维叶的这一当众表演的成功表示热烈祝贺。这个被命名为"居维叶负鼠"的化石标本，至今还保存在巴黎自然历史博物馆里，既作为对他的伟大发现的纪念，也同时供人参观、学习和欣赏。

"器官相关律"的另一次轰动科学界的验证是在1801年。当时，"器官相关律"还未公诸于世，而这时他却收到一个博物馆馆长柯林伊的素描图，据许多人鉴定，这是一个奇异的海生动物化石，但都叫不出名字，要求居维叶给予鉴定。居维叶应用"器官相关的法则"分析了它的前肢和头部的特点，大胆地推断："这是一具飞龙化石"。当时曾引起科学界热烈争论，有人说是会游泳的鸟，有人说是鸟与蝙蝠之间的中间类型动物，但后来这种动物化石发现得愈来愈多，无一不证明居维叶的鉴定是正确的。

关于发现"器官相关律"的理论价值和实践意义，居维叶曾指出，"通过不断增加的例子，所证明的这条普遍存在的严密规律，将把动物学提高到理性科学的地位，并导致我们废除过去曾经用所谓体系的名字修饰的那些徒劳的和任意结合的物种。"[1]

众所周知，狮身人面女怪、半人半牛怪物、喷火女怪、独角怪兽等，在基督教神话中是最著名、最为大家所熟悉的一些古老而神秘的"动物"，也是宗教最笃信的怪物。在两千多年间，人们一直传说这些怪物的神奇故事。直到今天，对于这些怪物的迷信还存在于东方的迷信传说和西方的基督教神话中。然而，第一次用大量的科学事实彻底否定这些虚构出来的怪物，从而给予宗教神学以权威性冲击的，正是现在被一些人给扣上"神创论"帽子的居维叶。

居维叶根据"器官相关律"及古生物化石所提供的证据指出，古希腊式的诗一般幻想和虚构的那些动物，只不过是类似于天才画家拉斐尔在他的绘画中所增添的那些空想装潢的东西。这些虚构的动物诚然能给人们一种愉快、夸张的形态，但是这些形态完全与本性及理性相矛盾。我们可以允许学者们利用他们的天才和光阴去试图解释这种掩盖在带翼狮身女怪、半人半牛怪物、双翼飞马或吐火女怪的形态之下的神秘知识，但是渴望在自然界中发现这些怪兽将是荒唐、愚笨的。我们同样可以尽力去找寻基督教《圣经》中的希伯来预言家的动物或基督教启示的野兽，但是我们既不能找到波斯神话中的动物，一个狮身人头蝎子尾巴的人类毁灭者，一个鹰头狮身长有翅膀的怪兽；也不能找到其前额上武装有一只长角的独角兽，或作为隐藏珠宝监护者的半鹰半狮。"这些怪物的虚构者们，虽然在一些高雅和文静的古老建筑上一定曾经发现过他们的肉食的公牛，看到它的嘴从一只耳朵延伸到另一只耳朵，吞下路过的每一种动物，但是没有一个博物学家真正见到过这种动物。因为自然界绝没有把偶蹄和角与适于剪切和吞噬动物的牙齿结合在一起。"[2]从这里可以看出居维叶没有主张物种神创论，在他看来，一切物种都是自然界的产物；一切生物的形态、结构都要适宜于其自然本性及生理功能。基督教神话中凭着无约束的想象虚构出来的神奇怪物，与已经确立的每种自然规律都相矛盾，它们绝不存在于现实的自然界中。为此，正是居维叶用大量令人信服的事实，充分显示了科学优于神学和否定神学的卓越力量。

对于"器官相关律"，恩格斯也曾给予高度评价和充分肯定，并且把它应用于自己所从事的人类学和社会学研究。恩格斯在《家庭、私有制和国家的起源》一书中，指出，"正像居维叶可以根据巴黎附近所发现的有袋动物骨骼的骨片而确实地断定这种骨骼属于有袋动物，断定那里曾经有过这种已经绝迹的有袋动物一样，我们也可以根据历史上所留传下来的亲属制度同样确实地断定曾经存在过

---

① Cuvier G.1834.The Animal Kingdom. Vol.1.London:G Henderson:4.

② Cuvier G.1813. Essay on the Theory of the Earth. London:Strand:77.

一种与这个制度相适应的业已绝迹的家庭形式。"①

　　除此以外，在哲学上，"器官相关律"实质上反映了生物在生长、发育和演化过程中，各组织器官之间、机能与结构之间、环境与机体之间形成的一种统一的必然联系。说明机体内部控制生物各种性状特征的遗传基础不是孤立存在的，而是相互联系、相互作用和相互制约的。局部的东西不能脱离整体而存在，整体是由许多局部构成的，各局部之间密切相关，因此个别的局部的变化能影响整体发展，而整体发展也决定着局部变化。正如居维叶所言，决定动物器官关系的这个规律就是建立在这些机能和结构的相互依存和相互协助的基础上的。这样，居维叶的"器官相关律"，实际上是从生物学角度阐明了哲学上的部分与部分之间，部分与整体之间或要素与系统之间的辩证统一关系。

---

① 中共中央马克思、恩格斯、列宁、斯大林著作编译局 .1973. 马克思恩格斯选集 . 第 4 卷 . 北京：人民出版社：25～26.

第三章

结婚与信教

　　年轻的居维叶，在学术上，26岁时便被提升为比较解剖学教授，并进一步成为比较解剖学权威。在从政上也是一帆风顺，自1795年被任命为负责人文科学的长官之后，1800年又被提升为国家科学院常任秘书，此时真可谓功成名就。再就人品长相来说，他中等身材，纤细而显得精干，淡颜色的卷发，梳着最新式样的发型。他的脑袋比一般人的脑袋都大，宽阔的前额，鹰喙般的鼻子，充满着仁爱的嘴，以及一双包含着聪明智慧、活泼愉快、狡黠和甜蜜的眼睛，看上去特别端庄漂亮。在人格上，他虚怀若谷、谦虚好学、光明磊落、刚正不阿、诚实笃信，充满着仁慈的心肠和博爱的行为。

　　对于这样一位才貌出众、前途无量的年轻博物学家来说，他完全可以找到一位既美丽，又富贵，各方面都会令他十分满意的伴侣。但是居维叶为了有一个安静的环境从事他所感兴趣的和决心终生献身于其中的自然历史的研究，他没有急于去寻找配偶。1795年他结束了寄人篱下的生活之后，在植物园安了家，和他年迈的父亲与兄弟生活在一起。全部家务都由他的勤快而美丽的弟媳妇操持着。和谐舒适的家庭生活为他的研究提供了充裕的时间和良好的条件与环境，使他在学术上取得了极为可喜的成就。

　　可是好景不长，不久他的家庭中发生了意想不到的不幸。他的父亲在一次偶然的跌倒事故中死去，接着他年轻的弟媳妇也夭逝了。如此一来，他的家庭不再像以前那样在各方面可以给他提供方便。创巨痛深的居维叶为了摆脱困难的处境，在1803年订下婚约。他选择作为终身伴侣的太太是一位在1794年法国大革命中死掉的前反动将军杜瓦西尔（M. Duvaucel）的遗孀、一位虔诚的新教徒。这位太太还带着四个遗孤。也就是说，居维叶选择这个配偶不仅在政治上要冒着受株连的危险，而且在经济和道义上必须负担抚养和教育四个遗孤的生活重担。为此，关心他的前途和命运的许多亲戚朋友力劝他解除婚约，但是由于这位太太美丽端庄，心地善良，性情直爽，身体健康，虽然生过四个孩子却充满着青春活力，以至居维叶对这位太太产生了如痴如醉的爱情，结果使他完全摒弃了周围人的反对意见，于 1804 年 2 月和这位太太举行了婚礼。婚后的居维叶太太又生了四个孩子，并主管着全家的大小事务。对居维叶更是关心备至。在这位博物学家的餐桌上从未缺少过他最喜欢吃的蒙贝利亚尔的香肠。居维叶这时候经济上已经有三到四种收入，每一种收入都能使他过着舒适的生活。他有一辆一般人所没有的四轮马车和数名仆从。经常参加一些社会名流家里举行的聚会，而且每星期六晚上也在家中图书馆的大厅里（装饰有许多著名人物的雕塑像）亲自接待来宾。他的同事们不常来，经常来的多半都是外地的博物学家、旅行家、外国友人。居维叶作为温柔贴心的丈夫，把终身真挚的爱情献给了亲爱的妻子，作为仁爱的父亲，把终身的温暖公平地送给了八个孩子。

居维叶在法国大革命取得胜利的年代能够选择前反动将军杜瓦西尔的太太作为他的妻子，这种事本身就说明居维叶的爱情是建立在真挚的、无私的情感基础上的，同时也说明他是富有同情心、责任心和自我牺牲精神的。尽管婚后不久，家庭生活中出现种种不幸使居维叶在精神上遭受很大打击，但是他对爱情的忠贞不渝，对科学事业的酷爱有加依然是有增无减，充满激情和热情；仍然是探索不止，奋斗不息。

有人说居维叶选择这样的太太作为终身伴侣是谨慎从事的他一生中唯一一次失误。这种说法其实未必有多少道理。因为一个人在自己的一生中究竟会遭到怎样的厄运，发生怎样的不幸是很难预料和确定的，偶然性因素常常会打断人们的正常生活秩序，这绝不是个人努力所能避免的，更不能完全归罪于哪一个人。有些人说居维叶在 1804 年之后开始重新信仰宗教（这也同时说明他以前是一个无神论者，不信仰宗教）主要是由于 1804 年 2 月与信仰新教的杜瓦西尔太太结婚的缘故。也就是说在他们看来，居维叶对宗教的信仰完全是受他的妻子的影响。这种说法是没有根据的。我们都知道 1804 年正是拿破仑执政时期，虽然拿破仑对任何宗教都缺乏深厚信仰，但他深深感到需要宗教来维护道德和巩固社会，于是他出自政治目的在法国进行了一次著名的宗教改革。居维叶 1804 年以后作为拿破仑的一个宠臣当然要服从这种政治目的。再者，由于宗教在当时甚至在达尔文时代都几乎是所有人信仰的对象，所以即使是一个自然科学家也很难公开抛弃宗教信仰。不要说是生活在 19 世纪初的法国的居维叶，就是生活在 19 世纪下半叶的英国达尔文也从来没有否认过信仰宗教 。比如 1879 年达尔文在写给佛岱斯先生的一封信中说："我可以说我的意见是时常变动的……当我的意见变动到最极端的时候，我从未相信过否认上帝存在的无神论。"①

---

① 法兰士·达尔文.1957.达尔文生平及其书信集.叶笃庄，孟光裕等译.上海：生活·读书·新知三联书店：277.

1873 年 4 月，达尔文在答复一个荷兰学生的信中说："许多有才能的人完全相信上帝，我也在某种程度上被诱导去顺从他们的意见。"[①] 从这里可以看出，达尔文并没有公开否定对上帝的信仰，但是这并没有妨碍他在科学上取得伟大成就和确立生物进化论。

居维叶也是同样情况。这正如美国学者恩斯特·迈尔给予的公正评论。他说，"过去往往有人说他虔诚地信奉基督教因而妨碍他相信生物进化论，但是仔细研究过居维叶的著作后，他们就否定了这种解释。因为居维叶在科学讨论中从来没有引用过《圣经》，而且他对过去历史的解释也经常和《圣经》不一致。例如，他认为在摩西时代的那一次洪水之前还有过几次洪水，而且在地球历史的早期并没有动物。居维叶也从来不用世间的奇异事物来论证造物主的存在和仁慈（自然科学家就是如此）。他确实是非常谨慎地不把科学和宗教混在一起。他的有神论从来不闯进他的著作中。"[②] 为此，他虽然表面上信仰宗教，承认上帝，但实际上却否认存在上帝，具有自发的唯物主义世界观。换句话说，在他那里，宗教作为一种精神哲学、一种意识和信仰，对人生、对社会自有其存在的价值和信奉的意义，宗教信仰不论是对于整个社会还是对于整个人类都是必要的和不可或缺的。至于居维叶究竟是个信仰宗教的有神论者，还是个不信仰宗教的无神论者，我们可以从以下几个方面给予说明。

第一，让我们来分析一下居维叶所处时代的哲学和自然科学背景。在 18 世纪末和 19 世纪初，由于法国大革命第一次完全抛弃宗教外衣，使法国的唯物主义变成彻底的无神论的唯物主义。这不能不影响着法国的自然科学家，当时法国的绝大多数科学家，包括居维叶在内，都是不信上帝的无神论者、唯物主义的一元论者。在自然科学方面，虽然 18 世纪上半叶法国的科学家们比较注重理论，然而由于伏尔泰等人的努力，牛顿学派逐渐战胜笛卡尔学派，以至到 18 世纪末，法国的自然科学便由注重理论转向注重实际。到 19 世纪初，在居维叶科学活动的影响下，经验主义的认识论便在自然科学领域扎了根。因此，法国科学走的也是一条比较彻底的唯物主义道路，而居维叶不容置疑是这条道路的开辟人之一。

第二，让我们摘引两段居维叶对物质和意识两者关系的认识来看看他的世界观。在《动物界》导言中，居维叶写道："在我们的语言和其他大多数语言中，'Nature' 这个词有各种用法。一是用来表示人的性格，与此相对也可以表示人的艺术。二是表示支配这些存在物的规律，正是专门在后者的意义上，我们才通常把自然界人格化，就总体上用它的名字来表示'造物主'的名字"[③]。从这一段

① 法兰士·达尔文 .1957. 达尔文生平及其书信集 . 叶笃庄，孟光裕等译 . 上海：生活·读书·新知三联书店：279.
② 恩斯特·迈尔 .2010. 生物学思想发展的历史 . 第 2 版 . 涂长晟译 . 成都：四川教育出版社：239～240.
③ Cuvier G.1834. The Animal Kingdom .Vol.1. London:G Henderson:1.

话中，我们可以说居维叶承认在他的周围存在一个包括一切的物质世界，所谓"造物主""上帝"不过是人格化了的自然界。

关于感觉、意识的产生问题，居维叶指出，"我对于外部物体的印象，即一种感觉或一种想象的产物，是人类的理解力不能渗进的秘密。唯物主义作为假设，如同哲学不能给予现实的物质存在提供直接证据一样，更带有推测性。然而自然科学家应当考察什么似乎是感觉的物质条件，追索藏在精神后面的作用，确定在每种生物中达到的程度。"[①] 从这一段话中，我们可以看出，居维叶是承认物质第一性、意识第二性、物质是世界的本原、意识是物质的产物的彻底的无神论的唯物主义观点的。

居维叶不承认"上帝"或"造物主"的真实存在，具有自发的唯物主义世界观和彻底的无神论观点，因此一些人说他主张神创论，主张上帝的多次创造行为显然是不合逻辑的和没有根据的。再者，长期的科学实践、科学实验、科学考察，以及与大自然的亲密接触和直接打交道，不要说一直强调经验在人类认识中的决定性作用的智慧的居维叶，就是对于任何一位科学家来说，也都不可能是一位有神论者，充其量是出自某种心理和信仰的需要，信仰某种宗教而已。再说，就是信仰某种宗教，这与是否是有神论和唯心论的立场也完全没有必然联系。

因为宗教和科学几乎从来都不是一种绝对的对立关系，以至于当代美国社会学家巴伯等人认为"科学不是同宗教相对抗的，而是宗教信仰的一个坚实的基础。"[②] 孙中山先生也曾指出："佛学是哲学之母，研究佛学可补科学之偏。"博学多才的弘一大师通过对佛法与科学的比较，从治标和治本的角度论述了二者对于人的认识和实践起到的不同价值和作用。他说："常人以为佛法重玄想，科学重实验，遂谓佛法违背于科学。此说不然。……两者同为实验，只在治标治本上有不同耳。"[③] 特别是今天，主宰西方社会意识形态的基督教，经过几个世纪与科学的艰苦较量，已经被迫撕去中世纪时代神秘严酷的面纱，开始向科学靠拢。甚至打起"宗教科学"的旗帜，以便像科学一样求得人们的青睐垂爱。由于宗教不断地改变形式和内容、价值和功能，致使它不仅没有退出历史舞台，而且还在发展壮大。根据1977年盖洛普民意测验，在美国有94%的人信仰宗教，在原苏联的2.5亿人中也有6500万各种教徒。至于全世界，有人统计至少有45亿人信奉各类宗教。

第三，就前述居维叶对于生命的本质及生命的物质基础的认识而言，也反映了他的无神论的世界观。按照唯心论解释，生命是某种非生命的"灵魂或世界精

---

① Cuvier G.1834. The Animal Kingdom .Vol.1. London:G Henderson:19.

② 伊安·巴伯 .1993. 科学与宗教 . 阮炜等译 . 成都：四川人民出版社：76.

③ 圆明 .1995. 索性做了和尚 . 上海：生活·读书·新知三联书店：52.

神"的表现；一切生物都只是体现了造物主的意志。而居维叶对于生命的本质却作了完全唯物论的和无神论的解释，认为生命就在于运动，生命的最本质特征就是生物体不断进行物质交换的新陈代谢作用。关于生命的物质基础，居维叶也明确指出，"生命需要以它们的实在为条件，它的火焰只能在已经准备好的有机体中燃烧"①。同时指出，"绝大多数最低级、最简单的生命都呈现为一种胶状物形式。由此，他突出了生命的物理化学作用，强调其客观性和实在性，而不是其神秘性"。

第四，居维叶的彻底的无神论思想还表现在：他通过对古生物化石及他所发现的"器官相关律"的研究和应用，揭示了化石的本质，证明化石既不是"神灵"的显示，也不是自然界的游戏和神的创建，而是古代生物绝灭的残遗，从而给宗教神学以沉重的打击；彻底否定了《圣经》及古代神话中所描述的一些神奇怪物。可以说，他所开创的古生物学、比较解剖学、地层学和地史学等都是对有神论或神创论的消解和摧毁。

既然居维叶的世界观是彻底的无神论，而且在拿破仑的宗教改革运动中立下汗马功劳，把属于法兰西帝国所管辖的许多国家的宗教派别弥合在一起服从拿破仑的统一意志。那么，这就足以说明他对宗教的信仰或者是出自个人信仰的需要，或者是出自一种纯粹的政治目的，或者是屈服于时代的压力，而绝不是受其妻子的影响，不能把这一"过失"归罪于他妻子。

第五，即便从宗教的本质、现实意义和现代的发展趋势上看，处在 18 ～ 19 世纪的居维叶信仰宗教不仅无可非议，也完全合情合理。因为宗教作为一种精神活动、精神哲学和人学理论，不仅为不少人类社会的形态所必需，而且构成人类本质的一个不可分割的部分。特别是居维叶信仰的基督教，早就由信仰原本意义上的创世说转变为以人为中心的人生哲学、意识形态或伦理道德。千百年来各种宗教关心的"一些重大问题已经随着现代宇宙学的出现，随着我们对空间和时间性质的进一步了解而变得没有意义"②。使现实中的人们更关心的是现世，不是来世；更渴望的是今生的欢乐幸福，不是来生的因果报应。尤其是科学技术捅破天国的美梦，砸烂地狱的恐怖之后，就使得宗教与科学不再完全对峙，而是各居其位，各司其职，各有各的社会价值与功能。正像康德所言，"科学与宗教是两个彼此独立的领域。科学认识主要局限于感性经验，而宗教的出发点在于一个完全不同的领域，即人们的道德义务感，不是形而上学的理论问题，而是伦理学的实践问题"③。也正是基于如此不同的性质，以至现代许多学者认为宗教不仅不反科学，且有益于科学；是和科学互补的。"人们转向它们，不是为了求得心智上的

---

① Cuvier G.1834. The Animal Kingdom. Vol.1.London: G Henderson:8.

② 保罗·戴维斯.1996.上帝与新物理学.徐培译.长沙：湖南科技出版社：239.

③ 伊安·巴伯.1993.科学与宗教.阮炜等译.成都：四川人民出版社：63.

启蒙，而是为了在一个艰难而无常的世界中获得精神上的安慰"①。

关于现代宗教对科学的积极作用，主要体现在如下几个方面：①宗教信仰不仅使一般人，也使科学家对人生充满希望、信心、热情和积极上进的精神。正是这种精神推动着科学家牺牲巨大代价献身科学事业，始终不渝地向着实现真理的目标前进。②宗教思维中经常运用的幻想、虚构的方法是人类思维能动性的一种积极方式，它常常与概念、范畴、定律、定理、法则的发明创造紧密相关。通常所谓的假设、猜想、约定、"试错法""范式理论""宗教皈依"等都包含着幻想和虚构的成分。③随着科学研究对象从物质世界向精神世界的转移和扩展，以研究和试图治愈人类心灵为宗旨的宗教日益受到科学家的青睐。自 19 世纪开创的"精神分析学"、现代医学中的"精神疗法"，以及现代科学心理学的迅速发展，都从宗教那里受益颇多。例如，弗洛伊德的"超我"概念、"唯乐原则""分析疗法""催眠术疗法"，以及他对人的动机、欲望的重视，对爱、死亡、本能等活动的特别关注，都强烈受到宗教原理的影响。也正是由于宗教不断地改变形式和内容、价值和功能，使它始终没有退出历史舞台。

第六，现在的大多数信教者也不再讨论上帝是否真实存在的问题。上帝在他们的头脑里和生活中已经变成毋须争论的抽象符号。他们进教堂不是为了听上帝的"圣谕"，而是为了听一位学识渊博的牧师的有关人生的布道。这说明宗教至少在现在不是一种肤浅的胡说臆造，而是包含着的知识和哲理浩如烟海、博大精深，足以吸引各类人的好奇心和求知欲。它所描绘的宇宙观广大壮阔，可以扩展人们的胸襟，抒发人们的情怀，激励人们探索大自然奥秘的雄心。至于它所阐释的人生观，则是民胞物与，积极奋发，鼓舞个人为社会、为人类服务和献身的热忱，培养人们大慈大悲、恻隐之心。以至它所追求的终极目标是使人人获得真正的自由、平等，真正的净化和解脱，以达到人生真正的欢愉和幸福。

第七，这些布道者之所以能够吸引成千上万的忠实教徒，就是他们关心和研究的问题更贴近生活、更现实，是教诲人们如何成人、做人以及如何生存与生活的指导。因此今天的教徒进教堂不是为了消灾避难、去病就安，或是升官发财、封妻荫子，而是怀抱虔诚之心寻求人生之路，确立理想的人生观、价值观，寻找生命的意志、生活的信心、事业成功的力量，以及夫妻恩爱、家庭和睦、社会安定和整个人类尊严。和平与博爱是宗教的宗旨，宗教的本质已经完全类似于费尔巴哈所阐释的"是人神论的本质，是人对自己本身的专一的爱；尤其是基督教之中，道德完善性胜于上帝之其他一切显要的理智规定或理性规定"②。

正是由于教徒进教堂听布道是为了求知、求行、净化心灵、救治社会，以达

---

① 保罗·戴维斯.1996.上帝与新物理学.徐培译.长沙：湖南科技出版社：3.

② 费尔巴哈.1995.基督教的本质.荣震华译.北京：商务印书馆：83.

人生之真善美的崇高境界，所以他们在教堂里不需要烧香磕头、顶礼膜拜，更不怀有自私、叵测之心；他们剃度从教的目的，是想通过自节、自制、自尊、自爱、自信、自强，以做一个于国家、人民和天地万物都有益无害的人。所以今天的宗教不仅使一般的人，也使许多科学家、哲学家、将官士兵对人生拥有积极有为、奋发向上，以及为了真理和公道勇于献身的精神。而居维叶也正是抱着这一目的和宗旨信仰宗教，净化精神，以引领人生不断上进。

第四章

开创古生物学和地史学

到 18 世纪末，地质学虽然初具形态成为一门独立的学科，但主要局限在对岩石、矿物及地层组成方面的研究。关于地质构造，尤其是利用古生物化石来研究地壳发展演化历史，在居维叶之前，基本上没有人取得任何值得肯定的成就。当时，关于地球演化史和生物发展史，基本上被三种理念统治着：一是《圣经》中的"摩西创世说"；二是布丰的"宇宙灾变说"和"地质演化论"；三是拉马克的生物进化论。在"摩西创世说"看来，是万能的上帝最早创造了天地万物，包括光明黑暗、白昼夜晚、天空大气、陆地海洋、节令气象、动物植物，以及仿照神的形象创造的人类。全部创造过程历时 7 天。这种神创论，作为一种至高无上的权威在 18 世纪之前几乎成为所有人的教条和信仰，直到法国科学史上最负盛名的博物学家、自然史家乔治·布丰（Geoges Buffon，1707 ~ 1788) 花毕生精力撰写的 36 卷《自然史》的问世，才真正开创了属于人类、属于宇宙万物和自然本身的历史。

第一节　对布丰自然史的继承和发展

布丰在其巨作《自然史》中不仅探讨了天文学、数学、物理学、地质学、医学、林学等诸多领域的科学问题，如研究了数学上的"概率论"，物理学上的"木材抗张强度"和"阿基米德引火术的光学实验"等颇具应用性的问题，而且开创性地提出了他的极具影响力的"宇宙灾变说""地质渐变论"和"生物演化说"，探究了星体起源、地球起源、物种起源，及其发展演化的问题。例如，在宇宙起源及演化问题上，当时根据牛顿的说法，行星及其运行全都由上帝直接推动，这是当时已知的 6 颗行星以相同方向围绕同一轨道运行、且几乎在同一平面内旋转的情形的唯一可能的解释。而布丰的"宇宙灾变说"则企图用一种自然现象，一种根据力学规律起作用的原因，来代替牛顿的"上帝推动"。为此在探究太阳系内天体起源的时候，他天才而富有想象力地假设："由于曾经有一颗彗星剧烈撞击了太阳，使它抛出质量差不多等于自身质量六百五十分之一的液体和气体物质进入空间，然后这些物质依据不同的密度散开，并重新集结成为球体。这些球体必然在同一平面上以相同方向围绕太阳旋转。同时由于彗星撞击太阳时倾角的效应而围绕自己的轴旋转。由于这种自转运动，所有的球体都具有把两极展平的扁球体形状。进而在它们迅速运动产生的离心力作用下，又从球体自身撕去一部分物质，形成它们的卫星。"地球连同它的卫星月亮就属于这种灾变事件创造的结果。

那么地球自从形成之后，是怎样发展演化的呢？布丰在《自然界的时代》一书中详细描述了地球演化的火成历史，以及它作为从太阳上撕开的一块物质所具有的形式。认为当月亮由离心力作用从地球上撕开之后，地球就开始固结，赤热的地球一边在空中旋转，一边从两极开始逐渐冷却，这是地球演化史的最原始时期，即第一个时期。在这种固结过程中，由"玻璃质"物质构成的山脉以及由一般物质构成的沉积岩层的形成，标志地球演化史的第二个时期。由于地球不断地冷凝，水蒸气和挥发性物质不断地凝结，结果以很大深度覆盖地球表面，形成原始海洋。海洋也是从两极开始形成的。然后，整个大地才逐渐被沸腾的热海所淹没。地球上有了水之后，不久就繁殖了生命。同时水不断地冲刷和搬运，作用于"原始的玻璃质物质"。这些物质破碎后具有很强的化学活动性，这样就形成了各种不同的矿物和地层。水从在冷凝时期形成的巨大的地下洞穴中突然涌出。当它涌出之后，地平面逐渐降低，形成地球表面的江河湖海，这标志着地球演化史上的第三个时期。然后，积聚起来的可燃性物质不断运动产生火山、地震。陆地在内营力的作用下形成高低起伏的地形，这是地球演化史上的第四个时期。后来，在原始海洋中，从非生物界产生的生命物质有机分子的微粒，开始形成原始的水生有机体、软体动物和鱼类。随着地球的进一步冷却，海洋开始退却，从海底升起陆地，这样就由生命物质的微粒形成植物和陆生动物，并迅速布满整个陆地。动植物生命的出现，标志地球演化史进入第五个时期。地球的进一步演化使得各块大陆彼此发生分离，并形成地球表面现在具有的形状，这代表了地球演化史的第六个时期。实际上，大陆漂移思想早在布丰时期就已经产生了。随着人类的出现，地球演化进入它的第七个时期。

布丰给地球演化史所划分的这七个历史时期，难免有对"摩西创世说"中的七天创造整个世界的抄袭之嫌。为此，布丰详细地描述了地球形成、发展的演化历史，把天文学、力学、地质学、生物学结合起来组成整个自然界发展演变的模式程序，并试图制定地质年代表。起初，他根据冷凝实验，估计地球年龄是七万五千年。后来，他在研究沉积现象时，发现地球表面沉积地层的形成需要更长的时间，于是他大胆估计地球年龄为三十万年。布丰认为"我们把时间扩展得越多，我们将越接近于真理"。这是与他在地质学上的"激变和渐变交替进行的"思想分不开的。他认为，地球在经过最初的激变形成之后，便进入漫长缓慢的演化历史时期。从初期的固结过程，到原始山脉、海洋的逐渐生成，并通过地表水的缓慢长期作用，使各种动植物生命渐次生成，地球整个形成、发展的过程就是这样一个由激变到渐变的过程。

布丰，不仅创立了"宇宙灾变论"和"地球演化说"，也提出了一系列有关生物演化的观念和思想。首先表现在和林奈的生物学观点的对立上。众所周知，在欧洲，布丰几乎是唯一反对与他同时代的林奈的"人为分类法"和"物种不变论"的生物学家。在分类学方面，他通过运用比较解剖结构的方法研究动物的亲缘关系，对林奈的人为分类方法和分类系统提出完全相反的见解。布丰认为，一切人为分类都是"形而上学的错误"。其"错误在于不了解自然过程，这种过程总是循序渐进的……我们能够使人无法觉察地逐渐从最完善的生物下降到最不具备形状的东西……我们将发现许多中间物种以及一半属于这一类、一半属于那一类的物种。这种不可能指定一个地位的东西，必然使得建立一个体系的企图成为徒劳"。为此，他只承认种的概念，不承认属的概念。他认为属是人为设定的，是在客观生物界中不存在的。他告诫人们说，"请一定不要忘记，这些属是我们的创造物，我们设计它们只是为了安慰我们的精神"。一切分类都是随意的，除了方便以外，没有其他价值。由于布丰主张分类学应该建立在物种之间的亲缘关系上，同时承认各不同物种间都有一种连续性，其差别是极其细微的，所以他的分类学实际上反映了生物界中客观存在的一种渐进演化模式。

布丰为了冲破他所处时代的精神，把科学与形而上学和宗教分开，激烈反对林奈的所谓"物种永恒不变，上帝原来创造多少物种，现在依然存在多少物种"的神创论观点，主张"物种可变论"。他认为物种受外部自然环境的影响和制约，并随着外部环境的变化而变化。布丰通过对新旧两大陆的动物区系的考察，发现许多物种之间存在相似和并进的状态，如美洲豹与非洲豹就有许多相似之处，当然亦有差异。布丰认为，它们本来是同属一个起源，只是后来大陆发生分离，各自形成不同的生态环境，才造成物种差异。他说，"当地温度的变化、食料的品质和豢养的痛苦等，都是确定动物改变的原因"。例如，他在《自然史》中讨论已绝迹的巨大猛犸象时就写道，"存在许多改变了本性的物种。由于水与大陆的重大改变、自然界的淘汰或保留、严酷或适宜气候的长期影响，改进或退化的许多种已经不像原来那样，它们能在其他情况下生存下来"。在这里，布丰既论述了环境对生物体的改造作用，也论述了自然界对生物体的选择作用。此外，布丰还提出不同物种对外部环境有不同反应的观点。他认为，除人以外，所有四足动物的形态都较固定，因为自然环境对它们的选择压力相对来说较弱。鱼类和鸟类则改变较快；昆虫类改变更快；而植物的改变速度之快令人震惊。

布丰不仅承认自然环境对物种有改造作用，并由此引起物种变异，而且也提出了后来由拉马克正式提出的用进废退及获得性遗传观点。他认为动植物类型的改变与否，不仅与气候、土壤、营养、人工栽培、驯化条件有关，而且与器官的用与不用有关。他还认为外部环境产生的变异可代代相传，最后形成不同的种与变种。

第二节　确立古生物学

虽然布丰认为物种可变，却主张一种"物种退化论"。他在 1766 年发表的《动物的退化》一文中给予了集中阐述，即在布丰看来，地球上的生物实际上遵循的是一个逐渐退化的模式，即现存的一切物种都是由原初高级复杂的物种逐渐退化而来的。由此，他认为驴子是退化的马，猿猴是退化的人，猪腿上有它并不使用的侧蹄，这恰好证明猪是从一个曾经使用过这种侧蹄的较为完善的动物类型退化而来。这种思想与 2000 多年前的柏拉图的退化论一脉相承。这就促成法国生物学家拉马克在他撰写的两卷本《动物哲学》中阐释了他的生物进化理论。

然而，不论是布丰的宇宙灾变论、地球演化论，还是拉马克的生物进化论，还基本上都属于运用笛卡尔的唯理论主观想象、思辨和建构的产物，缺乏科学的观察、实验及所获得的经验事实的支撑，故没有使得布丰和拉马克等博物学家能够在其平生的科学研究中，真正地创立一门成熟的地质学或生物学。所以，真正在地质学上开辟一个崭新时代，把生物学第一次带进地质学，并利用古生物化石比较法使地质学成为一门比较精确的科学，从而为地质学做出划时代贡献的人，便是法国的另一位著名的、值得我们永远尊敬和回忆的、伟大的博物学家、地质学家和古生物学家居维叶。

在 18 世纪末，当许多地质学家、博物学家为了研究地质构造及地层的发展演化历史，常常从野外带来一些在地层中发现的骨头碎片或个别部位的残骸来到巴黎，请求这位解剖学权威进行鉴定的时候，居维叶发现许多化石骨骼与现存活着的物种骨骼不同。居维叶如果承认这些发现是人类的观察力所不能理解的东西，那么他就要失去他的名誉和听众，尤其是每天从巴黎郊区发现的一些化石，对其神秘的起源一直都使他感到更加为难。最后这些令人迷惑不解的标本越积越多，以致达到挫伤居维叶的自尊心的地步。结果，他那种对于科学锲而不舍和一往无前的探索精神促使他决心揭开大自然创造的这种"神迹"。并立下志愿，"除非抓住这种神奇现象，同时确立它的本质特征，否则绝不改变目标"[1]。

1804 年，居维叶和朋友布罗格尼亚一起，身体力行地进行了长期艰苦的野外调查和勘察。经过许多年在采石场、大洞穴里细致入微和艰苦疲惫的工作，经过无数次乏味地攀登最高的蒙特马尔山脉之后，这两位不屈不挠的考察者搜集了大量的古生物化石资料。这些资料好像立即放射出的灿烂光芒，照亮了长期以来使科学界混乱的现象。不仅如此，他们还对世界各地赠送的各类化石也都进行了艰辛细致的比较和研究。最后，经过许多年一丝不苟、细致入微的室内整理工作，并根据他的"器官相关律"复原了 150 多种古代绝灭的物种。例如，他通过对一些朋友从南北美洲带来的巨型动物化石的鉴定和比对，所命名的居维叶象（Cuvieronius）和大地懒（Megatherius），就是迄今人们还念念不忘与啧啧称奇的两种生活在距今 200 万至 1 万年前的巨大哺乳动物。

功夫不负有心人，经过居维叶等人多年的精心探索、比对、鉴定、命名和分类，终于在 1812 年出版四卷巨著《四足动物骨骼化石研究》，与拉马克一起创立了古生物学。关于科学史上的如此重大发现，居维叶曾经怀着自豪的心情说："在 12 年前，当我发现一些熊和象的骨骼的时候，应用比较解剖学的普遍规律的思想启发我去从事化石物种的复原和再现工作。当我开始察觉这些物种完全不能由现在生存着的与它们最相似的物种所代替的时候，我既不怀疑我们每天踏在其上的每一块土地都充满着比我曾经看见过的任何残遗都更加令人惊奇的化石，也不怀疑，我可指望去揭示现存世界未知的和埋藏在地下无限深度和无限久远年代的整个动物类属。我要把我们采石坑中提供的这些骨骼的最先启示者归于文琳（M. Veurin）先生，一天他带给我一些使我惊奇的骨头碎片……在这些搜集物中，我发现有激发我的希望和增加我的好奇心的东西。从那时起，我便发起在所有的采石坑里寻找这类骨头的做法，并提出给予奖赏以引起工人们的注意。我集中了比以前任何人都更多的大量化石标本。"[2]

"几年后，我获得足够丰富的材料，以至我不再想要求什么。就它们的骨片和骨骼的结构而论，单独的骨片和骨骼结构就能导致我得出物种的正确认识。从一开始我就发觉在我们的采石坑里有许多不同物种，不久以后我就认识到它们属于各种不同的属，而且这些不同属的物种往往具有同样大小躯体，以至于单就躯体的大小而言就给我的整理工作带来有损无益的混乱。我处在这种情势下，即要把如此混乱不清的属于 20 种动物的 100 块骨骼的大量不完全的碎片，结合到它所属的物种中去，这实际上是一幅画像的复活。在这种情况下，描述生物的不变

①　Cuvier G.1834. The Animal Kingdon.Vol.1.memoir. London:G Henderson:9.

②　Cuvier G.1834.The Animal Kingdon. Vol.1. memoir. London:G Henderson:8.

规律成为我的向导，通过应用比较解剖学，每一块骨头，每一块碎片都被恢复到它的所在位置。当我发现一种特征的时候，又发觉与这种特征有关的所有多少带有预见性的结果都接连不断地展现，我真说不出当时心情是多么愉快。足适合于曾经报道过的牙齿，牙齿也适合于足。小腿和大腿骨，以及与这两种最大的骨头重新组合的每一种骨头彼此却相互吻合，一句话，每一个物种都可以根据构成它的要素之一重新构造出来。……在如此依照先后次序恢复出来的这些由剧烈革命所造成的古代遗迹中，有耐心跟随我的人将有可能形成我所经历的激动人心的思想。这一卷将引起博物学家更多的兴趣。"[1]

在这部著作里，居维叶不仅向全世界提供了他在巴黎郊区、法兰西各省的不同地区，以及意大利、荷兰等国家的个人工作所获得的丰富成果，而且也提供了由其他国家的博物学家所进行的调查、研究成果。他的研究成果或者是从他们的作品中，或者是从他们的通信中搜集到的。由于居维叶证明的动物学与地质学的密切关系在科学界产生了最有价值的和最令人感激的影响，这部著作被当时世界上许多国家所推崇。有人说，"正是从这部著作发表的时候起，我们才获得第一个精确的知识"。有人说，"这部最灿烂、最有益的局部地质学的阐明甚至可以赠给全世界。"有人说，居维叶运用最罕见的观察和想象能力以及无与伦比的发明能力，在比较解剖学基础上创立的古生物学使躺在地层里许多年的化石骨头出现奇迹，从而在地质学的史册里开辟了一个新纪元，在深远和持久的意义上产生了历史上没有的作用[2]。正是这部著作澄清了以前的一些错误的、甚至是十分迷信和神秘的传说。例如，有一块化石曾被认为是死于诺亚大洪水之前的人的骨头，而居维叶则证明它实际上是一种目前已绝种的巨大蝾螈的遗骸[3]。居维叶对古生物学方面的贡献主要有三个方面：

第一，他首先认识到研究古生物化石对于认识地球演化史及生物发展史的重要意义。为此，他在《地球理论随笔》一书的"开场白"中就指出，"我写作本书的目的，就是要论述至今还很少探讨的领域，使读者熟悉一种残骸。这种残骸对于了解地球历史来说，虽然是绝对必要的，但是迄今为止，却几乎一直被人忽视"[4]。特别是他在谈到地质学理论的过去研究状况时指出："被誉为哲学家的那些人，在 20 年的连续考察期间，通过对于最难接近的山区的艰苦调查，对阿尔斯山进行的全面研究，并且深入到它们的所有峡谷，已经在我们面前揭露了原始地层的整个紊乱次序，并且清楚地勾勒出原始地层与次生地层的范围界限。而被

---

① Cuvier G.1834. The Animal Kingdon. Vol.1. memoir. London：G Henderson：8.

② Cuvier G.1834. The Animal Kingdon. Vol.1. memoir. London：G Henderson：9.

③ 罗伊斯·Z.玛格纳.2009.生命科学史.刘学礼译.上海：上海人民出版社：266.

④ 乔治·居维叶.1987.地球理论随笔.张之沧译.北京：地质出版社：1.

同样誉为地质学家的其他人，在世界上最古老的采矿区，利用许多矿坑，已经确立了规定地层连续次序的规律，指出了彼此之间的各自新老关系，根据它们的所有变化和变质特征，探查出了每一种地层。就地层的矿物性质来说，只是从魏纳开始，我们才进入真正的地质学时期，但是魏纳和绍瑟在必须对地层进行的每一种精确描述中，都没有定义古生物化石的物种，尽管现在已经认识的动物数量如此之多。"[1]

其他博物学家的确曾经研究过有机体的化石残遗物。他们搜集和描述了无数的古生物化石，而且他们的工作对物质宝库具有肯定的价值。但是，他们只是就化石本身来考虑这些化石动植物，而不是就它们与地球理论的关系来考察它们；或者宁可把它们的石化作用或外来化石只当作稀奇的事，也不当作历史的见证；或者对于每一个别标本的特殊方面局限于局部解释，而几乎总是忽略了影响它们位置的因素或外来化石与其所在地层之间关系的研究。然而调查研究外来化石与包含它们的地层之间关系的重要性是十分明显的。我们甚至把地球理论的开始只单单归功于这种关系的考察和发现。如果没有这些外来化石，我们将绝不会怀疑在我们的地球形成中存在的任何连续时代，以及使地球变成目前状态的一系列不同的和连续的作用。也只有根据它们，我们才能够准确地确定：地球并不是一直都被相同的外壳所覆盖。因为我们完全确信属于那些化石残遗的生物体，在它们像现在那样被埋藏在很大深度之前，一定是一直生活在地球表面。只有通过分析的方法，我们才能够延伸原始地层，以及通过外来化石为次生地层直接提供的相同结论。如果只是存在没有外来化石的构造层或地层，那么我们就绝不能够断言这几个构造层不是同时存在的[2]。而居维叶写作《四足动物骨骼化石研究》，以及从事解剖学、分类学和地质学等学科领域的研究，就是要使读者通过熟悉古生物化石来了解地质演化史、生物进化史和整个自然界的运动发展史，如他自己所言："所有这些研究的最终目标，是探索地球的古老历史。这本身就是能够吸引有识之士注意的最新奇课题之一。如果他们对人类摇篮时期许多已经灭绝的民族几乎淹没的遗迹还有兴趣考察的话，那么毫无疑问，他们也会产生同样的兴趣，在掩蔽地球早期历史的黑暗之中，去搜寻早在所有民族存在之前即已发生的那些地球变革的遗迹。"[3]

第二，在他系统研究大量古生物化石及有关地质资料的基础上揭示了化石的本质，把化石从神迹中彻底解放出来。在他之前，化石一直被认为是"世界洪水"的证据，是神灵的显示。直到18世纪末，还有许多博物学家认为化石是自

---

① Cuvier G.1813. Essay on the Theory of the Earth.London: Strand：53.

② Cuvier G.1813. Essay on the Theory of the Earth.London：Strand：54～55.

③ 乔治·居维叶.1987.地球理论随笔.张之沧译.北京：地质出版社：1.

然界的游戏，为自然界中的一种不可知的构造力所创造。由此，瑞典一个地质学家教授舍赫洋还以鱼化石的发现恐吓无神论者，"遭难者之遗骨残骸当使今日罪人迷途知返"。而居维叶通过自己的研究则鲜明地指出，"对于无知地提出这些化石只是天然的畸形——是由地球内部的创造力繁殖的产物，这个时期已经过去了"①。化石只不过是过去毁灭了的生物残遗。为此，当18世纪末，大多数人都认为挖掘出的巨大骨头是过去巨人或天使的遗骸的时候，他则敏锐而肯定地指出，"由著名的主教提到的，曾在挪威发现的被假定为巨人的骨头是象的残遗化石"②。

至于"希腊人用诗意的幻想虚构的那些动物，就与某些古老建筑的废墟上仍然能看到的，以及由富有天才的拉斐尔（Raphael）在他的绘画中增添的那些神奇的装饰一样，其图形相当优美雅致。这类东西，把轮廓优美、组合奇异、悦人心目的形象结合起来，但与自然现象和正常道理却是完全矛盾的。这些出自有独出心裁和游戏喜虐天份的天才们之手的作品，或许是按照东方风格用神秘的奇怪形象为掩蔽的一种玄学或精神方面的象征性图形。当然，可以允许学者们利用他们的时间与才智去试图解释下述图形中所隐秘的神秘信息，如底比斯的斯芬克斯（有翼的狮身人面妖怪）……但是如果认真地希望在自然界中发现这些怪物，那将是愚蠢的。"③

居维叶之所以能够十分自信地确识自己的鉴定准确无误，以至他对许多已经绝灭物种的命名使用至今，就是因为他发现和确立了一种"鉴定这些骨头的技术所依据的原理。这种技术，换句话说，是一种根据一块骨头碎片看出某个种、区分出某个属的技术，即一种取决于整体的必然性的技术。"④根据这种技术和原理，他的研究所得的结果，已经成为鉴别某些新的种、属，以及判定其生存环境的标准和尺度。这样，他通过对化石本质的揭露，一方面，在客观上给宗教神学和神话传说中所虚构的动物的真实性以一定程度的打击和澄清，即如他自己所言，"把这些动物作为实际生存的动物来报道的特西亚斯已经被一些作者看作语言的创作者。其实，他只是把象征性的形象当成了真实的生物。近来，在波斯波利斯（Persepolis）的废墟中曾发现这些幻想的奇异作品，可能它们所隐藏的含义永远也弄不清楚，但是无论如何我们将完全可以肯定：它们表现的绝不是真实的动物。"⑤另一方面，他通过化石把生物在时间、纵向上的发展与生物在空间、横向上的发展统一起来。这是居维叶对于生物进化论的确立，从无神论和科学的

① Cuvier G.1813. Essay on the Theory of the Earth.London:Strand：9.
② Cuvier G.1813. Essay on the Theory of the Earth.London:Strand：22.
③ 乔治·居维叶.1987.地球理论随笔.张之沧译.北京：地质出版社：34.
④ 乔治·居维叶.1987.地球理论随笔.张之沧译.北京：地质出版社：2.
⑤ 乔治·居维叶.1987.地球理论随笔.张之沧译.北京：地质出版社：34～35.

高度所做出的最杰出的贡献之一。

第三，由于他利用比较解剖学和"器官相关律"复原了大量古代绝灭的物种，就给人类认识地球演化史及生物进化史提供了丰富可靠的科学根据。他通过对古生物化石与地层之间关系的研究，发现不同地层含有不同物种。地层越古老，含有的化石越低级、简单；地层越新，含有的物种越高级、复杂，与现代种越接近。在最古老的原生地层中，没有生命化石；而人类的化石只是发现在最新的埋藏地中。"尽管迄今我们已经获得的有关古生物化石的知识是微乎其微的，但是我们所能够发现的一点点已经知道的有关地球革命的知识，也应该归功于这些进入地层中的化石。"[①] 因为正是依据这些化石及其与地层之间的关系，证明地球演化过程中，在地壳由老变新的同时，伴随着生物从无到有、从简单到复杂、从低级到高级的发展。此外，居维叶还指出，每个地层都含有特定的化石种。根据这些特定化石，就可以准确地确定地层的新老关系、先后顺序、相对年龄，以及可能发生的各种不同的地质事件。这样，古生物化石就像从黑暗中发射出的一束光明，使人类能够清楚地看见横贯地球历史千百万年的变化和发展。这样，居维叶就通过把古生物学带进地质学，从而开创了古生物地质学的研究。

关于居维叶对古生物学的贡献，至今依然经常出现在许多古生物学、地质学和动物分类学的书刊中。特别是他基于比较解剖学和"器官相关律"对许多绝灭物种的鉴定和命名依然被延续使用至今，而没作任何变动。所以 L. C. 梅尔（L. C. Miall）在他的《生物学史》一书中则指出，居维叶对于绝灭脊椎动物的研究，使古生物学成为一门新的科学，从而，使他在生物学史上被赋予永久性的光荣的地位。

第三节　开创地史学

居维叶通过把一些反映大规模地壳运动的痕迹与现存的渐变作用的结果进行比较，发现地球表面现存的各种地质营力只能轻微地改变地貌特征，不能形成横贯地球表面的巨大山脉；不能产生面积巨大的地层的隆起和沉陷；不能造成大批生物的灭绝。特别是他通过对海相与陆相两种不同生成环境的地层进行相互比较之后，便得出海水曾经多次发生大规模进退的结论。在居维叶看来，利用这种历史比较法将比所有充满矛盾的地球起源假说有无限多的价值。人类也只有在观察基础上正确地运用这种逻辑思维，通过对岩石矿物、地层特征、地质构造、海

---

① 乔治·居维叶 .1987. 地球理论随笔 . 张之沧译 . 北京：地质出版社：25.

水进退和古生物化石进行细致地分析、研究和比较，才能恢复人类之前已经存在的千百万年的地球历史及生命演化史。于是，他根据自己对大量的地层化石的收集、分类和比较，认为地层时代越新，其中的古生物类型也越高级、越复杂和越进步。最古老的地层中没有古生物化石和生命现象，后来出现了植物与海洋无脊椎动物的化石，然后又出现脊椎动物的化石。在最近的地质时代的岩层中，才出现现代类型的哺乳类与人类的化石。

据此，他在《地球理论随笔》一书中，对巴黎郊区的地质构造、地层分布和岩石组成进行了巧妙详细的描述。他认为，这个地区的基底岩石或基底应该是白垩。这种白垩为塑性黏土和所谓的粗粒海相石灰岩所覆盖。石灰岩中富含海相化石，而且伴随有一种硅质石灰岩。硅质石灰岩是人们熟知的工艺材料，被用来作为一种磨石，并叫做硅质磨石。在这种石灰岩之上紧接着的是显著的石膏层。它与含有硅乳石的泥灰岩层和黏土层互层，黏土层中还夹杂着结晶石膏的透镜体。石膏层中含有绝灭的四足动物、鸟、两栖动物、鱼和贝壳的残骸。所有这些据说都是陆生或淡水物种。为此，他将其命名为"淡水地层"。石膏层之上，是含有海相贝壳的泥灰岩层和沙岩层，这样，就提供了另一套海相地层。这些岩层之上覆盖着石灰岩层和燧石层，两者都含有淡水贝壳化石，这样把它们合起来叫做第二套淡水地层。最上部的地层是冲击性质的。它是由各种颜色的沙、泥灰岩、黏土，或者一种被炭质浸染的上述物质的混合物所组成的。炭质使混合物带有褐色或黑色。它含有不同种类的卵石，但是最突出的特征是含有大型有机体的残骸。正是在这些地层中，我们发现大的树干、象的骨头，也有公牛、驯鹿和其他哺乳动物的骨头。这是一种非常古老的冲积物，因为它似乎形成于人类的历史开始之前。从这些地层中的淡水和咸水有机物的混合来看，可以推断：这两种液体一定曾经分别将它们的一部分有机物投放到它们的地层中去[①]。不仅如此，根据居维叶和他的助手布龙尼亚特对上述所列举的那些地层的考察，在整个巴黎郊区似乎一直存在咸水和淡水的交替消长，这些岩石似乎也是在交替消长中沉积的。

居维叶的这番对巴黎郊区地层的描述，实际上只要从地质学方法上，将个别地区的地质结构、地层组成上升到普遍和一般，便会使得地质学和古生物学工作者能够在全球范围内从理论和实践上，将其作为探查和认识各具体国家或地区的地质构造、地层分布，以及岩石的性质和组成的指导原则和方法，进而教会人们如何去考察、分析和认识自己国家所拥有的地质条件、地理环境、矿藏储存，及其发展演化的历史等地质特征。

也正基于对诸多地层分布状况的详细观察和描述，居维叶在论及研究地质发展史和地层演化史时指出："对于我来说，这类个别堆积物的连续历史，与矛盾

① 乔治·居维叶.1987.地球理论随笔.张之沧译.北京：地质出版社：105.

百出的推测（关于地球和其他行星的最初起源，以及完全不同于世界上现存物理状态的现象等）相比，似乎要有多得多的价值。这类推测，在那些假设的论据中，既找不到作为基础的资料，又没有任何证实的方法。而我们的有些地质学家，却很像除了恺撒以前的历史以外、对法国的历史毫无兴趣的历史学家。当然，他们的想象肯定会代替可靠的文献，从而每个人都按照自己的爱好编写各自的传奇故事。这些历史学家如果在编纂历史时不借助于后世史实方面的有关知识，他们会是什么情况呢？但是，我们的地质学家却恰好忽视了后来发生的地质事实，而这些地质事实至少在某种程度上，总会对以前时代的蒙昧无知有所消除的。"①

居维叶不仅根据地质的构造、岩石的性质、地层沉积的环境以及形成的具体机制，描绘了一幅地层的形成和发展演化史，而且主要是根据各种岩石中的生命迹象、化石的结构、性质和特征，确定了各种不同的地层形成的先后顺序、新老关系和相对年龄。为此，关于古生物化石在确定地球演化史和地层形成史中的重要意义，居维叶在其《地球理论随笔》一书中曾给予高度评价。他说，"调查研究进入地层的化石与包含这些化石的地层之间的关系，其重要性是十分明显的。我们甚至把地球理论的渊源仅仅归功于它们。如果没有这些化石，我们连地球形成中存在的任何连续时代，以及使地球变成目前状态的一系列不同的和连续的作用都不知道。也只有根据他们，我们才能够极为确切地断定：地球并不是一直都被相同的外壳覆盖着的。因为我们完全确信那些化石残骸所属的生物体，在它们像现在那样被埋藏在很大的深度之前，一定是曾经生活在地球表面上的。只有通过类比的方法，我们才能够把根据地层中所含的化石对第二纪地层直接提供的结论，同样扩大到原始地层中去。如果只存在没有化石的地层，可能就怎么也没法说这些地层不是同时存在的"②。

"就像现在对主要的矿物物质那样，把古生物化石按年代表顺序整理，肯定会令人极为满意的。用这种方法，有机体科学本身将会得到改进。动物生命的发展，它的形态的继承性，最初出现时的正确判定，某些物种的同时产生，以及它们的逐渐消灭，所有这些，就像我们将会有能力对现存的动物进行一切实验那样，也许能在有机体的实质方面，使我们得到充分的教益。而要恢复人类出现之前的历史，恢复与人类同时代的成千上万种动物出现之前千百万年的历史，只有出现在地球上不过很短一段时间的人类，才能享有这份光荣。"③

居维叶的这些论点与近代地质学、地层古生物学和进化论的结论基本一致。

---

① 乔治·居维叶.1987.地球理论随笔.张之沧译.北京：地质出版社：81.

② 乔治·居维叶.1987.地球理论随笔.张之沧译.北京：地质出版社：24～25.

③ 乔治·居维叶.1987.地球理论随笔.张之沧译.北京：地质出版社：81.

他通过对绝灭物种与现存物种之间、古老地层与新近地层之间、岩层与岩层之间都存在着的巨大间断的考察，发现水平岩层可以直接覆盖在陡立岩层之上形成明显的角度不整合；物种与地层之间，不仅一定的地层含有一定的物种，而且一定的物种总是伴随着一定的地层间断突然消失，或突然出现。不仅如此，如此明显的地层间断在时间上还是多次出现，于是他根据各大地质时代与生物各发展阶段之间的"间断"现象，得出结论：地球表面一定曾经发生多次大规模的剧烈的突然性灾变。正是自然界所引发的这类全球性的大变革，才造成生物类群的"大绝灭"，而残存的部分经过发展与传播又形成了以后各个阶段的生物类群。他的这一科学假设不仅开辟了古生物地层学，而且迄今依然是现代地质学和古生物学进行研究和划分地层所遵循的基本原则和主要途径。

第五章

创立灾变论

在地质学、地理学、生物学、人类学和社会学上，迄今依然流行和产生巨大学术影响的"灾变论、渐变论和生物进化论"，是人类基于同一认识对象、实践对象和运动对象形成的三种既有联系又有区别的理论。所谓"灾变论"，主要描绘、论证、突出和强调的是自然、宇宙、地球和整个人类社会中所发生的诸多巨大的灾难性事件，包括外星体对地球的撞击、地球上发生的诸如火山、地震、海啸、冰期的到来和地球温度的急剧升高带来的一系列导致地球表面生态环境发生巨大破坏、物种大量绝灭，以及给全人类带来毁灭性打击的灾难性巨变。这些灾变的特征往往是在短时间内突然、迅速发生的"革命性变化"，其导致的天翻地覆的破坏强度，足以达到影响整个地球演化、生物进化和人类社会发展方向和演变速度。

而渐变论，则主要看到、描绘和突出的是整个自然界、地球、生物界和人类社会中发生的缓慢的渐进性变化。也就是说，在渐变论者看来，基于宇宙的无限、地球的巨大和整个自然界发展演化历史的无穷无尽、无始无终，其中发生的任何事变，相对说来，都是微不足道和无足轻重的。例如，火山、地震，不论是怎样的强烈，给莫大的地球或是整个生物界造成的破坏作用，都可以说是无关大局。在渐变论者看来，灾变论者强调的那些全球性的灾变，基本上都是无中生有。因为依照"将今论古"的方法论，导致地球表面发生巨变的力量，其实就是现实中人们所看到的那些通常发生作用的自然力量，诸如火山地震、海啸飓风、冰霜风雨、洪水沙暴等作用力给地球带来的作用和影响。这些力量虽然相对于巨大的地球显得微乎其微，然而经过几十亿年或几千万年的风化剥蚀、蒸发加热、堆积挤压，其天长地久也会水滴石穿，导致地球内部和地球表面发生巨大的变化或显著性的激烈的质变。

至于灾变论、渐变论和进化论的关系，并不像有些学者所认为的那样，灾变论反对进化论；渐变论支持进化论。两者的区别也仅仅是在生物进化或地球演化形态上，持有不同的看法。前者突出的是事物所发生的革命式的突变性的质变和巨变；后者突出的是事物所发生的渐变性的质变和量变。那么灾变论作为一种理论形态究竟是怎样产生的呢？无论怎样，它都不像有些人说的那样，是居维叶出自唯心主义世界观的杜撰，而是有着自身发生发展的过程。

第一节　灾变论的思想渊源

灾变论作为科学史和地学史上的一种理论学说，同任何其他领域的理论学说一样都是人类认识史上一定发展阶段的产物，都有它得以形成和产生的时代背景、知识背景、理论背景、思想前提和科学根据。它既是人类对一些灾变现象的总结，也是人类思维特有的发明、创造、推断和想象。探索其起源，当然可以追溯到古代诸多国家的传说和记载，如《旧约圣经》上所记载的"创世说"和"摩西洪水论"、法国博物学家布丰的有关宇宙灾变论的猜想和假说，以及其后许多学者提出的大胆的猜想和假说。然而灾变论的真正之集大成者，以及推动灾变论在整个人类的认知史和科学史上产生巨大影响者，还是非居维叶而莫属。具体而论如下。

居维叶生活在法国大革命的时代。1789～1794 年法国的资产阶级革命把路易十六推上断头台之后摧毁了腐朽黑暗的封建统治，资产阶级夺取政权，为资本主义在法国的确立和发展扫除了障碍。这样，随着大革命的胜利，随着生产和经济形势的好转，法国的科学技术也就随即由 18 世纪的低潮时期进入法国科学史上的高潮时期。

特别是拿破仑执政后，为了把资产阶级革命进行到底，彻底摧毁欧洲和世界其他地区的封建势力，以确立资本主义在世界范围内的地位，他发动了对外战争。正是国内外政治经济形势的需要，迫使法国的科学技术摆脱了 18 世纪只重视理论、轻视实践的学风，而走到注重实验科学、应用科学和技术科学的道路上来。加上拿破仑十分重视教育，重视对知识分子的利用，重视对科技人才的培养，这样就使拿破仑时代的法国在科学技术上进入一个百花盛开、群芳争艳的时代，一举把法国的科学技术推向世界前列。居维叶在分类学、古生物学和地质学上所取得的卓越成就，无疑是与这个科学技术上的黄金时代分不开的。

在自然科学方面，到了 18 世纪下半叶，在法国随着大革命的胜利，在数学、天文学、物理性、化学、生物学、气象学、地质学和矿物学等方面都取得了伟大的成就。

地质学自 18 世纪中叶，随着英国地质学家郝屯等人的著作的问世，魏纳弗赖堡学派的创立，已经积累了相当丰富的事实材料和理论概念，开始成为一门独立科学。地层学的诞生为研究地球历史打下了牢固的基础。其他方面，如矿物学、古生物化石的研究、山脉构造和形成的思想对理论地质学的进一步发展都起到巨大的推动作用。但是要进一步发展地质学还缺少一个极重要的因素，这就是关于构成地壳岩层的相对年代和正常顺序的知识，而这一空白正是促使居维叶的地球革命理论——灾变论得以创立的动因。

居维叶的灾变论不仅有它形成和产生的时代背景，还有它得以创立的思想和理论前提。我们都知道，"灾变"一词虽然几乎总和居维叶的名字相联系，但并不纯粹是他个人的发明或臆造。"灾变"思想早就渊源于古希腊之前的东方洪水创世的传说中。这里，不仅有《圣经》里所描绘的摩西洪水说，据说万物肇生后，陆地屡被大洋淹没，每一次洪水降临，地面上就发生普遍的灾难，消灭了一切生物。更可贵的是古老埃及人的创世说还进一步对地球上的灾变起因提出了大胆的猜想和假说，认为大灾难的来复代表一个由太阳、月亮和各行星的运行所组成的二轮日，因此世界会时时受到水灾的侵犯和破坏。

而我国的大洪水传说则可以追溯到 2500 年前的唐尧时代。例如，古代著作《诗经》上记载的"百川腾，山冢崩，高岸为谷，深谷为陵"等地质现象，就是我国最早的灾变思想的描述和体现。至于"尧之时十日并出"（大旱灾）和大禹治水（大水灾）等传说，也都反映了我国古代的一些灾变思想及其所反映的灾变事件。

也许正是这种古老的、灾变性的东方洪水创世说流传到古希腊，开启了大哲学家泰勒斯（Thales）的创造意识，提出"水生万物，万物又归结于水"的水成论。此后的阿那克西曼德（Anaximander）又发展了他老师的思想，不仅认为万物来源于水，而且深信高级动物都是由低级动物发展而来。认真分析古希腊人的著作，在德谟克利特的著作中也包含着世界灾变的思想，他说一个世界可以由于另一个更大的世界相撞而毁灭。这种灾变观点到了亚里士多德时代虽然有所改观，对于地球发展演化的历史提出了一种二元论的，或者说是较为全面的观点，即既主张原始的渐变论，承认在地质平静时期，地球表面的各种缓慢变化的地质作用，也提出了周期性发生灾变的观点，认为地球表面曾经发生过多次普遍洪水，而且两次洪水之间夹杂着一次大火灾。也许正是基于亚里士多德的二元论，使得古希腊的斯多亚学派传授了两种灾变说：水灾和火灾。他们主张在每一个世代将要结束的时候，上帝再也不能容忍人类的罪孽，便来一次巨大的灾难把它们毁灭。在灾难之后，阿斯脱里亚神又降临人间，重新恢复世界的黄金时代。这些古希腊人的灾变思想毫无疑问都为公元前一世纪的古希腊地理学家史脱拉波（Strabo）所熟悉，所以在他的地理学著作中也坚持主张：要解释一切地质现象，应当从洪水、地震、火山喷发以及海底陆地的骤然升起等明显的实例中寻找解释。

越过黑暗的中世纪，到了 17 世纪，涌现出许多探索自然历史的假说，其中许多假说都包含地球灾变的思想。不过这些灾变思想比纪元前的灾变思想有明显进步，这就是，他们大多都从地球本身或从自然界内部寻找灾变的原因，把地球表面发生的巨大的变化当作一种剧烈变动的地质现象来研究，不再当作是上帝对人类罪恶惩罚的一种教义来尊崇。

德国哲学家莱布尼茨在 1668 年提出，原始地壳从炽热状态冷却到形成普遍的海洋之后，发生地壳破裂，然后引起剧烈的洪水发生，并主张剧烈的洪水与地壳破裂交替进行，直到最后达到平静状态。史登诺（Steno）1669 年极力主张水平地层的倾斜或直立是由于地下蒸气宣泄时地壳向上隆起所致，并强调普遍洪水的泛滥对形成地层的作用。胡克（Hooke）则主要强调地震作用，他认为，地震可以把介壳化石送到阿尔卑斯山、亚平宁山和比利牛斯山的较高位置及大陆内地，能使山脉变成平原，平原变在山脉，海洋变成陆地，陆地变成海洋。自从开天辟地以来，地震是使地球表面发生许多变化的原因。他同时还坚持自己的洪水说，指出：“在大灾难期间，干燥的陆地可能因陷落而变成海洋，原来的海洋可因隆起而变成陆地。”[1] 而法国地质学家波纳特（Bernet，1680～1690 年）指出，地壳被太阳的射线拆裂而发生爆炸，于是洪水便从理想的中央深渊中流散出来。他还描述了大灾难降临时极端恐怖的情况。此外，约翰·伍德沃德（John Woodward，1665～1728 年）、魏尔纳（Werner，1749～1817 年）等人，也都提出过普遍洪水的灾变假说。例如，伍德沃德在 1695 年发表的《地球自然历史试探》中就写道：“当时整个地球被洪水冲得土崩瓦解，而我们现在看见的地层都是从混杂的东西中沉积而成的，就像含土液体中的沉淀一样。”[2] 他认为洪水不仅消灭了地上大部分门类的生物，还毁坏和粉碎了地球的表面。

我国明代著名哲学家和科学家朱熹也具有灾变思想。他在《朱子全书》中提到，五峰只不过是宇宙吹来的一口大气所造成的，波涛在整个大地发生不停息的震荡，并使海陆发生永不停止的变动，结果有些地方突然有山岳升起，有些地方却变成河川，人物完全毁灭，古代的痕迹完全消失了。这就是人们所说的“鸿荒之世”。

到了 18 世纪，意大利地质学家莫罗（Moro）提出地震造成断裂、地层的位移和隆起的假说。而布丰(Georges Buffon，1707～1788 年)则提出由一颗彗星撞击太阳形成我们栖居的地球和其他行星的灾变假说。

[1] 莱伊尔.1959.地质学原理（上册).徐韦曼译.北京：科学出版社：22.
[2] Albritton C.1975.Philosophy of Geohistoty（1785—1970）.Stroudsburg: Dowden,Hutchinson & Ross：370.

　　上述所有这些灾变假说都可能对居维叶的地球革命理论的创立有所影响。然而对于他的最主要、最直接的影响却是 18 世纪最著名的灾变论者布丰和邦尼特（Bounet，1720～1793 年）的灾变进化说。特别是邦尼特的灾变说，其认为人类所栖居的世界陷在周期性的大灾难中，而最后一次大灾难便是摩西洪水。在这些大灾难中所有生物都毁灭了，但是它们未来后代的胚种却继续存在，而在大灾难退去后复活起来。他还利用化石遗骨来证明大灾难确实存在。

　　以上就是在居维叶之前的人类，关于地球理论的一些天才猜测和想象。我们不能否认它们都包含着一定的合理思想，因为灾难性的事变总能够给人类留下一些难忘的记忆和遗迹。居维叶的灾变论既吸取了前人学说中的有益成分，当然也不可能完全摆脱其中的负面陈述。

第二节　灾变论的形成

　　地质学作为一门独立的科学只是到 18 世纪末才在欧洲形成。灾变论也正是在这个时期才成为一种独立的理论体系。只是这个独立体系，既体现了全人类的智慧，也体现了科学家个人所付出的艰辛劳动。进一步说，居维叶的灾变论除了渊源于前人的灾变思想之外，也是灾变思想与均变思想相论辩和相斗争的产物。没有这两种对立思想或传说的争论，就不会有经过反思、批判、考证和相对严密的科学研究基础上所获得的结论或理论。这也就是说，在古代人那里并不都是主张灾变论或都相信灾变传说的。例如，早在古希腊时代，以毕达哥拉斯（Pythagoras）和柏拉图为代表的循环论或均变论的观点，实质上主张的就是不变论，而且还对地球上正在活动的一切大变迁的原因作了广泛总结，证明地球本身处于永不中断地逐渐变革中。在他们看来，无论是生物还是非生物都服从一种反复循环的规律，一切起点都等同于终点。整个自然界都是一个由一些永恒不变的力在起作用。这正如毕达哥拉斯所言："在这个世界上，没有一样东西会消灭，万物仅仅改变和变更它们的形状……，一切万物的全部总和是不变的。"[①]他认为天体是神圣和高贵的，它的运动完全是均匀和圆周式的。柏拉图发展了毕达哥拉斯的这种见解。他说，每一个行星都在同样的轨道上运行，那些变化都只是表面的。这也就是说，他们都是主张永恒不变的循环运动。世界在他们的眼里永远是一个样，只有表面的变化，没有本质的变化。甚至赫拉克利特也把自然的运动看成是一种循环，以致他曾经十分荒谬地预言：世界每隔 18 000 年就从头开始。他没有看到自然界是一个由低级向高级发展演化的过程。

---

① 　莱伊尔.1959.地质学原理（上册）.徐韦曼译.北京：科学出版社：9.

中世纪的奎里宁及文艺复兴时期的达芬奇都继承了亚里士多德的渐变思想。达芬奇说，不能想象山脉骤然升出海面，而应该认为海陆的轮廓是慢慢改变着的，像现在发生的那样，现在的变化可用以了解以前的变化。

系统地提出均变论的人是英国地质学家郝屯（J. Hutton，1736～1797年），他继承了前人的循环论，均变论思想创立了地质学中的均变理论和现实主义的工作方法。他提出只能用现在不再起作用的地质力量来解释岩石的形成过程。他除了承认过去和现在以相同程度起作用的同种类型的原因之外，不承认有任何其他原因。他认为在整个地质循环过程中，地球历史既没有一个开始的迹象，也无一个结束的前景 [1]。地球年代是无始无终。

上述就是循环论或均变论的演变历史，实质上是一种不变论。这种理论显然和自然界不断发展变化的史实不相符合。虽然它能够解释现存的一些地质现象，但对于更多现象却无能为力。为此，到了18世纪末和19世纪初，居维叶在野外长期艰苦的考察过程中发现用均变观点根本不足以解释地球表面各种显示巨大变革的现状。例如，如何解释地质学家所注意到的巨大漂砾？如何说明在西伯利亚冻土中发现的保存完好的、外形未烂、其肉可食的猛犸象遗体？这种热带动物究竟是怎样到达西伯利亚这种寒冷地方来的？如何解释巨大山脉的形成，巨厚岩层的叠复、倒转、断裂、位移？如何解释大批物种突然在某一地层同时绝灭，而另一些物种则又突然同时出现于某一新的地层？假若地球历史从古至今都是一样的，永远处于均匀不变的循环中，那又如何解释在最古老的地层中不存在生命，而人的骨骼又仅仅发现于最新堆积层中？为了解释这些自然之谜，居维叶决心献身于地球理论的研究。随着当时围绕火成岩成因问题上的火成论与水成论之争的日渐衰落，以居维叶为代表的一场新的反对均变论的风暴便刮起来了。其标志是居维叶在自己所取得的一系列关于古生物学、地层学、地史学和动植物分类学的基础上，继承和改造了前人的灾变思想及均变思想，提出了他的地球表面经历多次大变动的理论。并于1812年发表了他的一部名著《四足动物骨骼化石研究》，其中一篇论文就是阐述他的灾变思想的《地球表面的革命和生物进化的讨论》。这篇论文后来单立成册，1813年英译本译名为《地球理论随笔》。

在这篇"随笔"里，居维叶既反对以前时代的灾变论，认为它们太思辨、太理论化、太脱离实际、太缺乏经验内容，也反对均变论者主张的古今一致的非历史主义原理。他认为要想在自然史的研究中也出现牛顿的一天，必须认真研究古生物化石与所在地层之间的关系。只有通过对这种关系的研究，才能发现更古老事件的一些踪迹及形成的原因和机制；才能梳理出地球的千百万年的演化史及生

① 莱伊尔.1959.地质学原理（上册）.徐韦曼译.北京：科学出版社：38.

物发展史。

居维叶虽然反对郝屯的古今一致原理，但并不否认在地质宁静时期运用现存的各种地质原因来解释现存各种地质现象的现实主义方法的正确，他只是认为用现存的各种缓慢作用的地质营力不能解释古代遗留下来的巨大变革的遗迹。所以，他在《地球理论随笔》中花了大量篇幅陈述了地表各种渐变作用，认为它们经过长期作用也可以改变地貌特征，甚至会给生物和人类带来巨大灾难。但是，他认为没有缓慢作用的原因可以产生突然变动的结果。因此，他主张地质史上存在两种力：一种是现在已经消失了的突然的、剧烈的作用力，另一种是一直继续到现在还在缓慢作用的各种地质营力。这种主张无疑符合人类认识和现实存在的逻辑。

由此，我们也可以看出，居维叶的灾变论并没有完全否定渐变观点，他也认为剧烈的灾变与缓慢的渐变是交错进行的。他在《地球理论随笔》一书中曾经指出，"这些事件在开始时也许移动和颠覆地壳到一个很大深度，但是它们经最初的骚动后就以很小的深度和规模均匀地起作用"①。所以，如果把居维叶的灾变完全理解成是来自地球外部原因造成的灾变，那是片面的。实际上，居维叶的灾变论既包括地球内部原因造成的各种形式的地壳运动和海陆变迁，也包括由地球外部原因所造成的各种灾变事件。他既没有主张消灭一切生物的全球性灾变，也没有主张地球上的灾变是由超自然的神秘的力所造成的。因此，我们说居维叶的灾变论是在对前人的灾变思想及均变思想扬弃的基础上创立的，他的理论既有继承，也有发展。正因如此，他才把地球上客观存在的这种灾变现象叫作地球表面的"革命"，而不叫做灾变。"灾变论"一词是英国哲学家、科学史家威廉·惠威尔 (W. Whewell，1794～1866 年) 强加给居维叶等地质学家的，其目的是为了与渐变论相区分。

当然，居维叶的地球革命理论也存在着严重缺陷，比如他没有认识到质变与量变、灾变与渐变之间的辩证关系；没有看到缓慢作用，经过长期积累也会产生突然作用的结果。由于居维叶把激变、突变与渐变孤立起来、对立起来，没有看到两者相互转化的关系，以致后人便把他的地球革命的理论发展到极端，成为灾变论。

居维叶灾变论的确立，除了有其思想渊源及促使它诞生的时代背景外，当然主要取决于他个人的因素。一是他对于研究自然历史的特殊爱好，二是他对科学研究具有勇于探索和坚韧不拔的毅力与信心，三是他对科学研究的实事求是精神。他的灾变论并不像他的前人那样多是出于推测和想象，而是建立在他所取得的一系列巨大的科学成就的基础上的。他通过近 30 年对于比较解剖学的研究，

---

① Cuvier G.1813. Essay on the Theory of the Earth. London：Strand：15～16.

从比较解剖学中发现"器官相关律"，把相关定律用于化石研究，恢复了许多古生物的面貌特征，建立了古生物学。然后又把古生物学应用于地层学的研究，竭力寻找地层层序与古生物化石之间的关系，找到了制定地质年代表的方法，并为地史学的创立奠定了基础。在研究地球演化史的过程中，他发现地层的矿物成分、地质构造及古生物化石都存在某种程度的多次间断，尤其是古生物化石明显地存在多次突然出现和突然灭绝的现象。只有地球表面曾经发生多次"革命"的观点才能比较令人信服地说明这种不可思议的现象。因此说，居维叶的灾变论是在一定科学根据的基础上提出来的，而并不像有些人说的那样，是出自形而上学的唯心主义世界观的杜撰。

第三节　灾变论的基本内容

从以上章节显然可以看出灾变论并不是居维叶主观唯心的编造或臆想，更不带有反对进化论，以及为物种不变论和神创论辩护的动机和目的。它拥有得以确立的地质学、地层学、古生物学、古气候学和天文学等方面的根据，它包含着令人信服的证据、观点和内容，它是对地球运动、生命运动激变或突变形式的正确反映。无论对于人类还是对于地球上的生命界或整个生态环境而言，历史上的确发生过毁灭性的灾变事件。为此，居维叶才会写下有关"地球表面革命"的论文，并在他的《地球理论随笔》一书中给予了系统的阐述和论证。

一、地球表面曾经发生革命的证据

居维叶通过在野外对各种地质现象长期考察，发现那些在地表看来，一直处于平静状态中的地质现象，一旦深入到地下深处或登上一座山脉，就会立即领悟到它们也一定曾经发生过翻天覆地的变化。于是他指出："当一位旅行家穿过那些肥沃的平原，看到缓缓流动着的河水滋润着两岸茂盛的植物，栖居着无数居民、装饰着富饶的乡村、繁华的城市以及各种华丽纪念物的土地，除了战争的毁坏和暴君的蹂躏之外，从来没有遭受扰动的时候，他们会毫不犹豫地认为自然界发生过剧烈战争，地球表面也曾经被连续的革命和各种灾变所震动。但是，只要他深入挖掘这种平静状态的土层，或者登上与平原毗邻的小山，他的认识就会改变。可以说，他的看法将随着他的观察范围的扩大而不断发生变化，而且当他登上由小山包环抱的较高的山脉，或沿着向下急流的河床，深入到易被观察的地层内部构造中去的时候，他的意识就会开始领会我曾经提到过的那些古代事件的全部内容和壮观。"① 对诸如此类的地质现象和自然现象，居维叶还进一步论述道，"在地球的每一块大陆，每一个岛屿，不论是山脉还是平原都存在着含有保存完好的海生生物化石的巨厚的水平地层，这说明海洋在某一个时期曾经长期平静地覆盖过这些化石生物生存过的地方，只是由于后来海洋盆地发生某种变化才形成现在地表的这种特征"。

那么，这种海陆变迁是急剧发生的，还是逐渐进行的？居维叶指出，当我们走近一座山脉的时候，革命的痕迹就更加明显和确定。在那里，我们可以发现倾斜、直立或倒转的岩层，可以发现其中包含的许多贝壳化石不是同一物种，而且倾斜或直立的岩层一般总是位于水平岩层之下，这就证明海洋在水平岩层形成之前就已经形成其他岩层。这些地层后来由于发生剧烈革命，其沉积被打断，发生隆起，形成地层的褶皱断裂，以至突出海面形成岛屿、平原、高山以及各种不平坦地貌。由此证明，在水平地层形成之前至少曾经发生过一次革命。

居维叶除了从地层的性质，地质构造和所含生物化石的特征方面来论证革命确实发生之外，还从世界各个古老民族的历史记载和传说中，从不发达民族对于灾变产生的、并遗留下来的各种恐惧的迹象中，以及从其他方面寻找到地球上最后一次灾变发生的证据。

他说，根据埃及人摩西对于最后一次洪水侵犯造成的普遍大灾变的记载，这次事件至多发生在距今 5000 年前。同样的见解似乎也流行于古代巴比伦的迦勒底，因为在亚历山大时代，在巴比伦从事写作的波罗瑟斯（Berosus）几乎利用与摩西相同的术语描述了这次普遍洪水。至于叙利亚人，在很长一段时间内都试图证明在耶拉波利斯的寺庙里有一个一场大洪水曾经通过其中流出的深渊。还有地中海周围的一些野蛮落后的部落，尽管他们流传的洪水故事支离破碎，然而这种情况本身就是一次巨大灾变存在的有力证据。

谈到印度人，居维叶认为，尽管它是一个没有历史记载的民族，但他们并非完全不知晓曾经作用于地球表面的革命，因为他们的神学在某种程度上也曾描绘了地球表面经历过连续破坏，并且还要命定地经历再次破坏。他们也追溯到在大约 5000 年前发生的最后一次革命，在阿拉伯人和阿比希尼人那里，我们同样能够找到他们的第一个国王卡尤马拉茨（Cayoumarats）统治之前曾经发生的一次普遍洪水。另外，在蒙古族的鞑靼人那里，尤其是在中国人那里，我们能够找到充分根据证明最后一次巨大洪水留下的一些真实的历史痕迹。居维叶说，鞑靼人的黄色皮肤、高颧骨、窄而斜的眼睛、稀疏而分散的胡子，使得他们的容貌是那样地完全不同于我们，以致几乎引起人们怀疑，他们的祖先和我们的祖先是否是

---

① Cuvier G.1813.Essay on the Theory of the Earth. London：Strand：7.

从最后一次大灾难中脱险的两个不同的血统家系。但是，他们记录的洪水日期与我们记录的日期则差不多是同一个时期。中国的古书《周公》则记载了尧和禹修筑堤坝、挖沟开渠、根治洪水的业绩。

在美洲的土著居民中，虽然没有任何真正的文字记载，然而甚至在他们的不规范的象形文字中间，也发现了他们所描绘的一次大洪水的某些痕迹。

关于黑人，居维叶说，尽管他们没有留下任何一种史籍或传说，但是，甚至他们的性格特征也清楚地表明，他们也曾经从最后一次大灾难中脱险。

总的来说，即便仅仅是根据世界范围内的各种史料和传说，居维叶认为也可以宣称在5000年前地球表面发生过最后一次大规模的、波及全人类的灾变和革命。

二、地球表面革命的基本特征

首先，居维叶证明地球表面曾经周期性地发生过多次革命。他发现不同的地层含有不同的物种，地层越古老，含有的化石种与现代种差异越大；地层越新近，含有的化石种与现代种差异越小；在地表最新的松散地层中含有的化石种几乎和现在种相同，于是，居维叶指出，物种的变化与地层等环境的变化存在着相互一致的关系。这就是说，通过对化石物种的考察，可推断地层及其所处的自然环境的变化。这样，居维叶根据在最古老的次生地层中发现的陆地-淡水动植物化石，以及同时在靠近地表的较新地层中也发现含有陆生动植物化石的地层被覆盖在海相地层之下，证明地球表面曾经发生多次周期性的海陆变迁运动。由此，居维叶指出，正是由于地表发生的这多次革命、多次破坏，才使得宽阔的海洋被越来越多的岛屿、山脉分开，使得越来越新的地层受到限制[1]。

居维叶通过对生命出现之前的古老地层的考察指出："当我们登上高地，并继续爬上山顶时，海生动物化石便迅速减少，最后全部消失，我们到达了一种完全不同的地层。这种地层不含有任何生物遗迹，而它们的结晶，甚至它们的地层特征证明，它们曾经形成于液体。它们的倾斜位置及斜坡证明，地层曾经被移位和倒转。沉降在多贝壳地层之下的这些地层所具有的褶皱构造证明，它们在这些多贝壳地层形成之前就已经形成。"[2]而这些不含有生物化石的古老沉积地层，同样发生褶皱、断裂、隆起、沉陷，或形成高耸的山峰，或形成悬岸陡壁、深沟峡谷，这证明，革命也曾经在这些地层中发生。

居维叶还论证道，就是在不含生物化石的古老沉积岩之下的最古老地层中也发现许多断裂、褶皱现象，这说明地球自形成以来，一直都在遭受着革命的破坏。最古老的地层不仅本身遭受过革命的破坏，而且同以后的地层一起经历了

---

① Cuvier G.1813.Essay on the Theory of the Earth. London：Strand：12～15.

② Cuvier G.1813.Essay on the Theory of the Earth. London：Strand：17.

后来多次发生的革命。居维叶指出，这种现象可以通过在较新地层中发现的巨大原始岩层团块来证明。这些岩块或是由火山爆发抛到地表，或是由洪水搬运到那里去的[1]。

从上面居维叶的有关地壳运动的多种遗迹的描述和论述中，我们也可以得出结论，从古到今在整个地质演化过程中，地球表面的确曾周期性地发生过多次革命。

此外，居维叶证明了地表革命发生的突然性，他指出，"这些反复进行的海侵、海退，既不是缓慢的，也不是渐进的，引起海侵海退的绝大多数革命都是突然发生的"[2]。他列举了欧洲北部冰冻中保存完好的巨大四足动物尸体，证明地球上最后一次革命是突然发生的。他说，"如果它们不是刚一被消灭就冻结，那么它们肯定会迅速腐烂分解，而且除了通过毁灭它们的同一原因外，那种永久的严寒不可能占据这些动物栖居的地方，因此这种原因一定如同它的结果一样是急剧的。以前大灾变中发生的地层破碎与倒转足以清楚地证明，它们像最后一次灾祸那样是突然发生的"[2]。他还说，世界上到处都可以发现这些巨大的可怕的事件留下的印记。无数生物成了这些灾祸的牺牲品，一些被突然发生的洪水毁灭，另一些由于逐渐上升的海底被置于干燥而灭绝[2]。地球上之所以没有发现总是连续生存下来的生物，而且很容易发现动植物化石开始沉积的时代，都更令人惊奇和确定无疑地证明灾变是突然发生的。

然而我们不能因为居维叶主张革命是突然发生的，会给地球上的生物带来灾难，而由此把它仅仅理解成是一刹那的过程。他的革命实际上包括突然的、剧烈的变动和缓慢的、逐渐的运动两个彼此相继的过程。他指出，"这些事件在开始时，也许移动和颠覆地壳到一个很大的深度，但是它们经过最初的骚动后就以很小的深度和规模均匀地起作用"[2]。因此我们不能简单地把居维叶的革命等同于传统意义上所理解的"灾变"。

最后，关于革命发生的程度和规模，居维叶认为每一次革命发生的程度都是剧烈的。他说，在那些古老的地层中，我们看到的褶皱、断裂就是剧烈变化的证据。而且在更新地层的那些构造中甚至有更多更好的证据[3]。至于每次革命涉及的范围，他并没有主张毁灭一切的全球性灾变。他在《地球理论随笔》的第126页上指出，"让我们假设一次巨大的海侵，现在将要带着沙和泥土物质覆盖新荷兰大陆，这必然要埋没许多属的动物尸体，而且当它们中没有一种能够在其他任何地方被发现的时候，也就完全毁灭了所有这些属的一切种。如果同样的革命使

---

① Cuvier G.1813.Essay on the Theory of the Earth. London：Strand：18～23.

② Cuvier G.1813.Essay on the Theory of the Earth. London：Strand：15～16.

③ Cuvier G.1813.Essay on the Theory of the Earth. London：Strand：22.

得隔开新荷兰和新几内亚、印度和亚洲大陆的狭窄地带变干，那么就为象、犀牛、野牛、马、骆驼、虎和所有其他亚洲原生性动物开辟了占据它们一直未知的陆地的一条道路"[①]，从而为物种的繁衍和扩展创造了有利的地理条件。

很清楚，居维叶的地球革命就其范围而言，只是指那些区域性的、可以波及一块大陆甚至几块大陆的地壳运动或事件。当然，他的一些论述中也包含有全球性革命的思想。例如，他曾指出的，那些在各个方向上横在我们的大陆之上，耸入云端，分开各个河流盆地，而且部分地构成地球"骨架"，或者像地球现在所具有的粗略轮廓的原始山脉的形成[②]，就包含着全球性或大区域性构造运动的思想，即现代科学家们普遍认可的全球性的造山运动。

这也就是说，在居维叶看来，那些使大面积地层发生强烈褶皱、断裂、隆起、沉陷，或形成巨大山脉，或产生大规模海侵海退的地壳运动，或者他还没有认识的事件（如大冰期），都可以称作革命。不过他没有主张全球性规模的毁灭和再创造，因为对于一位依靠科学证据来说话的科学家来说，他没有发现这方面的证据，就不能够轻易断言。

至于革命发生的形式，居维叶认为地质灾变的形式是多种多样的，但主要表现为地壳的隆起和沉降的垂直运动。他指出，"我们行星上的种种灾变，不仅曾经引起我们陆地的不同地区从海盆地中不同程度地隆起，而且也常常发生曾经变干的陆地再次被水覆盖"[③]。所以，在他看来，地层的经常升降以及引起的海水反复进退就是地球革命的主要形式。不过，他也不排除有其他多种形式的可能性，如由灾变引起的气候的突然变冷，以及以前地质学家所提出的许多天才的猜测。

三、地球革命发生的原因

关于引起地球革命的原因，这一直是地质学家急需解决而又没有彻底解决的最困难的课题。在居维叶之前，许多地质学家都提出了卓越的假说，特别是均变论者认为用现在还在起作用的那些地质营力便可解释过去、现在、甚至和未来的一切地质现象。然而居维叶通过对地表仍在起作用的落雨、雪溶、风、流水、海浪、火山以及其他缓慢进行的物理化学作用的调查指出，它们根本不足以形成地质史上遗留下来的剧烈变动的痕迹。所有这些作用没有一种能使广阔的巨厚地层发生褶皱倒转、断裂位移，没有一种地质营力能形成横断地球表面的巨大的非火山山脉和大规模的迅速发生的海水进退[④]。因此，居维叶说，"在地球表面仍然起

---

① Cuvier G.1813.Essay on the Theory of the Earth. London：Strand：126.
② Cuvier G.1813.Essay on the Theory of the Earth. London：Strand：18.
③ Cuvier G.1813.Essay on the Theory of the Earth. London：Strand：14.
④ Cuvier G.1813.Essay on the Theory of the Earth. London：Strand：23～27.

作用的各种力中间，我们寻找在地壳中表现出大量痕迹的那些革命和灾祸产生的充足原因将是徒然的。而且如果我们一直依靠迄今已经熟悉的外部原因，我们不会有更大的成果"[1]。那么从天文上或从其他做缓慢运动的作用中寻找革命发生的原因是否可能？居维叶认为也不行。因为，一是地球发生绕日运动和自转运动时地表的作用是十分有限的。二是没有缓慢作用的原因能产生突然作用的结果[2]。另外，在曾经力图解释目前状态的博物学家中间，几乎没有任何人把地球所经历的全部变化都归因于缓慢作用，而且也很少归因于我们看到的所谓连续作用的原因[3]。相反，正是由于一些人认识到必须寻找与我们曾经在考察中观察到的那些原因不同的原因，才使他们形成那么多卓越的推断。

居维叶要人们摆脱均变论思想的束缚，到人们熟悉的那些原因之外去寻找革命爆发的原因，这显然是带有战略性指导意义的推断与设想。这种推断无疑对后人寻找地壳运动的动因具有开导作用。如果后来的地质学家依然仅仅局限于对人们已经熟悉的外部原因的认识，那么地质学就不会有任何进展。居维叶之后就不会出现"收缩说"（1829 年提出）、"潮汐说""大陆漂移、海底扩张和板块构造说"，也不会出现我国的"地质力学"。现在流行的被认为是地壳运动根本动力的地幔对流说、地幔柱说、地幔分异作用引起的垂直运动说，以及李四光的地球自转速度的变更引起地壳运动的假说等，都是寻找与居维叶时代人们通常熟悉的那些原因不同的原因的结果。19 世纪 30 年代建立的冰期理论，也是摆脱均变思想束缚的结果。均变论者完全否认全球性大冰期的存在，所以居维叶要人们大胆设想，寻找地球革命的根本原因，这本身就是对地球演化理论的一大贡献，而绝不是什么借助于"神秘的原因"或"上帝的创造行为"臆造出的一个灾变理论。相反，他认识到寻找这些原因的困难及其重要性。他在《地球理论随笔》中指出："这些交替的革命，以我的意见构成了地质学中将要解决的最重要问题，更确切地说是将要准确解决和下定义的问题，因此为了满意和彻底地解决它，需要我们发现这些事件的原因，而这却是一种完全不同性质的困难的课题。"

那么究竟怎样寻找地球表面发生的革命的原因呢？居维叶说，要想找到革命发生的原因，必须首先解决诸如地层和古生物化石的关系等问题。只有通过对化石古生物的研究，我们才能确立地层的新老关系、地层层序、地质年代的相对年龄；才能确定各种地质作用的连续性及间断性；确定历次革命涉及的范围、发生的强度、产生的时代、运动的方式，以及其他一些特征；才能最终通过分析，推断革命发生的原因，确立地球发展演化规律。"也正是这个原因，"居维叶说，"我

---

① Cuvier G.1813.Essay on the Theory of the Earth. London：Strand：36.

② Cuvier G.1813.Essay on the Theory of the Earth. London：Strand：38.

才一直尽力研究外部化石的课题"。而以前的地质学体系，由于长期以来地质学家把整个地球历史归结为《圣经》上的"创世""洪水"两件事，而不再深入调查研究，一切努力都被引去解释现存地球的实际状态，不去追踪造成这些状态的原因，每个人都满足于自己的洪水理论和结论。因此无论是波纳特、伍德沃德、威斯顿，还是莱布尼茨、笛卡尔、布丰等对地质史的见解，都只是局限于提出一个"创世、起源"的假说，以及"洪水"假说。虽然后来有比以前更大胆想象的人恢复了德曼勒特（Demaillet）的思想，认为每一样东西最初都是液体，然后产生单细胞生物，再后来变得复杂多样，正是由于这些动植物的作用才逐渐使海水变成地球上的所有固体物质。另外，一些学者赞同开普勒（Kepler，1571～1630年）的思想，认为地球内部和动物内部一样正在进行着一个类似的"生命"过程，还有一些人从物理、化学的角度认为长期的风化、剥蚀、搬动、堆积、压实、硬化、隆起、陨星的下落、地磁场的作用等就是地球历史全部变化的原因。居维叶认为，我们也准备承认由科学和天才人物通常所想象的这些体系，但是所有这些地质学体系都只是解决了问题的一部分，而"几乎没有任何人去试图认真地确立地层的叠复以及包含动植物化石的地层与动植物之间的关系"，因此他们就不可能找到地球表面变化的根本原因，也不可能正确地决定和说明他们所要解决的问题的程度和范围。

由上述我们可以很明显地看出，居维叶把对古生物化石与地层之间关系的比较和研究，看作是探索地球演化史的最主要途径，以及寻找引发地壳运动根本原因的基础。

那么究竟如何着手古生物化石与地层之间关系的研究呢？居维叶指出，在对古生物化石的研究中，对于化石种类（或等级）的研究尤为重要，而其中，四足动物化石更能清楚地说明它们所遭受的革命的性质，因为由革命引起的海侵、海退对四足动物比对海生动物有更强烈的影响，它可以使某些四足动物种、属甚至纲遭到灭绝和破坏，因此根据熟知的四足动物种的生存和灭绝情况就能推断出海水的进退和巨大事件的发生，所以居维叶着重对四足动物，对高等动物化石进行了详细的研究。那么究竟如何来判断一个已经绝灭的物种呢？居维叶说，通过对化石生物与现代存活着的生物进行对比，就可以确定哪些物种已经灭绝，并由此可证明地壳曾经发生过多少次革命及革命发生的相对年代。那么有没有可能现代种是由绝灭种逐渐进化而来，而绝灭种是逐渐绝迹的呢？居维叶论证，如果现存种是古老化石种长期逐渐演变而来的，那么我们就应当能够发现某些中间环节，事实上没有任何人作出这种发现，所以可以得出结论："至少是毁灭它们的大灾难没有给被宣称曾经发生变化的产物留下足够的时间"[1]。因此大批物种的突然绝

---

① Cuvier G.1813.Essay on the Theory of the Earth. London：Strand：115.

灭，以及过渡性物种和中间环节的不存在，可以证明地球上的确曾经发生过大规模革命，而且发生过多次。

总括起来，居维叶灾变论的主要内容有如下几点。

（1）居维叶通过多年艰苦的野外工作，根据他对古生物化石、岩层性质及地质构造特征等方面的考察研究，掌握了大量证据，证明地球表面不论在生命出现之后，还是在生命形成之前，都发生过多次大规模的剧烈的革命，对地球表面的岩层、地质构造、地理环境，以及人和其他一切生命，都产生巨大的破坏和毁灭作用，即后人所谓的灾变。

（2）他列举了比较充分的事实和例证，论述了地球表面发生革命的基本特征，证明它们的发生是突然的、剧烈的、大区域性的和大规模的，而且一般都是在剧烈的骚动之后，便进入缓慢变动的平静时期。因此任何地球革命也都经历了一个前后爆发的过程，绝非一蹴而就。

（3）他根据对海生化石与陆生化石、海相地层与陆相地层之间的差异性进行的比较研究，提出海陆曾经发生多次交替变迁的思想，即人们早就发现了的沧海桑田现象。

（4）他通过对若干个纪的地层及所含生物化石的详细描述，基本上构绘出地层由老到新，以及与之相对应的生命从无到有，从最简单低级的纤毛虫到复杂高级的哺乳动物，再到居于自然界之首的最复杂、最高级的人类，逐渐发展演变的逼真图景，见表 5.1。

表 5.1　地层与古生物化石关系比较

序号	地层	古生物化石
10	最新埋藏地	人骨
9	现代地层	与现代物种相同的物种的骨头
8	淡水沉积地层或冲积层	已认识的哺乳动物，如猛犸象、犀牛等化石
7	较近代的地层	陆地四足动物化石
6	古灰岩层	哺乳海生动物化石，如海豹等
5	白垩层	大短鼻鳄鱼、鳄鱼或者龟化石
4	白垩层下面的地层	翁弗勒 (HonFleur) 和英格兰的鳄鱼化石
3	古老的次生铜色板岩地层	巨蜥与大量的淡水鱼化石、植被化石
2	最古老的次生地层	植物、软体动物、甲壳动物及大量的鱼化石
1	花岗岩、片麻岩等原生地层	无生命化石

（5）居维叶指出，为了解释地球表面那些残留下来的证明巨大变革的痕迹，仅仅局限于人们日常熟悉的那些缓慢作用的外部原因将是徒劳无益的，因此必须到人们熟悉的原因之外去寻找。为此，居维叶提出了确证地球表面革命曾经发生

的方法及寻找革命发生原因的途径。他指出，只有通过研究古生物化石与所在地层之间的关系，才能最终通过分析，推断革命发生的原因，确立地球的演化史及生物的发展史。

当然，居维叶灾变论的内容远不止于此，它还包含着其他方面的丰富内容。但是仅就这几点就足以证明，它不是像一般人所了解的那样，或是像苏联及我国出版的各类辞典以及《辞海》条目上所注释的那样，把它说成是一种主张在地球表面曾经发生多次灾变，而每一次灾变都消灭地球上的一切生物，然后再进行重新创造的特创论。

第六章

建立自然分类系统

在居维叶之前，分类学中占统治地位的是林奈的人为分类系统。由于这种分类系统是采用人为的分类方法，仅仅根据容易看到的个别特性，或表面的近似特征进行的分类，而不是根据生物的内在特征，按照各生物的类属之间的亲缘关系、演化序列以及它们在生物界中所占的高度和位置进行的分类，因此他的分类依然被变化不清的物种界限所搞乱。为此，居维叶在比较解剖学基础上，通过近30年的艰苦劳动，认真地观察研究了各种不同物种的生存和演化的自然条件；通过对大量现存物种内部结构的解剖研究和比较，以及对无数古代残遗化石所进行的复原再现工作；在改造、继承和发展前人分类学的基础上，终于打破了林奈的人为分类系统，创立了自然分类系统。为此，有人对他的分类学给予高度赞誉：他的开创性的和奇迹般的劳动的结果已经铸成一盏照亮了神秘的有机界的明灯[①]。

居维叶自己在1792年也不无骄傲地写道："在我之前，现代的博物学家把所有的无脊椎动物分成两大类：昆虫类和蠕虫类，而我是首先提出另一种分类方法的。在这种分类方法里，我提出了软体动物、甲壳动物、昆虫、蠕虫，棘皮动物和植物形动物的特征和界线。"[②]对于创立自然分类法，居维叶付出了昂贵的代价。正如他自己在《动物界》序言中所表白的：为了打破林奈的人为分类系统，"我曾经一个一个地检查了我可能获得的物种标本"。"我曾经用最大的耐心和毅力检查了博物馆内的4000多只鸟……我的疲惫不堪的工作将证明对今后可能试图研究一个真实正确鸟的历史的人是有价值的。"[③]对于爬行类的划分，"是我亲自对由麦瑟斯·珀姆（Messers Perm）和乔夫郝意（Geofhoy）最近带到博物院的大量爬行动物的观察产生出来的"。"我的关于鱼类的研究，你们将会发现超

---

① Cuvier G.1834. The Animal Kingdom. Vol.1. memoir. London：G Henderson：13.

② Gillispie,Charles C.1981.Dictionary of scientific Biography. New York：Scribner：523.

③ Cuvier G.1834. The Animal Kingdom.Vol.1.London：G Henderson：26.

过我给予其他脊椎动物的劳动"。"对于这些纲的划分，我承认它十分麻烦，但是我仍然认为它比以前的划分更自然"。"我对于软体动物的解剖，特别是献身给识别裸体软体动物的时间和心血，同样是大家熟知的。这些纲的确立，以及它们的目与亚目的确立，都是建立在我的观察基础上的"[1]。"我敢对读者保证，我曾经献身给脊椎动物、节肢动物、放射动物和许多昆虫及甲壳类动物的劳动同样是昂贵的。"[2] "关于结束动物界的植虫动物、棘皮动物，我利用了拉马克的最近著作，利用了鲁道夫（M. Rudolphy）的著作中的内寄生动物，而且我曾经解剖了所有属。其中，某些属仅仅是我个人确定的。"[3]

居维叶不仅自己苦心经营，还充分利用他在自然博物馆的显赫地位依靠集体力量来完成他的自然分类系统。法国自然博物馆作为当时世界上最大的科学研究机构，经常组织探险队到世界各地去进行科学考察，每年带回来的动植物标本和各种博物学资料以惊人的速度充实着博物馆。这个博物馆在 17 到 18 世纪中叶整个收藏物只包括数百具骨架和 90 种分类学标本，而到 1740 年收藏物就增加到 3000 种，到 1832 年居维叶去世时数目猛增到 13 000 种。自居维叶 1795 年进入博物馆之后，他就开始对旧有标本和新收集的标本进行了重新的比较、分类和排列。在博物馆的长廊里，他陈列了数目众多的鸟类和鱼类标本。由圣提雷尔创建和领导的庞大的博物院动物园为居维叶的解剖学、分类学提供了无法估价的解剖标本和哺乳类、鸟类、爬行类动物等分类学标本。全世界范围内许多国家的博物学业余爱好者也都送给他大量非常珍贵的化石资料和鱼类资料。由于他很容易获得分类学方面所需的第一手资料，因此他几乎没有做过太多的科学旅行，主要是从事室内的整理研究工作。

在进行动物分类过程中，居维叶抛弃传统观念，把"形体比较法"和"器官相关律"成功地应用于分类学，并利用解剖、比较、分析、综合的方法，根据物种的内外结构形态，以及各物种、各类群之间的亲缘关系，确立了他的自然分类系统，因此从他的分类系统中，我们很容易看出各类群、各物种之间的自然相似性。由此也可以直接观察到整个动物界在空间和时间上的亲缘关系、演变关系及其统一性。正如居维叶自己所说，"我一直认为自然分类比脊椎动物和无脊椎动物旧的分类更准确地描述了动物之间的真正关系，而且认为脊椎动物之间比无脊椎动物之间更相类似"[3]。

居维叶既然找到了一种正确可行的分类方法，那么他是怎样对整个动物界进行分类的呢？居维叶首先把生物界作为整个自然界的一个有机组成部分，根据

---

[1]　Cuvier G.1834. The Animal Kingdom.Vol.1.London：G Henderson：27.

[2]　Cuvier G.1834. The Animal Kingdom.Vol.1.London：G Henderson：28.

[3]　Cuvier G.1834. The Animal Kingdom.Vol.1.London：G Henderson：25.

生命的基本特征，把自然界划分为生命界和无生命界。继而又根据动物和植物的基本特征，把生命界划分为动物界和植物界。在动物界中，又依据构成动物的最基本特征，神经系统和循环系统，把整个动物界分为四大门类。居维叶认为，各大门类都可以通过其特殊的构造格式或身体形态加以区分。例如，脊椎动物具有内部规格及脑和脊髓组成的神经系统的特征；节肢动物具有腹部神经及背心的特征；软体动物之特征为身体具袋状，不分节，背上具石灰质硬壳，具有由个别神经质块组成的神经系统；放射状动物则主要表现为放射状对称性的特征。就此，居维叶在各个门类中又依据次要特征划分出纲、目、科、属、种等分类单位。

在居维叶的自然分类中，其中一个主要贡献就在于他奠定了动物界关于"门"的概念。对此，居维叶论证道："如果放弃由以前公认的分类而形成的偏见，我们只考虑动物的结构和性质，不根据它们的大小和功用，我们将发现有四种基本形式，即四种一般的方案。如果我们可以这样表述的话，似乎所有的动物都曾经是按照这四种模式构成的，而且以后动物的分类，无论博物学家授予它什么样的名称，根据某些部分的发展和增加，只是稍微的变更，他们在自己的方案中没有本质上的变化。"[1]居维叶认为所有动物都是按照这四种模式形成的。

后人之所以说居维叶顽固地坚持物种不变论，坚决地反对进化论，主要理由就是居维叶把生物界的四种原型方案孤立起来，认为它们彼此间没有关系，只是上帝为自然界设计的四种模式。这种说法，其实是歪曲了居维叶基于经验和实用对分类学所做出的最高度的抽象、综合与概括。换句话说，只有利用概念将科学事实概念化和规范化，才利于人们的进步研究、认识和实践。如果我们不考虑四大门类的动物之间是否有联系，而是单独地抽出其中的某一门类来考察，就会发现他的分类学中也充满生物进化的思想。

首先，在居维叶看来，不只是所有的动物都是按照这四种模式创生的，而且每一部门内的动物彼此之间也都有亲缘关系，都来自一个原始的共同祖先，虽然门内的各个物种的结构、形态千变万化，各不相同，但是万变不离其宗，总保持着它们的最初的原型和特征。这样，在居维叶创立的"门"的概念里，就给予我们关于物种同一起源的思想。

其次，居维叶在分类中也体现了物种由纸等到高等、由简单到复杂的渐变等级思想。他指出，在人和最类似于人的动物组成的部门中，通过对于这个大系列动物的细心检查，即使在彼此相隔最远的种中，我们也总能发现某些相似，而且可以追踪到从人到最后的鱼的同一方案中的渐变等级[1]。在脊椎动物门中，他首先描述的是最高级、最复杂的哺乳动物，其次是鸟类、爬行类、两栖类和鱼类。

---

[1]　Cuvier G.1834. The Animal Kingdom.Vol.1.London：G Henderson：23.

在哺乳类中他又把人放在动物界之首，并指出，"人只构成一个属……当我们把他与其他动物相比较时，他构成了动物界的顶端"[1]。这说明在居维叶看来，人就是由鱼经两栖动物、爬行动物、哺乳动物一级一级逐渐演变而来的。而且他的脊椎动物门也正是按照由低等到高等、由简单到复杂的渐变等级排列的。他的这一进化思想也可以在《地球理论随笔》一书中得到证明。例如，他在转述德曼勒特（Demaillet）的关于"人作为一条鱼开始他的生涯"的地球演化假说之后，并没有完全否定德曼勒特的这一进化思想，相反他像对待其他地质学体系一样，承认它具有一定的合理性[2]。

居维叶不仅表述了同一门类动物的共同起源以及动物的等级关系，还表述了一个物种可以演变为另一个物种、一个纲可以演变为另一个纲的进化理念。在他看来，在种与种之间、纲与纲之间都没有绝对分明的界限，都有一定的亲缘关系。例如，他在描述两栖动物特征时就指出，"无尾两栖类，其心只有一个动脉，身体裸露，多数情况都是随着年龄，从用鳃呼吸的鱼的形状变成用肺呼吸的四足动物形状。然而，其中一些常常保留着鳃，而且少数从来没有两个以上的足"[3]。这就是说，在他看来，两栖动物既有爬行动物的特点（有足），又具有鱼的特征（用鳃呼吸）。它在幼年时用鳃呼吸，具有鱼的形状，成年后通常还保留着鳃这种痕迹器官。例如，居维叶在描述蛙类动物（batiachians）时就指出，"它们全都有两个相等的肺，这两个肺在幼年期与鳃连接，其鳃与鱼鳃有某种亲缘关系"[4]。他还强调，"正是鱼的循环变成爬行动物的循环，这种两栖动物才既没有鳞，也没有壳，裸露的皮肤包裹着身体。"[5]由此，形成鱼类动物向爬行动物的过渡。这就是说，在居维叶看来，爬行类与鱼类之间没有绝对分明的界限。两栖动物就是它们之间的过渡类型和中间环节。鱼类是通过演变成两栖类而过渡到爬行类的，而且在由鱼类向爬行类演变过程中，循环系统在其演变中起着重要作用。循环系统的变更决定了其他形态结构的特征和变更。

在爬行类与哺乳类之间，居维叶认为也没有绝对分明的界限。他认为，"在几种卵生爬行动物中，特别是无毒蛇类（colubers）卵中的幼仔动物是在它离开母体时形成的，而且相当迅速地出生，甚至有一些种只要延续其卵出生的时间就可以归属于胎生"[6]。这就是说，哺乳动物完全可以通过某些卵生爬行动物延长其卵的出生时间来完成质变过程。因此，它们之间也没有不可逾越的界限。同时也

① Cuvier G.1834. The Animal Kingdom.Vol.1.London：G Henderson：36.
② Cuvier G.1813. Essay on the Theory of the Earth. London：Strand：45.
③ Cuvier G.1813. Essay on the Theory of the Earth. London：Strand：3.
④ Cuvier G.1813. Essay on the Theory of the Earth. London：Strand：65.
⑤ Cuvier G.1813. Essay on the Theory of the Earth. London：Strand：66.
⑥ Cuvier G.1813. Essay on the Theory of the Earth. London：Strand：2.

说明，哺乳动物就是由爬行动物演变而来的。那些介于爬行动物和哺乳动物之间的类型，只要能够改变它们的卵的出生时间，由卵生变成胎生，也就完成了由爬行动物向哺乳动物的质变。

上面的简述说明，在居维叶的单独的一个"门"内的动物中，各物种都有共同起源，都有亲缘关系，各物种以至类属之间有本质区别，但没有绝对界限。整个门类构成了由低等到高等、由简单到复杂的渐变等级序列，构成了一个有机联系的不可分割的整体，这说明，他的分类学中充满着生物进化的观念和思想。那么，在他的整个自然分类系统中是否也体现了这一进化观念呢？他的四大门类之间是否像某些人说的那样是彼此孤立、毫无联系、平行发展，没有共同之处，而且这四种最原始的基本模式是永恒不变的呢？

我们说，居维叶并没有把四大门类完全孤立起来，并列起来。相反，各大门类也都通过他所发现的中间环节联系起来，构成了一个相互关联的统一的自然体系。例如，他在鱼纲一节中就指出，"软骨鳍鱼（chond-roptergians）一方面通过感觉器官与蛇相连接，另一方面，其中一些甚至可以通过生殖器官与蛇相连接；而在其他一些鱼类中，其不完善的骨骼则联姻于（或起源于）软体动物，并与蠕虫动物相近亲"[①]。进一步说，居维叶一方面将鱼纲当中的最高级的鱼类（chondroptery gains）与爬行动物相联姻，也就是说，爬行动物起源于鱼类；另一方面又将一些低等的鱼类与软体动物门或放射动物门中的蠕虫纲相联姻。例如，他所描绘的电鳗、七鳃鳗等圆口纲动物，就具有软体动物或蠕虫动物等无脊椎动物的特征。这样，通过低等鱼类的描述，居维叶就把脊椎动物门与软体动物门或放射动物门连接起来，即把脊椎动物门和无脊椎动物门连接起来。

此外，居维叶还表述了其他三大部门之间的关系，指出，"在软体动物门中，最后有一些物种，虽然类似于其他软体动物的套膜和肺等，但是在角质和连接的肢的数量上不同于其他软体动物，而且其神经系统更接近于关节动物的神经系统。它们将构成软体动物门的最后一个纲——蔓足纲。鉴于几种观察，蔓足纲是这个门和关节动物门之间的中间动物或媒介物(intermediate)"[②]。这样，居维叶通过对蔓足纲结构特征的观察描述，明确指出，蔓足纲联姻于（即起源于）关节动物，是关节动物向软体动物过渡的中介，从而把软体动物门与关节动物门之间的鸿沟给填平了。那么，软体动物、关节动物与放射动物之间是否也有关联呢？

居维叶在《动物界》第四卷上描述道："在软体动物的最后部分，我们曾经看到一些混合动物的例子，在放射动物门的某些目中大大地增殖。"[③]对于关节动

---

① Cuvier G.1813. Essay on the Theory of the Earth. London：Strand：84.

② Cuvier G.1834. The Animal Kingdom. Vol.3.London：G Henderson：5.

③ Cuvier G.1834. The Animal Kingdom. Vol.4.London：G Henderson：388.

物与放射动物之间的关系，他指出："关节动物，在其中可以观察到从封闭的脉管里的循环作用到由通过脉管吸收滋养的过渡，以及从限定的器官里的相应呼吸作用到由分布全身的气管或空气脉管而起作用的过渡。"[①]这就是说，关节动物的循环器官和呼吸器官以及循环功能、呼吸功能介于脊椎动物、软体动物和放射动物之间，成为放射动物门与软体动物门或脊椎动物门之间的过渡类型。因为在放射动物中很难发现一丁点儿的循环作用，它们的呼吸器官几乎普遍地位于身体表面[①]，而在软体动物与脊椎动物中则具有完善的循环作用和专门的呼吸器官。

从上面居维叶对于四大动物门类之间关系的表述，我们似乎可以得出结论，居维叶认为四大动物门类之间也存在亲缘关系，也有过渡环节，也是由低等门类向高等门类的演化。他不仅通过表面特征，而且通过内部结构及其功能特征的演变把四大门类相互贯穿起来，取消了门与门之间的绝对界限，形成了一个统一的动物系统。对于这四大门类，居维叶根据它们的完善程度和演化关系，由简单到复杂，由低等到高等，即从最简单的单细胞生物纤毛虫，一直到最高级的人类，依次在生物的演化系统中排列了它们的位置和顺序。

居维叶的自然分类系统还有一个突出特点，那就是他坚决反对那种简单的阶梯式的单链排列。他看到了生物界中大量的辐射发展的现象，认识到生物是沿着许多支脉向前发展的，是不断分化的。所以，在他看来，整个自然界就是一个分叉系统。他把自然界分为生命界和非生命界，二者通过化学元素统一起来。他把生命界分为动物界和植物界，二者通过植虫，即一种动物性植物统一起来。而动物界又分为四大部门，各部门间又通过相应的中间环节统一起来，并进而通过细胞把整个生命界统一起来。这恰如他在《动物界》的导言中所言："细胞是一种海绵体，与生物体有同样的形式。生物体的所有部分都贯穿着或充满着细胞。"[②]

居维叶反对对所有的物种进行单线排列，他在《动物界》一版序言中明确指出，"我既不希望，也没有企图把纲类动物形成一条单线"。即使限定对于最完善组织的含糊表达，也不能说哺乳动物与鸟类哪种更完善、更高级。所以在他的动物分类中，既看到了物种之间的继承演化关系，也看到了它们所呈现的一种支脉状的发展关系。如果把居维叶这一分类思想与现代生物学中一些人所谓的"灌木丛"模式相比较，也许可以说，居维叶的分类比其他分类学更富有客观性，包含着更多的生物在空间上的分异发展思想。

总之，居维叶的分类学是生物学史中极为宝贵的知识财富。他的四卷巨著《动物界》（另附四卷精致彩色插图）不仅在当时是一部跨时代文献，而且在今天也不失为一部经典著作。他创立的自然分类法既克服了博物学之父——亚里士多

---

① Cuvier G.1834. The Animal Kingdom. Vol.1.London：G Henderson：24.

② Cuvier G.1834. The Animal Kingdom. Vol.1.London：G Henderson：10.

德分类中含糊不清的缺陷，也克服了林奈分类中死板僵硬和没有反映出生物发展演化序列的极为混乱的缺陷，即如恩斯特·迈尔所言："17、18 世纪时动物分类学的进展很小。林奈的无脊椎动物分类确实是从亚里士多德的倒退。但是自从1795 年居维叶的《蠕虫的分类》出版后，情况就发生急剧变化。林奈称为蠕形动物（vermes）的杂七杂八的分类单位被居维叶分成同一等级的六个新纲：软体纲、甲壳纲、昆虫纲、蠕虫纲、棘皮纲、植虫纲。17 年之后，居维叶把某些无脊椎动物提到与脊椎动物相同的等级，从而剥夺了脊椎动物的优越地位。他将一切动物分为四个门（embranchements）：脊椎动物门、软体动物门、节肢动物门、辐射对称动物门。在这些最高级的分类单位中确认了一些新的、此前彼此互相混杂和完全被忽略了的纲、目和科。"[1] 这使他的分类系统更接近于生物界的自然特征。以至于他的分类学中的许多内容都沿用至今。

　　因此对于居维叶的自然分类系统，我们可以毫不迟疑地确认：它充满着生物进化的思想，也充满着朴素的辩证法。他认为，物种之间、种属之间，乃至大的门类之间，甚至是动物和植物之间，都是既有质的差别，也没有绝对不可逾越的界限。许多著名生物学家都对他所建立的分类系统给予高度评价。例如，拉马克早在 1796 年就在其所开设的课程的绪论中，对居维叶于 1795 年发表的《无脊动物系统之考证》一文给予高度的褒奖。他说他将在很大程度上遵循知识渊博的博物学家居维叶所进行的动物分类。海克尔在《自然创造史》一书中也公正地指出"由林奈之人为分类法进步为居维叶之自然系统乃有非常意义。林奈以全部动物归为一界，其中分为六门。反之，居维叶谓动物界须分为四大自然主部，……此四大动物主要形式之区别，在动物学之进步收莫大效果"[2]。

---

①　恩斯特·迈尔 .2010. 生物学思想发展的历史 . 涂长晟译 . 第 2 版 . 成都：四川教育出版社：122.
②　海克尔 .1935. 自然创造史 . 马君武译 . 上海：商务印书馆：49 ～ 50.

第七章

居维叶与圣提雷尔的争论

    居维叶与圣提雷尔之间于 1830 年 2 月展开的一场著名论战，是生物学史上的一桩十分令人感兴趣的重大事件。这次论战不仅在当时轰动了整个欧洲，而且迄今人们谈起来依然津津乐道。那么这次论战的真正魅力究竟在哪里呢？它是否像通常人们所认为的那样，是一场进化论与反进化论之争？这场争论究竟围绕什么样的中心问题？为了使人们对这次论战有一个基本的估价和正确的认识，我们很有必要对这次争论的起因、主要分歧点、核心的论据和论点、最终结果以及相关的方法论问题进行详细的陈述和解析。

第一节　争论的起因与主要分歧点

    18 世纪末至 19 世纪上半叶，巴黎自然历史博物馆被三位杰出的博物学家拉马克、居维叶和圣提雷尔所把持着。他们三位在私人关系上绝大部分时间都相处、合作得很好。居维叶和圣提雷尔可以说一直是学术活动中的好朋友。居维叶就是圣提雷尔通过太希尔的介绍从诺曼底应邀来到巴黎科学院的。自此之后，他们在学术上进行了密切合作。这一点可以从居维叶 1817 年出版的《动物界》的一版序言中得到证明。他在那里多次提到拉马克的名字，也多次提到圣提雷尔的名字。对引用拉马克的科研成果以及圣提雷尔对居维叶所提供的帮助都表示了衷心的感谢。这说明他们三人之间的相处，一直是友好和融洽的。当然，我们不能排除三个人在学术观点上的分歧。例如，在生物进化问题上，拉马克主张用进废退、获得性遗传，认为在正常的外界环境的作用下，一个物种可以通过微小变异的长期积累产生新种。而圣提雷尔则认为物种形成不需要经过漫长时间，在外界环境剧烈变化的条件下经过几个世代的突变就可以形成新种。至于居维叶，由于主张结构决定功能的原理，认为一切动物的结构都具有相当大的稳定性，虽然动物的功能也能够反过来作用动物的结构，但是其功能很难从本质上改变其结构，因此他并不赞成拉马克的所谓通过"用进废退"获得的形状能够遗传的说法。另外，居维叶虽然承认生物在整体上是向上发展、进步和趋于高级与完善的，但是他反对拉马克所主张的连续进化和渐变进化的观点，基本上赞同圣提雷尔的灾变进化观。

而在居维叶与圣提雷尔之间，也有许多学术观点上的分歧，如圣提雷尔认为所有动物都有统一的结构图案，认为一切物种都源自这种统一图案，并主张自然环境可以直接诱导出结构的变化。为了证明他的所谓"环境影响是在胚胎期实现"的说法，他用鸡胚为材料进行过广泛的试验研究[1]。而居维叶则认为整个动物界基本上可分为四大门类，即四种原始的结构图案，并认为一切动物都是由这四种原型演变而来，反对圣提雷尔的统一结构图案说。另外，圣提雷尔主张，是动物的结构形态决定其功能，而居维叶在承认动物的结构决定其功能的同时，也承认动物的功能也能够反作用于其结构。这正如恩斯特·迈尔在论述居维叶在与圣提雷尔的争论中能够取胜的原因时所言：这是因为居维叶分清了物种之间往往有两种类型的相似。"一方面是由于模式相同的相似（现在称为同源），另一方面还有另一种相似，如蝙蝠、鸟类、翼手龙、飞鱼的翼，这是由于功能相似。"即如居维叶所言："如果鱼类和其他纲的动物在器官上有相似处，这只是指它们在功能上相似，这就是我们的结论。"[2]

他们三个人之间，拉马克后期由于年迈多病，又加上双目失明，基本上没有参与争论。而在居维叶与圣提雷尔之间，却由于观点上的严重分歧而展开争论。最初争论都是秘密进行的，只是后来由于圣提雷尔一再挑战，居维叶才被迫从长期的沉默中应战。这次公开论战的前因，我们可以追溯到1820年所发生的事件。在那一年，圣提雷尔为了寻找一切生物都有共同祖先的论据，甚至声称他在无脊椎动物中发现与脊椎动物的身体结构相一致的结构模式，而居维叶则利用极为充分的理由和根据批驳了他的这种发现。为此，圣提雷尔很不高兴，一心想寻机雪耻。1824年，居维叶由于工作太仓促，把侏罗纪的一种爬行动物划归为鳄鱼类。而圣提雷尔则立即宣布这一归属上的错误，并且断定讨论中的爬行动物（根据分类学上的特征他称为完龙（Teleosaucus））是第三纪（古近纪）哺乳动物的祖先，此后又对居维叶进行多次报复。而最后一次公开论战爆发的导火线，则是由圣提雷尔的两个学生劳信斯和梅伊信合写的一篇论文引起的。在该文中，根据圣提雷尔的动物界有统一结构的思想，证明软体动物的头足类与脊椎动物的鱼类有统一的结构图案，并在论文中措辞激烈地批判了居维叶的四种结构图案的思想。居维

① 恩斯特·迈尔.2010.生物学思想发展的历史.第2版.涂长晟译.成都:四川教育出版社:239.
② 恩斯特·迈尔.2010.生物学思想发展的历史.第2版.涂长晟译.成都:四川教育出版社:243.

叶想通过科学院阻止对这篇论文的评定工作，而圣提雷尔则在法国科学院宣读了这篇论文，并公开谴责居维叶。出于这种当众挑战的情势，居维叶与圣提雷尔于2月15日在科学院展开了一场真枪实弹的学术大辩论。

第二节　争论的焦点与结果

这场辩论的焦点是关于生物界究竟是一种图案还是四种图案的问题；在方法论上是强调注重经验，还是注重理性的问题。在辩论中，居维叶指出，要进行科学的辩论，必须首先搞清楚基本概念，我们辩论是所有的动物都有统一的结构图案，那就要搞清楚什么叫结构图案？他说，"统一的结构图案就意味着它们的组合与样式都是相同的。所谓组合就是一个整体的各个部分，样式则为许多部分排列的方式。正如一座楼房，不仅楼房中的各个房间是相同的，而且各个房间的排列顺序和方式也是相同的"[①]。他认为，这才叫统一的结构图案。然而在动物界中，我们看不到有这种现象。因此居维叶认为统一的结构图案在生物学中是不能成立的。居维叶说，圣提雷尔所谓"统一结构图案"的观点是从亚里士多德那里抄袭来的。

在争论中，关于生物学的研究对象和方法问题，居维叶强调要研究生物学所可能研究的问题。至于物种的起源和演化问题，他认为当时的生物学既不需要研究，也不可能研究。当时生物学的主要任务是从事分类学的研究。因此生物学家的职责就是观察、实验和分析，然后根据确定的事实进行概括和分类，从中得出一定的规律和法则。他说，这是科学避免犯错误和走弯路的唯一正确的研究方法。

圣提雷尔在争论中提出了与居维叶相对立的观点。他不仅坚持所有动物都有统一结构图案的思想，同时还阐述了一套有关生物学的研究对象和研究方法的观点。他强调要用理性思维来推测自然界内部的奥秘，推测生物发展的规律。他说，有些人的头脑里以为自己的观念一定要用自己的观察才能获得，不能由别的事实推论出来，这就等于只是看事实，却抛弃了看不到摸不着的思想。圣提雷尔说，这些人就是这样来教训我们的，许多理论只能导致错误，思想本身是没有意义的，只有事实才能使我们避免错误。但是，孤立的事实即使堆积如山也是没有价值的。即使观察再巧妙，这些事实也是毫无意义的。光有事实还不行，还要分析、加工和运用。他举了一个例子，有一个年轻人叫保罗，人们都说保罗很聪明，他想过一种幸福愉快的生活，于是他准备了许多木材和酒肉，但有了这些东

---

① 朱洗.1980.生物的进化.第2版.北京：科学出版社：32.

西，保罗仍不得愉快，他只有充分利用它，才能吃一顿好饭，使之乐在其中。如果他不加工，不利用，不将生米煮成熟饭，那么他只不过是个材料保管员而已。因此生物学只注重收集材料、描述、分类、注册还不是科学，只有在所拥有的经验材料的基础上进行比较、审查和判断，推测物种的起源和演化规律，才能使生物学成为一门真正的科学。

这场争论从 2 月延续到 7 月，争论非常激烈，巴黎科学院的大厅里经常是座无虚席，一般群众也有来听讲的。当他们听到圣提雷尔说乌贼和狗具有统一的结构图案时，都认为非常可笑。新闻界对这场辩论也作了大量的采访和报导。然而天有不测风云，这场争论随着 1832 年 5 月 13 日居维叶的不幸去世，就此结束。

总的来说，这场争论的结果是居维叶取得胜利，圣提雷尔遭到失败。那么，为什么圣提雷尔当时会遭到失败呢？一方面，由于他的所有动物都拥有"统一结构的方案"还缺乏充分根据，拿不出令人信服的事实和道理能使一般人接受。例如，当时一般群众听到圣提雷尔说到"乌贼和狗具有统一的结构图案时，都认为是十分的荒唐可笑"。另一方面，在方法论上，由于当时是强调经验重于理性的时代，反对空洞无用的理论在当时自然科学中已经成为一种风气，这样就不可避免地导致圣提雷尔在辩论中大失人心。

对于这场争论究竟如何评价？在我国的一些教科书中，或有关科学史的书文刊物中大抵都倾向于认为这次争论是进化论与反进化论之争，是辩证法与形而上学的方法论之争。认为真理在圣提雷尔的手里，圣提雷尔是暂时的失败。而居维叶的胜利却使物种不变论的思想在法国流行，使拉马克的进化论思想在法国遭到冷落等。

但在本书作者看来，虽然当时居维叶的胜利并非因为他掌握了全部真理，但是后人也不应该在基本的是非问题上予以颠倒，更不能反过来认为真理又都在圣提雷尔手中。我们只能实事求是地分析和公正地去评价这场学术争论，因为真理和谬误往往为争论双方所同时占有。每一方可能都看到或都强调了相关问题的一个方面。而正确的研究方法，则是通过辩证思维去认识事物所拥有的方方面面，力求对这场争论有一个更加客观、准确和全面的认识。更何况，一切科学真理，正如马克思所言，不要说人文社会科学，就是自然科学的真理性也主要在于它的实践性。因为只有通过实践"我们才能深刻地理解客观世界的创造者是人类社会历史的生活过程这一思想的全部意义"[①]。作为真理之载体的自然科学，之所以没有给人们提供任何对自然实在的直接意识，就是因为人们对这实在的关系从首要意义上来讲，不是理论的东西，而是实践、变革的东西，是由社会规定的。没有

---

① A.施密特.1988.马克思的自然概念.欧力同，吴仲昉译.北京：商务印书馆：16.

作为认识主体的社会，没有工业和商业，就不可能有对自然与实体的真理认识。一切认识都是伴随历史发展而变化的。当时，圣提雷尔之所以失败，还是说明居维叶的理论更具现实性和实践性。

第三节　反对进化论的争论

我们不能仅仅根据居维叶主张整个动物界中存在四种不同的结构模式，就得出他反对生物统一性的结论，从而进一步引申为他反对生物进化论。我们要认识到，即便是物种起源多元论，也并不完全否定进化论。例如，黑格尔在他的《自然哲学》一书中就陈述道："当创世记十分天真地说，某天产生植物，某天产生动物，某天产生人时，这也还算最好的说法。人不是从动物形成的，动物也不是从植物形成的，每种生物一下子就完全是其所是的东西。在这样的个体身上也有进化，当它方才诞生时，它还不完全，但却有现实的可能性，成为它会变成的一切。"[1]这段论述显然包含着黑格尔的有关物种的多元起源论、进化论及突变论思想。由此，联系到居维叶的论述和观点，也显然可以得到如下结论。

第一，居维叶在他的自然分类系统中没有把四种图案完全孤立并对立起来，而是在它们之间都找到了中间过渡环节，看到了物种之间的类似性和关联性。

第二，从居维叶对圣提雷尔的统一组合和格式的观点的反驳来看，他也没有完全否定生物结构的统一性。例如，居维叶认为，"这些名词（统一组合和格式）当然不能根据一般的见解而给以同样 (identile) 一词的意义。因为一只珊瑚虫，一条鲸鱼，一条蛇，它们的器官排列的方式并不尽和人类的一样。可知一致格式，一致组合等，就在运用者的口里，也不过是代表尚似 (resemblance) 和类似 (analogue) 之意而已"[2]。从这段话中，也可以看出居维叶并没有完全否认各不同物种之间的统一性。他承认物种之间有类似性，只不过他反对把各不同物种看作完全等同。事实上，同一性总是相对的。差异性、多样性及多元性才是绝对的。如果把千差万别的生物都统一到一种结构图案中，彼此之间没有一种质的规定性，那么整个千姿百态的生物界便成为一堆模糊不清的细胞了。圣提雷尔强调生物界的统一性，当然有他积极、合理、科学的一面，他能够很容易证明整个生物界的亲缘关系、演化关系及同一起源思想。但是，正如黑格尔所指出的，"坚持同一性是重要的，但是坚持区别也是重要的，只讲量的变化，就忽略了区别，这会使

---

① 黑格尔.1986.自然哲学.梁志学译.北京：商务印书馆：390.
② 朱洗.1980.生物的进化.第2版.北京：科学出版社：64.

形态变化的单纯观念成为不能令人满意的"①。

第三，居维叶不仅仅是从结构形态上把动物界分为四大部门，而且没有否认整个生物界在其组成和生命机能上的统一性。例如，他在谈到生命起源时指出，"一种网隙组织和三种化学成分是每一种生物都不可缺少的"②。"一切动物体的液体和固体都是由在血液中发泡的化学元素组成的"③。此外，他还明确指出，"一切生物体所有部分都充满着或贯穿着细胞"④。也就是说一切生命体都统一于细胞的思想早就由居维叶提出来了。我们怎么能仅仅根据他在结构形态上把生物界分为四种结构图案就得出他反对生物界的统一性，反对同一起源思想，进而得出他反对生物进化论的结论呢？我们说，反对统一结构图案不等于反对生物界的统一性；反对生物界的统一性也不等于反对同一起源思想；反对同一起源思想也不等于反对生物进化论。就是反对拉马克和达尔文的进化论也不等于反对进化论。实际上，圣提雷尔也是一个"灾变－进化论者"。他也主张"在地质灾害时期，迅速变化着的外部条件引起了动物类型的突然变化"⑤。为此，他的学说一直被达尔文主义认为是异端邪说而受到排挤。但是，我们仍然说他是一位进化论者。关于居维叶的情况也是这样，我们至少可以说他承认在同一个门类中物种之间的亲缘关系，以及从低级到高级的演化关系和同一起源思想。

具体地说，在居维叶的每一个"门"内动物中，各物种都有共同起源；都有亲缘关系。各物种以至类群之间虽然各有其质的规定性，但却没有绝对界限。整个门类构成了由低等到高等、由简单到复杂的等级演变序列。至于四大门类之间，也没有绝对分明的界限。因此，我们绝不能由于他和圣提雷尔之间的学术分歧而得出他反对生物进化论的结论。更何况在圣提雷尔与居维叶争论的年代，圣提雷尔还是一个自然神论者，在宗教信仰上是保守的，他的学说并不是一种共同祖先学说，而是对既定模式现存潜力的激活学说。他的某些言论也自相矛盾。由他提出的产卵的低等脊椎动物通过骤变转变成鸟类对进化潜力显露的学说毋宁是一种曲解⑥。尤其是他将自己主观设计的"统一方案"扩展到整个动物界，不仅是一种机械论，而且是一种不变论，即有史以来的那个具有同一起源意义的"统一方案"就没有发生过变化。这实际上也等于否定了物种的多样性，以及物种起源的多样性和多元论。

---

① 黑格尔.1986.自然哲学.梁志学等译.北京：商务印书馆：31.

② Cuvier G.1834. The Animal Kingdom. Vol.1. London：G Henderson：10.

③ Cuvier G.1834. The Animal Kingdom. Vol.1. London：G Henderson：11.

④ Cuvier G.1834. The Animal Kingdom. Vol.1. London：G Henderson：10～11.

⑤ Albritton C.1975. Philosophy of Geohistory（1785—1970）. Stroudsburg：Dowden,Hutchinson & Ross：347.

⑥ 恩斯特・迈尔.2010.生物学思想发展的历史.第2版.涂长晟译.成都：四川教育出版社：239.

第四节　关于方法论问题

　　就科学方法论而言，我们也不能说圣提雷尔强调理性思维的方法就是占据了真理，居维叶强调经验的重要性就是形而上学的经验主义，这要具体情况具体分析。评价一种科学方法离不开这种科学方法所产生的时代背景以及当时的科学发展状况和水平。方法是为科学服务的，科学方法必然要受到科学水平的制约。孤立地看问题，哪一种方法都有其局限性，全面地综合地看问题，哪一种方法也都有其实用性和科学性。方法只是一种工具，其价值完全决定于认识主体和实践主体如何使用。一切方法用则有用，不用则无用。事实上，居维叶提倡注重观察经验的方法，并非就是一种形而上学的方法；圣提雷尔提倡注重理性思维的方法也并非就是一种辩证思维或辩证法。更何况经验方法和理性方法并不构成一对矛盾，即经验论者也可能是理性论者，理性论者也可能是经验论者。理性论者认识事物要通过实践和经验，经验论者认识事物也要通过理性思维和逻辑思维。例如，弗兰西斯·培根既是科学实验的创始人，也是经验归纳法的提出者和唯物论与经验论的代表。至于从亚里士多德一直到今天的自然科学家们，几乎无一不是注重科学实验和经验事实的理性论者，居维叶当然也不例外。

　　首先，从居维叶提倡的经验方法产生的历史背景来看，在法国17世纪及18世纪上半叶正是笛卡尔的唯理派强调理性思维和演绎方法占统治地位的时期。这种脱离实际，忽视经验与事实的方法严重地阻碍了法国科学技术的发展，致使这个时期的法国科学比强调经验方法的牛顿学派占统治地位的英国远远地落后。到了18世纪下半叶，由于伏尔泰等人的努力，牛顿学派在法国也开始蔓延，并逐渐战胜了笛卡尔学派在法国取得统治地位，致使18世纪末至19世纪上半叶，法国在法国大革命的推动下一举成为当时世界上科学技术最发达的国家。所以注重实际，强调经验的方法在18世纪下半叶至19世纪上半叶对于促进法国科学技术的发展起到一定的积极作用。举个具体的数字来说，1651～1750年，在英国，牛顿学派的经验唯物论占据统治地位，共取得科技成就约为47项，而法国是笛卡儿学派的唯理论占据统治地位，取得的科学成就才25项，德国取得的科学成就就更少，才13项。但是到了1751～1850年，由于牛顿学派在法国也取得了胜利，所以法国这个时期共取得科技成就约105项，英国取得89项科技成就。然而具有理性思维传统的德国，由于一向轻视实践经验，片面地强调理性思维的作用，所以才取得了79项科技成就，远远落后于法国和英国。只是到了19世纪下半叶，在德国资产阶级革命的促进下，改变了过去那种轻视社会实践和科学实验的学风，才逐渐把德国的科学技术推向世界顶峰。

所以我们说，在居维叶生活的整个时代，即 1769～1832 年，是经验的方法在法国取得辉煌成就的时代。为什么强调经验的方法会使一个国家的科学技术得到迅速发展呢？因为这种方法在自然科学发展的早期是同自然科学的发展状况相适应的。在近代自然科学刚刚冲破经院哲学的枷锁，从繁琐的考证空谈中解放出来的时候，就是要收集事实，要对自然界中各种物质形态、各种运动方式给予真实的、确切的描述。这样就必然要强调观察、实验的方法，强调尊重事实的重要性。可以说没有观察、实验，没有收集到的事实就没有近代科学。而居维叶和圣提雷尔争论的时期正是这种经验的方法和自然科学发展状况相适应的时期，所以居维叶手中的真理更多一些，而圣提雷尔则遭到失败。只是到了 19 世纪下半叶之后，由于在许多自然科学家中已经形成了根深蒂固的尊重经验事实、忽视理性思维传统，结果使自己陷入狭隘的经验主义，甚至神秘主义，这种经验的方法才成为自然科学发展的桎梏。

其次，就观察经验与理性思维两者的关系而言，强调哪一方都既有其合理性，也有其片面性。因为没有观察经验，没有事实根据就谈不上理论概括，谈不上科学成果。无事实根据的理论是空洞无用的理论，是站不住脚的理论。圣提雷尔在辩论中之所以失败，就在于事实根据不在他一边，他拿不出充分准确的事实来证明他的理论。而居维叶在辩论中之所以能取胜就在于他手中有大量事实使其理论可以很轻松得到验证。这就说明判断一种理论是否正确，主要看它是否符合自然界的本来面目。不能说圣提雷尔的理论看起来比较符合辩证法就是科学的理论，在辩论中就一定取胜。而且，即便有了正确的思想也不等于就有了正确的理论。正确的理论只能来源于大量的事实和反复的实践经验。圣提雷尔的统一结构图案的思想是符合辩证法的，但是还没有发展为一种成熟的科学原理，所以它经不起居维叶的反驳。反过来说，光有观察经验和事实，没有高度的理论概括和正确思想的指导，也不可能得出一种科学理论，这从 19 世纪下半叶许多经验主义科学家遭受失败的教训中，可以得到证明。总之，观察经验和理性思维是认识事物本质的两个不同阶段，必须把两者密切结合起来才能大大有利于科学事业的发展。

再次，居维叶虽然强调观察、经验的作用，但是他并没有忽视理性思维的重要性。他主张不同的科学部门应采用不同的科学方法。在地质学、生物学中，他主张采用观察经验的方法，但同时也指出，必须用思维的方法来对其进行分析。居维叶晚年非常重视科学发展史的研究，自他 1830 年恢复法兰西学院讲演者的职务之后，他做了一系列关于各个时代科学发展状况的讲演。这些讲演证明他是极为博学的。所以，我们说他是只注重经验事实的经验科学家，是不符合实际情况的。没有理性思维和逻辑推理，任何所谓纯粹的经验式的科学家在科学研究的道路上都会寸步难行，更不会在诸多科学领域都能够取得如此辉煌的科学成就。

通过上述对居维叶和圣提雷尔的论战的分析，我们基本上可以得出如下结论：第一，这场争论不是坚持进化论和固守不变论之间的争论。第二，不能说居维叶强调观察经验在科学理论中的重要性就是形而上学的方法论，圣提雷尔强调理性思维的作用就是坚持了辩证法。第三，不能说这场争论是哪一个胜利了，哪一个失败了，双方的争论中都含有真理的成分，也都含有谬误的成分，而且都对促进学术进步和科学发展起到了积极作用，因为学术争论是发现科学问题和解决科学问题的一种非常重要的形式和途径。

第八章

纷至沓来的荣誉

由于居维叶在比较解剖学、古生物学、动物分类学、地层学和地史学等方面取得了一系列非常卓越的成就，以及在文化教育事业上为法国所做出的杰出贡献，使他从一个普遍公民日益成为法国的新光荣的对象，从而获得一系列的名誉、地位和嘉奖。1809 年，拿破仑任命他为"帝国大学参政员"。凭着这个职位，他曾经一度到法兰西帝国的许多地方去创办学校。结果，他所奠定的办学原则、办学宗旨使所开办的学校永保不朽的教育和学术地位，他得到了法国国民的普遍称颂和赞扬。

1812 年，居维叶在罗马执行一个高级委员会任务期间，由于他对法国的政治事务做出重大贡献，拿破仑为了表示对他的酬劳，任命他为国家委员会咨询长官。接着，1813 年，他以帝国特派员的身份被派往德国的美因茨，在那里宣传法国的恩典。然而，这次旅行被迫结束于南锡，因为恰在这个时候，由英国、俄国、普鲁士、瑞典、西班牙、葡萄牙等国组成的反法联军刚好攻破城门进入这个城市。回到巴黎后，拿破仑为了再一次酬谢这位风尘仆仆的功臣，又最后把他提升到国家参政员的显贵位置。

1813 年 10 月，拿破仑同各国联军在莱比锡展开决战。大败之后，1814 年 3 月 31 日反法联军攻占巴黎。前外交大臣塔列朗组成临时政府。拿破仑退位，被囚禁在地中海上的厄尔巴岛。路易十六之弟普罗温斯伯爵继承王位，即路易十八，波旁王朝复辟。

尽管居维叶在新的统治者面前从未显露过任何奴颜婢膝，而且当波旁王朝的统治者们对新教制度心怀敌意时，他作为新教徒的领袖也确实支持和领导过新教运动。但是，他并没有随着拿破仑帝国的覆灭而倒台。王朝复辟后，他被重新任命相同的官职。在他退职生活的 100 多天期间，当路易十八来到王位领地时，这位卓越的博物学家继续在这位新的统治者那里受到应有的尊敬和重用。路易十八任命他为大学校长，并且享有这个职务一直到去世。

居维叶第一次出访英国是在 1818 年，他在那里逗留 6 个星期，英国亲王莱根特（Regent）非常友善地接见了他。他抵达牛津后，伦敦的整个科学界的红人都通过莱克（Leach）博士的引见拜会了他。应赫瑟尔（Herschel）的邀请，他去温泽市（Windsor）观看了大望远镜。在斯普林园林访问期间，受到班克斯（Joseph Banks）先生的崇敬接待。居维叶后来多次谈到过他在英国受到热烈欢迎和亲切接待时的心情。

大不列颠的科学界是渴望给予这位杰出的博物学家以尊敬的，因为他的《四足动物骨骼化石研究》的巨著，特别是他的关于"地球表面革命"的论文，以及他的《比较解剖学讲义》各卷和名著《动物界》已经在英国建立了很大的声誉。而且这些各不相同的学术论著所代表的丰功伟绩得到了英国学者们毫不犹豫和普遍的承认。所以在英国，他受到科学界和学术界同仁的热烈欢迎和赞誉是理所当然和名至实归的。

1819 年，路易十八封他为男爵。从这一年起，直到去世，居维叶实际上掌管着法国内政部的大权。他每天 11 点开始工作，专心于料理繁忙的国会事务；每星期一到科学院从事他痴爱的研究工作。随着时间的推移，波旁家族的成员们与这位卓越的博物学家之间的友谊更是日益加深。在查理十世的加冕礼上，居维叶作为会议主席主持了典礼仪式。1824 年，他又从皇帝那里收到崇高的军团军官的荣誉勋章，而且被委任管理法兰西的所有宗教团体的官职。1831 年，他又被晋封为可以参加上议院会议的法国贵族。居维叶除了在本国享有许多荣誉和拥有许多头衔之外，同时也成为世界上许多国家的科学学会会员。他先后被膺选为英国皇家学会、柏林学会、彼得堡学会、瑞典的斯德哥尔摩皇家学会、意大利的都灵学会、爱丁堡学会、哥本哈根学会、哥廷根学会、德国的巴伐利亚学会、意大利的摩德纳学会、荷兰的皇家学会、印度的加尔各答学会，以及伦敦的林奈学会等学术团体的会员。

从上述居维叶的发迹历史和所得到的荣誉中我们可以看出，对于每一种形式的政府，他的科学功绩都同样得到承认。共和国、帝国和王朝的统治者都同样对他的卓越才能与正直给予尊敬。所有这些政府都看到居维叶对于科学事业的酷爱与杰出的组织管理能力将会继续有益于他们的统治。这样一来，他也就被迫进入法国政界。当然，他的职责和任务主要还是管辖和领导法国的文化、宗教及科学教育等方面的开发和研究工作。

居维叶，虽然像一般常人那样没有能摆脱政治权力的诱惑，忠实且迅速地服从了各种政府由于他的威信而对他的征诏，但实际上，他对政治并没有多大的兴趣。当他应诏出现在宫廷舞台上时，他并没有左右光顾，去见风使舵地选择某个阴谋集团，去参与尔虞我诈的争权夺利斗争。他把自己的能力和智慧雇佣给出价最高的人。他不偏不倚地站在相互对立党派之间，也不在乎由于自己以轻蔑的态度来看待他们的要求与作为而成为他们敌视的对象。他总是以一如既往的正直风格和处理方式来履行自己的职责。他所干的每一件事都争取既满足于任命他为之服务的那些人的希望，同时又使自己的安排让所有的人都心悦诚服。在他被委托监管与法兰西社会新教徒有关的教育与宗教事务期间，由于他的全部行为都渗透和体现了他的美好意识、仁爱思想和虔诚印象，以至于在许多国家中产生仇恨的源泉——宗教差别，通过他的身体力行、言传身教，也变成化解矛盾和动人心肺的慈善行为。

尽管居维叶一生获得的各种荣誉纷至沓来，家庭的经济状况也大有改观，但是人生的无常所带来的家庭中接二连三遭到的不幸却给他的荣誉和生活罩上了十分痛楚的悲伤和阴影。

继 1800 年他的父亲与弟媳妇不幸去世之后，他的家庭中又接连不断地发生了许多起灾难性事件。他妻子与前夫生的四个孩子中有两个过早地死亡。第一个孩子在 1809 年的一次值得纪念的战役中，在法国军队从葡萄牙撤退期间被暗害。第二个孩子以他卓越的继父为榜样，在科学研究中不畏危险，不顾疲劳而用尽了自己年轻的力量。在一次科研活动中因轻视不适宜气候的有害影响而死于马德拉斯。只是第三个儿子和最小的女儿存活下来。第三个儿子是波尔多海关的一个职员；最小的女儿是一个和蔼可亲的护士，照管着居维叶全家一切繁杂的大小事务，并且是安慰和照顾她年迈母亲的唯一亲人。

在居维叶太太和居维叶自己生的四个孩子中，多舛的命运再次给他的人生以沉重打击。在他们夫妇俩还都健在的时候，这四位聪慧可爱的孩子就都先后死去。具体地说，当帝国和世界的荣誉使居维叶大露头角的时候，他的心因生活中他所最热爱的目标的突然毁灭而受到打击。1812 年，他失去一个 4 岁的聪明伶俐的女儿。接着在同一年，他又失去了刚满 7 岁的天真活泼的儿子。这个儿子遇难的日子，居维叶正在罗马执行高级委员会的一项任务。在他得知这个噩耗之后，情感支柱顿时倒塌，这给他的一生留下最痛苦的记忆。

1827 年，当他非常荣耀地从皇帝那里收到崇高的军团军官的荣誉勋章之后，他的家庭生活中不断增加着的灾难，再一次使他到了几乎无法忍受的地步。这一年，在他因公在外（其实，他完全有理由委托他的团体去执行该项任务）逗留期间，这四个孩子中唯一幸存下来的女儿克莱梅蒂妮（Clementint）又离开了人世。他的这个女儿去世时已经 22 岁，生前，通过契约把她留在双亲身边以照顾年迈的父母。然而由于她的青春已经像是一朵凋谢的花，所以她只好抛下父母去了天国，到那里去为自己的忧伤寻找安慰。克莱梅蒂妮既美丽又大方，以豪富、慷慨而盛名，居维叶非常溺爱她。对于她的去世，居维叶悲痛万分，以致后来在精神和肉体上很长一段时间都表现得非常脆弱。于是他强迫自己白天黑夜不停地工作，以图忘掉这种难以忘怀的悲哀和忧伤。而此时的"上帝"似乎对他毫无怜悯和帮助。

居维叶在崇高的荣誉面前不骄不躁，从未在科学探索的道路上止步不前。在沉重的家庭灾难打击之下，也没有中断自己的科学研究和探索工作。这种可歌可泣的科学献身精神就是在今天，也不无教育意义。因为不要说在宗教神学统治的岁月，一个人要想成为一名卓越的科学家是如何艰难，甚至要冒着生命危险，就是自近代以来，在科学战胜宗教，与国家权力紧密结合"称霸"世界的形势下，人们要想成为一名科学家也绝非易事。它需要智慧、毅力、意志、时间、空间、吃苦耐劳、勤勤恳恳、兢兢业业、任劳任怨、竭心尽智。固然，在科学家全神贯注于研究对象的时候，可以废寝忘食，忘掉一切痛苦、忧愁和烦恼，尤其在经过长期的艰难研磨和探索终于作出某项重大科学发现之后，其喜悦兴奋之情自不待言，但是要想获得这种欢乐，科学家付出的代价和失去的欢乐则是常人难以想象的。因为只要你选择了科学研究这条追求真理的道路，它就会以许多其他事业不可比拟的魅力吸引你去为之奋斗，而且一定会迫使你勇往直前，百折不挠，以钢铁般的意志，超人的毅力，不惜牺牲人生最珍贵的时间和生命，征战于科学的殿堂。也正是在这个意义上，马克思才谆谆告诫人们，"在科学的入口处，正像在地狱的入口处一样，必须根绝一切犹豫；这里任何怯懦都无济于事"。在科学上没有平坦的大道，只有不畏劳苦沿着陡峭山路攀登的人，才有希望达到光辉的顶点[①]。由此可见，科学与人的伦理道德、优秀品质、良好素质之间有着怎样实质性的关系。一个人要想成为一位成功的科学家，必须首先成为一位有道德的、高尚的人和无私献身的人。

---

① 中共中央马克思恩格斯列宁斯大林著作编译局.1964.马克思恩格斯全集.第23卷.北京：人民出版社：26。

第九章

最后的岁月

居维叶到了晚年，身体开始发胖。最后，不得不慢步行走，从不敢过分弯腰，以免引起中风。然而他的精神状态却显得十分饱满，依然有几分科学主教的派头。尤其是当他穿上自己亲手设计的长长的、装饰有貉皮边的紫绒大学礼服时，更显得庄重威严。加之人们对于他的超人智力有一种敬慕感，这就更使他威严的外表带有一种自信的，以及对于科学与名誉有一种无休止追求的特征。但是，正当他满怀信心沿着科学与荣誉的道路青云直上的时候，死神已经悄悄来到他的身边。1832 年，居维叶在收到枢密大臣的任命，并成为法兰西贵族之后不久，便由于患了轻度麻痹症和食管萎缩症而离开人世。

关于居维叶的死，据他的最贴近的陪伴者罗斯先生（M. Rousseau）的报告中描述，1832 年 5 月 7 日，星期一，居维叶发生轻微腹泻，肠子内微微作响。医生用几滴鸦片酊冲剂进行了一次清洗。星期二，他感觉良好，而且比平常甚至有更充沛的精力来给法兰西学院讲授必修课程。但是，在他授课结束之后，全身都被汗水浸透。那一天，天气特别冷，而居维叶却一反常态步行回家。他像平常一样用完餐，并且在晚上出席了博物馆内由教授们组织的一次社交晚会。星期三上午，他抱怨右臂运动僵硬困难，但他还是坚持出席了国务会议。回家后，他想吃饭，虽然吃下许多稀汤，但是他吃惊地发现几乎不可能咽下任何稍微粗糙的食物。那天夜里，医生给他进行了检查。星期四，右臂全瘫痪，吞咽食物更加困难，但是脉搏正常，每分钟心跳 80 ～ 85 次，还能很好地步行。在这一天的诊断中，他的一位随身医生认为应该给病人放出大量血，于是两磅重的血从他的右臂流出。晚上他洗了一次芥菜花梗浴，又在颈后使用了一个大的发疱药。这天夜里，居维叶是在不安中度过的。大约到凌晨三点，他的脉搏跳动剧烈增加，随身医生又从他的右臂抽血。抽血后，居维叶健壮的身体便迅速衰退，尽管他的神智几乎没有受到损害，但是体质已经变得十分虚弱。

星期五上午，医生强行给他服用了一点酒石药，但这种药没有起多大作用。然后发现他的嘴里充满了大量黏液。这种情形加上他吞咽酒石药时感到的困难，使居维叶也觉得自己很像患了狂犬病的人。下午，杜普特林先生（M. Du-puytren）为了刺激食道，给他吃了24粒吐根制剂，没有发生呕吐。3小时后，又服了2倍数量的药，甚至没有发生恶心。晚上7点又给他洗了一次浓的盐水浴，同一天夜里，沿着颈神经层使用了二、三个大的"英国起疱剂"，居维叶处于极度不安宁的状态中。星期六下午，他的右腿开始瘫痪。在居维叶的恳求下，家人给他吃了一些肉汤，他也被从他的卧室搬进宽敞的大厅。发疱药效果不好，甚至没有刺激皮肤。这一天夜里，病情开始更加恶化，一切运动和吞咽能力都丧失了。罗斯先生说，"当我星期天上午见到他的时候，他好像突然老了10岁，他的声音也奇怪地发生了改变"[①]。那天，居维叶开始失去一切希望，对于给他的新的治疗方法的任何建议，他都沮丧地摇摇头，表示不会有任何希望。中午，医生在他的腰部使用了火罐。晚上8点，经医生再一次劝说，又在他的肩胛骨下面使用了火罐，这种治疗手段使他非常疲劳。在8点45分，他问过这个时间之后，抱怨他的各种功能正在逐渐离他而去。罗斯先生说，"在差一刻10点时，我看到他的头稍微动了三、四下和一下微弱的呼吸，于是我发现这样一位具有广博的知识和最卓越的天才人物离开了这个世界。他死在背椅上，挺直地坐着。他的头没有向任何一边倾倒。他的高贵的、具有沉思默想的姿态，就好像他还在活着，以至于他的家庭不相信这个悲伤的事实。但是，这位著名的病人，的确不会再活过来了"[②]。从此，居维叶带着他的全部才华与成就离开了这个世界。

在他从患病到去世的7天中，居维叶虽然经受了巨大的精神上和肉体上的痛苦，但在他临死前几小时，却得到了一种最大的精神安慰。这就是他整个身心都倾注于其中的那部伟大著作——《鱼类学》已经出版了九卷，他热切希望子孙后代来继承的那项工作。余下的部分工作将在监督之下，由他的生前合作者瓦勒塞尼（Valenciennes）等人继续完成。到了1849年，瓦勒塞尼等人结束了这项工作，共出版《鱼类学》二十二卷。虽然这项工作还远远没有实现居维叶的夙愿，但是他的确奠定了现代鱼类学研究的基础。居维叶所编排的鱼科非常合理，在现代鱼类学看来，它们恰好构成了鱼纲中的目或亚目。

居维叶死后，医生对他做了解剖，发现他大脑中的脑叶突出部分形状奇特，脑含量异常重，达1860克，大大超过一般人的脑容量，这也许是他具有博闻强记的天赋的根本。当时，许多人都知道居维叶的按照学科顺序编排安放的私人图书馆。到他生命结束时，已经拥有藏书19 000册，以及几千种小册子和刊物。而居维叶几乎能记住所有的内容。在几秒钟内，他就能追忆起他所需要的资料或

---

①② Cuvier G.1834. The Animal Kingdom.Vol.1. London：G Henderson：16.

内容，不管是历史的、法律的、自然科学的，还是宗教改革的或社会方面的。头脑中储存的信息过多，可能是他提高综合能力的一个障碍。因此居维叶总是力求自己在最短的时间内做最可能做到的事情，而很少追求形式或思想上的完美。为了赢得时间，他还常常找许多助手，而这些助手由于缺少居维叶的勇气、知识和智力，即使有一些不同见解，也不敢提出批评。结果，以居维叶名义发表的许多作品都或多或少有一些经不起推敲或不严谨的地方。这其实也反映了"末大必折、尾大不掉"的哲理。

虽然随着年纪的增大，居维叶的科学与行政工作不断地增加，但由于他的过人才智，使他在这两个方面都取得了非常卓越的成果。尤其是 1820 年之后，他所从事的科学发展的研究工作可以说是浩如烟海。作为科学院的常任秘书，他对法国及欧洲的许多国家的科学进展状况提供了详细记录。这些记录在 1828 年装订成四大卷，到了 1833 年，他逝世后又装订了五大卷。此外，他还负责为已故的科学院成员，以及其他科学史上的著名科学家撰写传记的工作。他亲笔写的关于亚里士多德、布丰、道本顿、林奈、普林尼等人的传记，资料丰实，文字优美，脍炙人口，非常有阅读价值。当时，法国差不多每一个有名的科学家逝世后，都由居维叶亲自撰写悼词，以示纪念和哀悼，同时也表明国家对科学和科学家的尊重。

对于居维叶的突然逝世，法国人民和世界许多国家的科学界人士无不为之痛心和惋惜，即使是正在和他进行激烈争论的圣提雷尔听到居维叶逝世的消息之后，也感到十分痛惜。

居维叶到了晚年已经上升为贵族，按照道理，他的遗产应该相当可观，可是人们惊奇地发现，他遗留下来的金钱财产与他的巨额收入相比却少得可怜。他的大量钱财都到哪里去了呢？有人怀疑是他的妻子说谎，把居维叶的大部分财产都隐藏起来。有人说他的财产主要是通过他的慷慨的女儿的手给花费掉了。还有的人甚至猜测他的大部分金钱可能都耗费在私生活上去了。现在看来，上述几种说法都无根据，真实的情况是，居维叶的主要收入都用在下列几个方面：一是为法国公众办了许多慈善事业。二是为了促成他的学术事业，雇佣了许多科学研究助手。例如，阿加西斯在他的手下从事鱼类学研究期间，主要生活与工作费用都是由他提供的。三是花费了大量金钱用于购买各种稀奇的动植物标本。他为了寻找大象和其他几种巨大的脊椎动物化石，曾在一个矿区用奖赏金钱的办法发动广大矿工为他寻找这些骨头。为此，在居维叶到达博物馆后的 27 年里，为博物馆积累收藏了数万计的动植物标本和解剖学方面的资料。四是用于召开各种学术讨论会。这些会议不仅在国内经常举行，也常在国外举行。例如，他曾经有一段相当长的时间，在英国皇家学会举行每周一次（基本上都是在周末）的学术讨论会，会议一切费用全部由他私人交付。

　　居维叶逝世后，人们为了纪念他，出版和雕塑了许多他的画像，除了布维（M. Bovy）先生设计制造的大奖章外，还有许多铜质勋章、半身石膏像、油彩画像等，但是所有这些肖像都没有反映出居维叶的真实形象。也可以说，后来人们对于居维叶的许多评价（几乎没有一种评价能够公正而真实地反映出居维叶的实际价值），多少都带有一种歪曲的形象。尽管他们可能都是出自崇敬之情，然而具有鲜明个性特征的伟大人物，其精神气质和高尚人格往往是无法用某种艺术手法给予确切地描绘和表达的。

第十章

对进化论的贡献及进化观念

居维叶一生中创立了比较解剖学、古生物学、自然分类法，并提出了著名的"器官相关律"及结构决定功能的原理等学说，为进化论的确立提供了极为丰富的自然科学根据。基于此，美国生物学史家在其《生物学思想发展的历史》一书中，论及居维叶对进化论所做的贡献时指出，"在前达尔文时期（pre-Darwenian preiod），没有人比居维叶提供了更多的新知识来支持进化论，是他发现了无脊椎动物的内部结构才将无脊椎动物学研究提升到新的基础上，是他创立了古生物学并且明确论证了巴黎盆地古近纪地层的各层都有特殊的哺乳类区系。更重要的是，他指明，地层越深，其动物区系和现在的区系的差异就越大。他无可置辩地证明了灭绝现象，因为他所描述的已灭绝的长鼻类动物（象）不可能像所设想的海洋生物那样，在世界的某一偏僻地区存在而不被发现"[①]。然而在科学史上，他不仅没有得到应有的称颂，反而因其创立的灾变论而受到过多的谴责，人们把他对进化论的贡献及其大量著作中包含的进化观念一笔抹杀，这与拉马克和达尔文等人得到的伟大声誉相比是极不公道的。更何况，不论是拉马克还是达尔文的进化论都各自存在很多问题。因此，我们很有必要就这个问题做深入地分析和公正地判断，以使人们在进化论问题上对居维叶有一个更正确全面的认识。

第一节　对进化论的贡献

实践已经证明，居维叶所创立的比较解剖学、古生物学是进化论得以确立的两大支柱。这两门学科既为进化论提供了丰富可靠的自然科学根据，又从整体

---

① 恩斯特·迈尔.2012.生物学思想发展的历史.第2版.涂长晟译.成都：四川教育出版社：239.

上描绘了生物从无到有、从少到多、从简单到复杂、从低级到高级不断发展演化的轮廓。所以，德国伟大进化论者海克尔针对居维叶的比较解剖学对进化论的贡献，曾指出，"伟大的法国动物学家乔治·居维叶出版了他的主要著作《比较解剖学讲义》，在这部著作里，他首次试图确立人和动物躯体构造的一定规律……居维叶广泛而详尽地观察了动物结构的整体；……把人类明确地归入脊椎动物这一类，并讲清了人类与其他类别之间的区别。这对一切'疑问的疑问'来说是跨时代的进步"①。可以说，没有居维叶创立的比较解剖学证明人类和类人猿的躯体构造不仅高度相似，而且在所有主要方面都相同，即都由同样排列和组合的二百多根骨头构成了我们体内的骨架；同样三百多块肌肉主管着我们的运动；同样的毛发覆盖着我们的皮肤；同样的神经细胞群组成了我们大脑的巧夺天工的奇异构造；同样四腔室的心脏构成我们身体的血液循环的中央泵；同样排列的 32 颗牙齿组成了我们的齿列；同样的唾腺、肝腺和胃腺促进我们的消化；同样的生殖器官使我们的种族得以繁衍，我们就不能证明类人猿与人类的祖先是由猿进化而来的。关于古生物学，19 世纪英国学者 G. 亨德逊（G. Henderson）在回忆居维叶时说，正是他贡献出毕生精力的这门科学，使得我们"在这明显混乱的化石碎片堆里，追踪到最美丽、和谐和有秩序的体系"②。现代生物学家、诺贝尔奖获得者雅克·莫诺也明确指出，"正是这些不朽的业绩立刻引起了并证实了进化论"③。

他的"地球革命理论"，实质上也是以地球表面的革命为实质内容的地质演化学说。它揭示了地球发展演化过程中的质变形式。他通过对海陆变迁的描述，给我们描绘了一幅自然界不断运动、变化、发展的辩证图景。他通过对生物化石与地层之间关系的研究既揭示了地球与生存于其上的生物的发展演化历史，也揭示了生物与自然环境之间的相互作用及联系。

他创立的分类学既反映了整个动物界的统一性及差异性，各门类之间的亲缘关系及演化关系以及各不同物种的不变性及可变性；同时也反映了生物在发展演化过程中呈现的间断性及连续性、向上性及多样性。关于他的分类学中所包含的进化观念，黑格尔曾给予正确评价。他说，居维叶的"动物分类原则比较接近于理念，系指动物的每个更进一步的发展阶段只不过是唯一动物原型的一个更进一步的发展"④。也就是说，在黑格尔看来，居维叶的分类学揭示了一切动物的同一起源思想及不断发展演化的观念。

---

① 海克尔 .1976. 宇宙之谜 . 郑开琪等译 . 上海：上海人民出版社：24.
② Cuvier G.1834. The Animal Kingdom. Vol.1. memoiu London：G Henderson：10.
③ 雅克·莫诺 .1977. 偶然性和必然性 . 上海外国自然科学哲学著作编译组译 . 上海：上海人民出版社：76.
④ 黑格尔 .1980. 自然哲学 . 梁志学等译 . 北京：商务印书馆：580.

居维叶不仅从进化论的自然科学基础方面为进化论提供了前所未有的科学根据，而且就他本人而言，也具有相当丰富的进化观念，对生物的遗传、变异、选择和生命的本质、起源、人类的起源发展以及物种的观念、功能决定结构的原理等有关进化理论的各个方面也都作了比较精辟的论述，提出许多极为有价值的合理的科学观点。并不像一些人历来所持有的偏见那样，认为居维叶一贯主张神创论，坚持不变论，反对进化论，根本谈不上对进化论的贡献。

第二节　关于生物的遗传、变异及选择思想

生物遗传思想在居维叶著作中表述很明确，他认为："胚种所得以发育的地方和赋予它独立生命的原因都是变化的，但是这个原始的亲体保持着类似的生物体总是一个没有例外的规则……每一个有机体总产生与自身相类似的另一有机体。"[①]另外，他还表述了物种的变异与新种形成之间的关系，认为经过驯养的动物在它们获得变异之后，"当把它们从生产地运送到很远距离，并适当地进行照料防止杂交时，这些差异在这样的种中会延续很长时间"[②]。

关于物种变异问题，居维叶认为每一物种在时间、气候或驯养的影响下都能产生无数的变种。他指出，"有机体的发展是迅速的，当环境有利时，热量、营养的种类和丰度以及其他原因起着巨大作用，而且这种影响常常可以扩展到整个身体，或者扩展到某些特殊器官，从那里产生亲代和后代之间的差异"[③]。他认为不同的物种对外界环境的反应也不同。他说，食草动物对气候的感觉更敏感一些。

居维叶既看到各种外部条件、环境因素对物种变异的影响，也认识到物种的变异更主要地取决于内部结构及功能上的差异。他指出，"爬行动物的呼吸量不像哺乳动物或鸟类那样稳定，而是伴随肺动脉和主动脉的直径比例发生的变化而变化的，因此在爬行动物之间产生的感觉力和力量的差异就比哺乳动物或鸟类之间产生的差异更大，因而爬行动物在形态、运动和特征上的变种比上述两个纲中产生的变种几乎是无限的多"[③]。而"在鱼类中如同在爬行类中一样，就鳍的数量而言，就有许多变种"[④]。

居维叶也持有人工选择思想，他认为动物在人工干预条件下，可以发生更大

---

①　Cuvier G.1834. The Animal Kingdom. Vol.1. London：G Henderson：7.

②　Cuvier G.1813. Essay on the Theory of the Earth.London：Strand：120.

③　Cuvier G.1834. The Animal Kingdom. Vol.1. London：G Henderson：8.

④　Cuvier G.1834. The Animal Kingdom. Vol.2. London：G Henderson：80.

变异，甚至可以形成新种。他指出，"自然界虽然似乎在利用相互间的厌恶来影响各不相同的物种，以阻止可能通过杂交产生的变更……但是人有能力改变这种确定的秩序，并且能够试图产生所有那些混合物（如野兔和家兔，雄鹿和雌兔之间，貂和和鼬鼠之间的中间产物）"①。他认为："在普通的绵羊中无数的变异具有一个类似的性质，主要在于它们的羊毛差异，这是因为所产羊毛是人们注意的一个非常重要的目标。"②他还列举了狗变异的例子，指出人们完全可以根据自己的兴趣和爱好任意支配狗的杂交，因此可以说狗有无数变种。

关于自然选择思想，达尔文对居维叶给予了肯定性的评价，并指出："所谓生存条件的说法，即有名的居维叶所坚决主张的，实完全包括于自然选择的原理之内。"③

那么在自然选择作用下，物种变异可达到怎样程度呢？居维叶认为在正常条件下，无人干预，一个物种无论可以产生多少变种，都只能产生表面的变异，不能产生本质变化，并指出，就是在驯养条件下所获得的变异也只是表面的变异，其内部结构没有发生大的变化，但是，他又认为物种变异的程度与外界环境变化的程度相关，并指出，"我们注意到，构成变种的差异取决于确定的环境。它们变异的程度与产生它们变异的环境强度成比例"④。所以，"由此我将准备推断，巨大的事件将必然产生我曾经发现的更加相当大的差异"⑤。也就是说当地球上发生剧烈变动的时候，物种必然发生结构上和本质上的变化。

关于他的物种可变思想，居维叶在《动物界》一版序言中也曾给予表述，居维叶指出，"虽然在某些情况下，我看到一个物种退化或演化成另一个物种的现象，而且不能否定这些现象，但是这种情况绝不是生物的普遍现象"。在谈到两栖动物的基本特征时也指出，"它们正是由鱼的基本特征变质而成的"⑥。这表明了爬行动物和鱼类之间的亲缘关系和进化关系。

事实上，真正把物种演变和生物进化思想第一个带进法国的应首推居维叶。现在已经有充分根据证明，伟大的进化论者拉马克和圣提雷尔的生物进化观念是通过居维叶获得的。有人认为，所谓最先提出生物进化学说的生物学家拉马克，其实并没有用过"进化"这个词。至于圣提雷尔，在1795年居维叶进入巴黎博物馆之前，他同他的恩师道本顿一样都十分敌视生物链（the chain of beings）理论，只是在他和居维叶一道工作一段时间之后，由于受到他的这位新朋友的影

---

① Cuvier G.1813. Essay on the Theory of the Earth.London：Strand：119.
② Cuvier G.1813. Essay on the Theory of the Earth.London：Strand：120.
③ 达尔文 .1963. 物种起源 . 周建人等译 . 北京：商务印书馆：237.
④ Cuvier G.1813. Essay on the Theory of the Earth.London：Strand：116.
⑤ Cuvier G.1813. Essay on the Theory of the Earth.London：Strand：6.
⑥ Cuvier G.1834. The Animal Kingdom. Vol.2. London：G Henderson：66.

响，才改变了他以前的见解和想法。为此，在关于跗猴（tasrsirsr）的一篇论文中，居维叶和圣提雷尔认为这一属可以作为连接灵长类和翼手目（chiroptera）或蝙蝠的中间环节。在一篇论述有关猩猩的论文中，他们甚至大胆地提出一切物种都起源于一种单一类型生物的思想。而拉马克的生物链思想的形成，在很大程度上又受到和他非常接近的科学朋友圣提雷尔的影响。因此，今天的许多科学史家都认为法国人的关于生物缓慢发展和逐渐演化的思想是居维叶通过普法福从基尔迈耶那里引入的。尽管在 1804 年之后，居维叶开始抛弃"生物链"理论，但并不能由此得出他反对生物进化论的结论，至多只能认为他怀疑过这种缓慢进行的渐变进化模式，因为他通过许多年对古生物化石的调查研究，从未发现一个物种向另一个新的物种逐渐演化的中间环节。

反过来，作为一个注重事实和经验的科学家，如果能够发现或看到一种过渡类型的化石，他显然不会抛弃早先接受的"生物链"理论。事实上，他在和别人争论古兽是否是现代反刍类动物的遥远祖先时，主要强调的是要找到中间型化石，而并不是完全否定古兽是现代反刍类动物的祖先的可能性。正因为如此，后来的许多生物学史家，如 L. C. 梅尔（L. C. Miall）在他的《生物学史》一书中写道：如果居维叶能够看到自己的古兽（palaeothere）是怎样逐渐演化成现代马的，他将一定感到惊奇和愉快。然后，就可以想象到，我们"再生"的居维叶将会越来越接近于描绘出整个物种的共同祖先。

从上述居维叶关于生物遗传、变异、演化及人工选择和人工选择思想的论述可以看出，他不仅表述了物种的稳定性，相对不变性，也表述了物种的可变性和演化性，物种和自然环境之间的相互作用，以及在人工选择或自然选择作用下，尤其是在外部环境发生剧烈变化的条件下，一个物种可以演变成另一个新物种的思想。

所以我们说不仅进化论得以确立的自然科学根据主要来自达尔文之前的这位伟大的博物学家，就是进化论中的许多进化思想也都渊源于这位博物学家。

关于居维叶对进化论的卓越贡献，鲁迅在《人之历史》一文中也曾给予高度评价。鲁迅指出："盖林那仅知现在之生物，而往古无量数年前，尝有生物栖息地球之上，为今日所无有者，则未之觉，故起源之研究，遂不可几。并世博物学家，亦笃守旧说，无所发挥，既偶有觉者，谓生物种类，经久年月，不无微变，而世人闻之皆峻拒，不能昌也。递十九世纪初，乃始诚有知生物进化之事实。立理论以诠释之者其人曰兰麻克，而寇伟实 ① 先之。" ②

---

① 寇伟实，居维叶在民国时期的一种译法。
② 鲁迅先生纪念委员会 .1973.鲁迅全集 . 第一卷 . 北京：人民文学出版社：15 ~ 16.

第三节　关于生命本质及起源问题的论述

关于生命本质，居维叶指出，"如果想获得一个正确的生命本质的概念，我们在外表最简单的生物中考虑它，就会很快看到，它在于通过某种肉体的结合，不断吸收周围一部分物质进入相关生命体的合成物，并且转变这些元素成为自身的一部分所具有的一种持续一定时间，并保持一种确定形态的本能"[①]。由此我们可以看出，关于生命的本质，居维叶完全作出了唯物主义的解释，揭示了生命的最本质特征就是生物体不断进行自我更新的新陈代谢作用。

关于生命的物质基础，居维叶也明确指出，"生命需要以它们的实在为条件，它的火焰只能在已经准备好的有机体中燃烧"[②]。也就是说在居维叶看来，生命是一种物质运动。它既不是"神的意志"，也不是"非物质的灵魂"。那么生命的物质基础到底是什么呢？居维叶在描述纤毛虫的组成时说，"博物学家通常以极微小的，肉眼看不见的生物结束动物界分类，而且这一纲也只是显微镜发明以后才被发现，也可以说是显微镜为我们揭露了一个新世界。它们中的绝大多数都呈现为一种简单的胶状物"[③]。这种组成最简单、最低级生物的胶状物又是什么呢？居维叶说，它是由一些特殊的化学元素化合而成的化合物。这种化合物"就是组成细胞的成分，它是人们熟知的动物胶"[④]。即我们今天所说的蛋白体。

关于生命起源问题，在居维叶之前最流行的观点是"神创论"，它是宗教得以存在的一大支柱。然而居维叶却在生命起源问题上大胆地向宗教神学提出挑战。居维叶认为生命界是整个自然界的一大组成部分，生命来自非生命的无机化学元素。他说，无论是动物，还是植物都由化合物组成，而且动物体的化合物比植物体的化合物更复杂。"血液中含有的几乎可以进入每一动物体的液体和固体都是由在血液中发现的化学元素组成的，而且也只是由于具有多少不同的几种元素才把它们中的每一物种区别开来"[⑤]。

这就很清楚地说明，在居维叶看来，地球上的生命是由非生命界的化学元素通过化学途径演变而来的。它们在化学元素的组成上与地球上的无机界没有本质差别。它们既不是神造的，也不是外来的，而是从地球本身这个庞大的有机体中自然发生的。

---

① Cuvier G.1834. The Animal Kingdom. Vol.1. London：G Henderson：5.
② Cuvier G.1834. The Animal Kingdom. Vol.1. London：G Henderson：8.
③ Cuvier G.1834. The Animal Kingdom. Vol.4. London：G Henderson：451.
④ Cuvier G.1834. The Animal Kingdom. Vol.1. London：G Henderson：11.
⑤ Cuvier G.1834. The Animal Kingdom. Vol.1. London：G Henderson：12.

那么，无机化学元素又是怎样演变成有机生命的呢？居维叶也作了初步探索。居维叶指出，一般的化学作用并不能形成有机生命；形成有机体的化学作用不同于非生命的化学作用。组成有机体的"液体和固体的相互作用，分子的相互转变，在它们的化合物中需要相当大的亲合力"①。正是这些由相当大的亲合力化学合成的有机化合物构成了生命体。居维叶说，"组成生命体的主要成分有三种结构形式，即细胞膜、肌肉纤维和脊髓物质，而每一种结构形式都属于一种特殊元素的化合物，而且都具有一种特殊的生命机能"②。

根据以上居维叶对于生命的本质、生命的物质基础及生命起源问题的论述，我们完全可以确认：早在 200 年前居维叶就已经站在彻底的无神论的主场上，从生物进化和化学进化的角度揭示了生命的本质。在生命起源问题上，他也给唯心主义的神创论以极大打击，剥去宗教神学给生命的本质及起源问题披上的神秘外衣。为进化论的创立和发展提供了科学证据，奠定了唯物主义基础。

过去，一些人认为生命的本质问题在达尔文之前，甚至在达尔文及其以后的一些进化论者之间都没有得到解答，认为只是到了辩证唯物主义产生以后，是恩格斯给生命的本质下了科学的定义，揭示了生命的本质问题，并提出通过化学的途径来解决生命起源问题。而现在，我们可以说，早在恩格斯的《自然辩证法》问世之前的 60 多年前，居维叶在其《动物界》一书的导言中对这两个大问题都作了比较科学的类似于恩格斯的论述。

第四节　关于人类起源和发展思想

关于人类起源问题，居维叶首先从比较解剖学方面证明所有脊椎动物，从最低等的鱼类到最高级的人类，其主要特征都基本相同。他说，"两条腿的鸟和人本来都是四足动物"③。他证实了从两栖动物到人的四肢内骨骼原来都是由一定数目的骨片在同一格式上构成的。他通过解剖证明人的"两臂"、蝙蝠和鸟类的"两翼"、海豹和鲸的"双鳍"原来就是四足动物的前肢，并指出原始脊椎动物的"肢体根据它们所适合的用途，前肢变成手或足、或翼、或鳍，后肢变成足或鳍"④。在《动物界》导言中还指出，"人是唯一的两手动物"⑤。在这里，居维叶显然完全否定人是上帝创造的神创论思想，主张人类起源于动物。事实上，任何人

---

① Cuvier G.1834. The Animal Kingdom. Vol.1. London：G Henderson：6.
② Cuvier G.1834. The Animal Kingdom. Vol.1. London：G Henderson：10.
③ 海克尔 . 1976. 宇宙之谜 . 郑开琪等译 . 上海：上海人民出版社：27.
④ Cuvier G.1834. The Animal Kingdom. Vol.2. London：G Henderson：397.
⑤ Cuvier G.1834. The Animal Kingdom. Vol.2. London：G Henderson：36.

只要是一位真正的科学家，就不可能是一位地道的神创论者。

居维叶不仅论述人是由原始脊椎动物演变而来，而且论述猿是人的直接祖先，初步阐述了他的人类起源思想。他认为，"猿的内部特征，它们的眼睛方向，乳房位置都类似于人，而且它们的前臂和手的结构能使它们用许多姿势和动作模仿我们"①。他指出，较高级的猿有手、指甲，它们牙齿的数量、形状和排列方式都非常类似于人，而且猿没有尾。大猩猩的头形、前额的高度和脑容量都被认为最接近于人。灵长类动物"唯一感到痛苦和为难的就是它们不能站立和直立行走"②。而人之所以有别于猿，之所以最终形成人就在于"人仅仅是由于一种直立姿势才被形成，因为直立姿势为他们的技艺发展保证了手的充分利用，而且感官也处于观察的最有利地位"③。直立行走能使他们的两眼前视产生更一致的观察效果，耳朵能更好地识别各种不同程度的言语，嗅觉能更微妙地感受到讨厌的气味，味觉能更敏感地反应鲜美的味道，至于触觉，"人手比任何其他动物都能更好地反应每一种微小的不平坦的表面"④。此外，"人的整个结构，甚至心脏和大动脉似乎都是由于垂直的姿势而构成的"④。至于语言的形成，居维叶指出，人类之所以是唯一能发出音节分明的声音的动物，主要是"人具有卓越的突出的发音器官"④。

居维叶除了谈到直立行走在由猿到人转变过程中的决定性作用，还论述了火的使用在人类进化中的重要性及决定性作用。他说，"人的天然食物，从他的结构推断，好像是由果实、根和植物的其他许多部分构成的。因为手可以很容易采集到这些食物。他们的牙齿和颚的构造不允许他们食草和预先没有制备和烹调的肉。一旦有了火，借助火，就使他们拥有在一定距离内捕捉和杀死每一种生物的手段。于是每一种生物都被用来作为他们的营养，这样就赋予人类无限增殖的手段"④。

关于意识，居维叶认为，动物的心理作用与人的高级意识有某种相似性。他说，"关于认识能力，虽然最完善的动物也无限地居于人类之下，但是可以肯定，它们的智力执行着同样的作用。它们依靠感觉接受外部事物和外界运动，而且容易受到持久感情的影响。……当被驯养时，它们能感觉到从属关系。知道处罚它们的人，只要乐意，可以免除处罚。于是当它们明显地做了错事，或者看到主人发怒时，就赋有一种乞求免除处罚的神态。总之，在高级动物中，通过它们的好坏行为，我们能够感觉到某种程度的理智。而且这种理智似乎并不多，和学会

---

① Cuvier G.1834. The Animal Kingdom. Vol.2. London：G Henderson：399.

② Cuvier G.1834. The Animal Kingdom. Vol.2. London：G Henderson：47.

③ Cuvier G.1834. The Animal Kingdom. Vol.2. London：G Henderson：37.

④ Cuvier G.1834. The Animal Kingdom. Vol.2. London：G Henderson：38.

说话前的孩子的理智相同。从人往下降低，动物愈低级，理智能力愈低级。在这个阶梯底部，它们变成感觉信号，即变成某种极弱的活动以逃避痛苦。在两极之间，理智能力有无限差别"①。这段论述实际上也非常明确地表达和论证了动物意识的进化过程。

上述居维叶从人的形态、结构、语言、意识以及直立行走和火的使用等几个方面论述了人起源于动物、起源于猿的演化思想，显然是对宗教神学所宣扬的上帝创世说、上帝造人说的彻底批判和否定。他认为人不是上帝创造的，也不是从来就有的，而是由动物经过漫长时期演化而成的。这就既否定了神创论，也阐述了进化论观念。

关于人类社会发展问题，居维叶在《动物界》一书中指出，"最原始的游牧部落，被迫依靠渔猎生活，或靠野果子生活，而且不得不献出所有时间以维持生存，并且不能迅速地增殖……他们只会建造茅舍和独木舟，用兽皮掩遮身体，制作箭头和螺帽。他们观察星体只是为了旅行。他们驯狗只是出自一种自然爱好。当他们对食草动物驯养获得成功时，在拥有大量的羊群中，发现不可枯竭的生存来源，而且也有一些空闲用以增长知识。后来利用工业建造住房和制作衣服，承认财产观念……进而逐渐获得自身的繁盛及在科学技术上的改善，从农业的产生和土地被分成世袭拥有之后才达到一个高度水平。通过农业途径，社会的一部分手工劳动足够维持整个社会，而且让出了很少的一些必须占用的剩余时间，同时通过工业为自己今后获得一个舒服的生存希望，已经形成了激烈竞争"②。"这种竞争，由于通过正在增加的更独立、更易受影响的滋长着的交换和财富，已经达到它的最高程度。然后一个必然结果，女人气的罪恶和野心勃勃的凶险也同样在增加"②。也就是说，随着人类文明进步的发展，罪恶和腐朽也不断滋生。正是由于如此，才使得"那些有教养的国家，由于奢侈而变弱，反过来变成他国的牺牲品。这就是那种曾经粉碎、摧毁波斯、中国、印度等有组织的劳动专制政府的真正原因"③。

关于人类社会发展问题，居维叶显然有一种朴素的历史唯物主义观点。他认为人类社会也是一个由野蛮到文明，由落后到先进不断发展演化的过程。人类社会不会永远停滞在一个水平上。文明和野蛮、先进和落后也会在一定条件下转化。他也初步认识到人类社会发展过程中，生产力的发展起着决定性作用，决定一个国家、民族兴衰的原因不在于外因，而在于内部矛盾。他说："有些国家，如罗马和希腊处于极有利的地理环境之中，土地可以天然地灌溉，植物丰饶，气候温湿，是农业和文明的天然摇篮。处于如此情势应当能保证不受野蛮民族的侵

① Cuvier G.1834. The Animal Kingdom. Vol.2. London：G Henderson：21.

②③ Cuvier G.1834. The Animal Kingdom. Vol.2. London：G Henderson：41.

犯，……然而似乎有某种阻止特殊种族进步的内在原因，虽然它们处于最有利的环境之中。"①尽管居维叶没有找到阻止一个文明民族发展的内在原因，但是他承认社会是不断发展进化的，而且认为是由内在原因决定的，这本身既是对进化论的巨大贡献，同时也包含着历史唯物主义的观念。

综上所述，根据居维叶对进化论的巨大贡献及其具有的进化观念，我们完全有理由说，在建筑进化论这座大厦的过程中，他所立下的功绩比达尔文、拉马克等人更大。如果说达尔文等人最后完成了这座楼阁，那么在进化论这座大厦竣工之前正是居维叶等人给打下了坚实的地基，并建造了许多层住室。然而在进化论学说史上，居维叶不仅没有得到应有的肯定和称颂，反而因其灾变论而受到过多的谴责，把他完全推在反进化论的一边，这与拉马克、达尔文等人得到的伟大声誉相比是极不公道的。

事实上，进化论作为一种理论体系，必然像其他的理论一样有它逐步形成、发展和完善的过程。任何一位天才科学家都不可能独占鳌头。所以，我们无论在什么时候，什么地方谈到进化论的奠基者和建筑大师，他同其他进化论者一样应该永远在科学史上、在生物进化学说史上占据一个不可磨灭的位置，享受不可诋毁的声誉。更何况，他对拉马克的相关理论及所谓进化的思想反对，就是在今天看来，也是合理的和正确的。主要表现如下。

（1）他反对拉马克的有关"生物是连续进化的思想"。因为拉马克作为一个均变论者或渐变论者，一直主张整个生物界都是处在一个长期的、缓慢的和逐渐演变的过程中。原因是"地球的寿命极其长久"，因此拉马克和布丰一样，设想在这样长久的时间里，基于对周围环境的适应，一切物种都一直在不断地发生着变化，使其由原先的简单物种变得逐渐复杂起来，使其原先结构粗糙的物种变得结构逐渐完善起来。在这一漫长的演变过程中，不存在物种间的间断，更不存在大规模的物种绝灭和中断。然而这种缓慢逐渐的进化论遇到的最大难题就是如何解释迄今为止地球演化史、生物进化史，以及目前地球上仍然存在着的大量物种的来源问题，究竟怎样长期的缓慢变化才能够产生如此数亿个或数千万个物种来。再者，大量的地质学和古生物学提供的证据都无可反驳地证明地球上的确发生过多次大规模的灾变及其造成的物种绝灭事件，以及其后发生的大规模的新种繁兴的事实。

也正是基于这个无可否认的事实，居维叶才提出他的"地球表面革命"的理论，以说明地球上的生物界是如何伴随地球表面发生的大规模的地质事件而发生旧物种的不断灭绝和新物种的不断产生的这种具有革命性质的事变。也正是由于

---

① Cuvier G.1834. The Animal Kingdom. Vol.2. London：G Henderson：41.

"革命"这个词在法国大革命时期具有改天换地、推翻旧事物、创立新事物以及质变、发展和进步的含义，所以居维叶一直用"革命"一词来表达地球表面发生的这些新旧物种不断更替的事实。只是"revolution"一词传到英国之后，一些持有生物缓慢进化传统的人才把它翻译成"灾变"，而不是翻译成"变革、更新和革命"，从此使得居维叶的灾变论就被误解成：只是主张大规模的、突然发生的灾变、灾难、绝灭和彻底性的毁灭，而去除了其中所包含的积极、进步的革命含义。

（2）他反对拉马克的生物器官"用进废退"，即功能决定结构的思想。在拉马克看来，生物器官用进废退的观点不仅自古有之，而且应该把它称为生物界的"第一定律"。因为"在每一个尚未超过发育限度的动物中，任何一个器官使用的次数越多，持续时间越长，都会使那个器官逐渐加强、发展和扩充，而且还会按使用时间的长短成比例地增强其能力。这样的器官如果长期不用就会不知不觉地被削弱和被破坏，日益降低其能力，直至最后消失"[1]。而居维叶站在结构决定功能的高度，坚决反对这种器官"用进废退的原理"。事实上，不仅是今天的生物学已经反驳和否定了拉马克的"用进废退"的生物法则，就是从今天流行的结构主义的角度上看，也是结构决定着事物的本质，即一切事物有什么样的结构，就有什么样的功能。功能虽然也能反作用于结构，但很难在本质上改变结构。任何事物的结构一经形成，就具有相当程度的稳定性。就像一个人再勤劳，一辈子都在使用着他的手，也不会改变手的结构。除非在母体中发生变异，才有可能出现六个手指的奇异现象。也正基于结构的如此稳定性，才使得法国的人类学家结构主义者列维·施特劳斯（Levi Strauss）在其《结构主义》一书中，明确指出：人的大脑结构一经形成，从古至今保持不变。

这种结构决定功能的思想，其实在居维叶那里早就根深蒂固。因为他通过对数以千计的物种的解剖，以及根据他的"器官相关律"对诸多物种个体进行的鉴定实践，使他坚信，物种一经形成某种结构，就很难发生变化，除非遇到大的灾变，消灭这个物种，在新的自然环境中产生新的结构、新的物种。所以，他一直坚信，所有的事实都表明生物只能来自其他生物。也就说，在他看来，所有新产生的物种只能源自其他物种，而不能是源自旧种自身的缓慢变化，更不可能是通过生物器官长期"用进废退"的作用。

（3）他反对一切物种都是原来的一个或几个原始物种逐渐演变而来的思想，即一元论的进化思想。第一，因为不只是在拉马克、居维叶所处的时代人类没有解决，就是今天的人类也没有解决，究竟怎样的进化速度，才有可能经历漫长

---

① 恩斯特·迈尔.2010.生物学思想发展的历史.第2版.涂长晟译.成都：四川教育出版社：234.

的时间（在布丰和居维叶的时代，人类认为上帝创造的历史只有 6400 多年，或者是布丰所猜想的 7 万多年）一点点地从一个物种或几个物种进化出数以亿计或千万计的物种来？这个问题不只在居维叶、拉马克所处的时代，就是今天也没有得到解决。例如，如果地球上的物种都像鳄鱼或银杏那样，几亿年或几千万年都保持其本质不变，我们怎样来解释现存的和已经灭绝的千万个物种就是由几个原始物种逐渐演化而来的这个"天方夜谭"般的进化理论呢？第二，因为不只是在那个时代，就是今天，人类也很难想象，地球在几亿年的生命演化史上是如何由一只简单低级的蚊虫或蠕虫经过无数的生物阶梯而逐渐演变成今天能够思维和创造全部文明社会的最高级的人类的。第三，不要说居维叶，就是今天的科学家们也没有解决一次巨大的灾变几乎消灭地球上的所有物种之后，是如何在相对较短的时期内，地球上又创生出大量的新的物种这一无可否认的事实的。然而拉马克却无视这个事实，至死都坚持他的连续进化论和"用进废退"的物种演化机制，这不能不令居维叶费解和表示反对。

也正是基于上述理由，今天的生物学史家恩斯特·迈尔才不无公正地说，"居维叶的大多数议论都是专门针对拉马克和杰弗莱的进化学说而不是一般地反对进化主义"。他特别反对拉马克常常含糊地提到的进化连续性。声称现今世界上的某种动物是直接来自原始的该种动物，并且用事实或正当推理去证明这种说法当然是必要的。然而按现有的知识水平谁也不敢去尝试这样做。在另一场合，居维叶还说，如果物种是逐渐改变的，那么我们就应当发现这类逐渐变化的某些痕迹；在古生物与现代物种之间我们应该找到一些中间过渡形式，然而这种情况迄今还并没有发生①。所以，居维叶一方面坚持化石就是过去已经绝灭的物种的遗迹，另一方面也充分重视物种的灭绝对于新种的产生的"革命性"意义。

---

① 恩斯特·迈尔.2010.生物学思想发展的历史.第 2 版.涂长晟译.成都：四川教育出版社：242.

第十一章

成 功 之 道

居维叶自 1795 年被任命为巴黎科学院人文学科的长官之后，在三种不同形式的政府中一直官运亨通。对于一般人来说，早就应该放弃科学研究，一心从政，然而他在科学上却依然取得同时代人难以比拟的惊人成就，尤其在家庭中发生接二连三的变故和不幸之后，他仍然能够坚持不懈从事科学研究，他的成功之道在哪里呢？对于这位著名人物所获得的成功除了归因于他聪慧过人的天资、刻苦奋发的精神、持之以恒的毅力，以及对科学的无限酷爱之外，更主要的可归因于他掌握了一套获得成功的科学方法和工作方法。

在科学方面，长期以来人们对于居维叶存在着一种矛盾的看法。有人说他的科学方法是只注意记述、注册、分类、命名，只注意事实、强调观察实验，不注重理性思维的一种经验主义方法。为此，有人说他是继林奈之后开辟了第二个纯粹经验时代的经验主义科学家。而另一些人则把脱离客观实际的非现实主义，或超自然主义与居维叶的科学理论和方法联系在一起。然而究竟应该怎样来看待他一生中所取得的辉煌成就呢？

我们说居维叶在科学方法上既继承了林奈的经验归纳方法，也继承了亚里士多德的逻辑演绎方法，进而形成了自己独特的观察经验、分析概括加理性思维的科学研究方法。

关于科学发展史及科学方法论问题，居维叶曾进行过专门研究，并在他的《动物界》导言中给予了比较详细的论述。他首先根据研究的对象、方法、内容，把自然科学分为两大类，即一般物理学和特殊物理学。然后又把这两大门类分为许多不同的分科，指出不仅不同的学科需要采用不同的研究方法，就是同一学科也需要采用多种方法的综合。他说：物理学或自然哲学把事物的质、整个物质世界及其规律三者关系的性质或者看作一般，或者看作特殊。一般物理学只抽象地考察那些叫做物体的可移动的广泛分布的存在物的性质。其中，叫做动力学的一个分支就整体上考察物体，通过少量实验，从数学上决定平衡规律、运动规律和交换规律。根据所考察的特殊物体的运动性质，它的不同分科叫做静力学、流体静力学、流体动力学、力学等。奥普特克（Optics）认为光的特殊运动现象（迄今只是就实验上能够确认的现象）正在变得更多。化学是一般物理学的另一分支，它揭示了物体基本分子之间相互作用的规律；揭示了通过这些分子重新结合的趋向所产生的化合分解的规律，以及各种不同环境根据那种倾向能够分离或拉近物质分子以产生的变更。它纯粹是一门实验科学，而且参加化学反应的物质的数量是不会减少的。热和电的理论，根据他们的观点，属于静力学。

一般物理学的各门分支的主导方法，是通过反射、实验或观察，计算其结果，隔离物体，还原它们到最简单的物质要素，使它们的每一种性质分别发生作用，最后概括和发现连接这些性质的规律，以便形成法则，而且如有可能完全可以把它们归结成为单独一条原理。

特殊物理学作为自然历史的研究目标是解释现存的每一种现象，把通过一般的物理学的各门认识的规律专门应用于自然界中的许多不同的存在物。

在这个广阔范围内，也包括天文学。但是，这门足以用力学来说明，而且完全服从于力学规律的科学，所采用的方法与自然历史所采用的方法也极为不同，以至于不允许自然历史的学生修习它。而且自然历史的各个部分都被局限在既不允许精确计算，也不允许精密测量的对象中。气象学也被从自然历史中除去而归于一般物理学，所以恰当地说，它只考虑叫做无机物的无生命物体和各种不同生物。在全部研究对象中，我们可以观察到多少变化着的运动规律和化学吸引规律的结果，以及由一般物理学所分析的其他原因的全部结果。

严格地讲，自然历史将采用与一般科学相似的方法。事实上，每当自然历史考察的对象足够简单，以允许它采用一般的科学方法时，也的确如此，但是这种情况只是极其少见的。一般科学与自然历史研究之间的主要差别如下，前者考察的是现象，通过对现象的分析获得一般规律，其条件全部是考察者所规定的。而后者，其现象则发生在研究自然历史的人所不能控制的境况中（研究这些现象是为了在错杂中发现一般规律的结果）。自然历史研究者同实验者一样都不允许从每一条件中逐次去除各种现象，以及把问题分解为各个要素——迫使他从自然历史的整体上用所有它曾经存在的条件对它进行研究，而且只能够用思维来对它进行分析。例如，假定我们企图孤立组成任何较高级动物生命的许多现象，那么单独一个现象被抑制，则生命的第一个痕迹就会被取消。因为各种生命现象、生命要素和外部环境都共同构成一个相互联系、相互作用的体系，所以很难用科学实验的方法去塑造生命和探查其整体现象。

这样，物理学、动力学几乎变成纯粹的计算科学；化学依然是一门纯粹的实验科学，而自然历史的各门分支则仍然是长期保留着纯粹观察的科学形象和性质。

物理学、化学和自然历史这三种名称足以表达自然科学的这三门分支所采用的方法。但是在确立它们之间不同程度的确实性的时候，为了获得日趋完善，它们的表达将必然趋向这一样一点。

计算，如果我们可以如此表达自然界，那么控制自然界和确立它的现象将比观察能够认识得更准确。实验迫使自然界揭去面纱，而当它难以驾驭的时候，用观察窥测它的秘密，并竭力使它惊奇。因此在探索和研究自然科学的各个门类的时候，观察、实验和计算缺一不可。

然而存在一种为自然历史所特有的原理，即在许多场合自然历史以优势利用的原理。正是这个存在（existence）条件原理通常被叫做最终原因。当没有提供它可能存在的条件的再结合，就没有什么东西可能存在的时候，每一存在物的组成部分都必须如此排列，才能给整个存在物提供不仅关于它自身的，而且关于它周围关系的可能。这些条件的分析常常导致我们得出一般规律。这种规律像从计算或实验中获得的规律一样确定。

只有当一般物理学的全部规律和那些从存在条件中产生的规律都穷尽时，我们才服从简单的观察规律。而获得这些规律的最有效方法就是比较法。这个方法在于从自然界中各个不同位置依次持续观察同一物体，或者对不同物体进行相互比较，直到确认它们的结构和所显现的现象之间的不变关系为止。这些不同的物体都是自然界已经准备了的实验种类。正像我们在实验室里可以希望做的那样，自然界对于其中每一种物体都可以增加或减少其不同部分，并同时使得我们揭示了它们的各种不同结果。

用这种方法，我们最终成功地确立了控制各种事物之间关系的一定规律，而且人们可以像利用由一般科学所确立的那些规律一样使用这些规律。这些观察规律和一般规律的直接结合，或者通过与生存条件原理的结合，将完成自然科学体系。这个体系的所有部分都明显地表现出每一种生存物的相互作用。为了这个目的，所有修习这些学科的人应该集中精力对准这一目标。

然而关于自然界的全部研究，都必须预先假定清楚的识别，并产生识别所从事研究的物体的方法，否则我们将会不断地混淆它们。然后，自然历史才能够建立在一种所谓的自然体系之上，形成一个大的编目。在这个编目里，一切创造出来的生物都有合适的名字。人们可以通过它们的突出特征认识它们。它们也可以被排列在被命名和被赋予某种确定特征的部里或亚部里。因此，我们也可以在这些部中或亚部中发现它们。

为了在这个编目里认识每一种生物，必须比较它的特征、习性或性质。如果这些习性或性质只是瞬息间的，那么则不能进行比较，必须提供来自稳定结构方面的习性或特征。

几乎没有一种生物只具有一种简单的特性，或者根据其结构上的单独一个特征就能被认识。要把一种生物与它周围的生物区别开来，总是需要几种特征的结合。识别的生物越多，掌握的特征数量就越大，识别或鉴别起来就越少困难。因为要把一个生物个体与其他生物个体区别开来，往往需要对这个生物个体的特征进行全面的描述和比较。正是为了避免这个麻烦，居维叶才在四大门类中插进了部和亚部。只要将一定数量的相邻近的生物进行相互比较，而且它们的特征需要表示它们的差异，这种差异根据自身的假定是它们结构的最小部分，那么这种再结合便被命名为一个属。

在区别不同属的过程中会遇到同样麻烦，那么再由统一邻近的属形成一个目、统一邻近的目形成一个纲，如此依次进行，程序不再重复。当然也可以根据类似特征确立中间的亚部。

这种高级的部包含有低级部的框架叫做秩序。它是一本缩短的字典，在这本字典里，我们可以根据事物的性质获得它的名称。但由于生物与一般事物不同，所以在这本字典里，往往可以根据生物种的名称而获得它的性质或属性。因为任何生物种的名称作为一个概念所反映的都是该物种的整体性质或总体属性。在这里，由概念所涵盖的具体物种的个性特征无疑被包含在由整体的质所决定的该物种的名称当中，以至于在认识论和方法论上，形成概念决定具体物种的性质和属性的现实和场景。

当这个方法是完善的时候，将比教授我们生物名称更有效果。如果不任意确立亚部，而是将其建立在真正的基本关系之上，建立在基本类似的生物属性的基础上，那么这种方法就是把生物的特性简化为一般法则，用很少的词表达它们，并在记忆中打上它们印记的最可靠方法。

为了提供上述方法，我们采用了一种在次要特征原理指导下的艰苦比较的方法。这些次要特征原理本身来自存在条件原理。一个生物的各个部分具有相互适应性，一些特性相互排斥，而另一些特性则相互补充。因此，当我们看到一个生物的某种特征的时候，在给出其余特征之前，就能够推断出与这个生物体所共存的特征以及与这个生物体相矛盾的特征。这些与其他器官结构具有最紧密的矛盾关系或共存关系的器官特征或结构特性叫做重要特性或优势特性，而其他特性则叫做次要特性。

特性的作用常常是通过对器官性质的考察而给予合理地确定。当这种确定不能实行的时候，我们就求助于简单的观察，根据一种确定标志我们可以认识重要特性，而且这种标志又是从它们自身的特征中得出的，很难变更。在一长列类似程度相互接近的生物中，这些特征最后才变更。这些特征将被用来识别最大的部，而且当我们按比例下降到低等亚部的时候，我们也能降低到次要特征和可变化特征。这同样是从它们的作用和不变性中产生的一个法则。

可能只有一种完整的方法，即自然的方法。我们如此命名一种排列，在这种排列中，同一属的生物彼此间比与其他属的生物之间更靠近地放在一起。同一目的属比其他目的属更加靠近地排在一起，等等，这种方法是自然历史将倾向的方法，因为很明显，如果我们能够获得这种方法，那么对于整个自然界将有准确完善的表述。事实上，每一种生物都是通过它与其他生物的相似性和差异性来确定的，而且所有这些关系将会由所述的这种排列充分给出。总之，自然的方法将是完整的方法，每前进一步都有助于促进科学趋向完善①。

上面是居维叶的一般科学方法论的简单概述，下面让我们分析一下他在地质学和生物学的研究中，所采用的具体的科学方法。在地质学中，人们一直把他当作非现实主义的灾变论者，与主张均变论的现实主义方法的郝屯和赖尔对立起来，然而实际上他既反对郝屯、赖尔的极端现实主义方法和理论，也反对其前辈脱离实际、单纯依靠猜测和推理的方法和理论。他谴责在他之前的灾变论者，"虽然为了寻找与我们目前看见的正在作用的原因不同的原因，曾使他们提出了许多卓越的见解、特殊的假说，但同时也使他们自己陷入许多错误和矛盾的推理中"②。他认为早期的灾变论者太冒险、太纯理化、太思辨、太奢望，也就是说太脱离现实。因为他们所论述的地球上的事件，照他看来，都是些没有留下踪迹的事件。他认为宇宙起源论者的错误就在于其学说是建立在与我们现实的物理现象不相似的基础上的虚假体系。他相信研究与现实的物理现象相似的原因，对于重建过去历史是必需的。他说，"他们的解释既不是物质的，也不是试金石，他们忽视了唯一能够给以前时代的黑暗带来某些光明的后面的事实"③。他确信科学的地质学起始于这样一个时期，即起始于为地球的空想矛盾的推测体系提供确实资料的时期。所以，我们说居维叶的灾变论是不同于在他之前的主要不是建立在观察基础上的灾变论的。他的灾变论主要是建立在他对地球表面各种地质现象的实际考察和几十年的科学实践基础上的。居维叶的地球革命理论所赖之以成的科学方法主要有如下几种。

一、观察法

居维叶通过许多艰苦的野外工作获得了大量的第一手资料。他根据地球上各

---

① Cuvier G.1834. The Animal Kingdom. Vol.1. London：G Henderson：1～5.

② Cuvier G.1813. Essay on the Theory of the Earth. London：Strand：39.

③ Albritton C. 1975. Philosophy of Geohistory（1785—1970）. Stroudsburg：Dowden, Hutchinson & Ross：325.

地区普遍存在的广阔巨厚地层含有大量的海生生物化石，推断海洋一定曾经长期平静地覆盖这些地区。他看到广大面积海相或陆相沉积地层隆起形成高山，由始至终产生褶皱、断裂形成各种崎岖陡峭的地形，推断地表一定曾经发生过剧烈革命。他发现不仅在生命出现之后，而且在生命存在之前的最古老地层也发生过强烈褶皱、断裂及隆起现象，推断地球表面一定发生过多次革命。他根据在欧洲北部发现的许多皮肉仍保存完好的巨大四足动物化石，推断它们一定是由突然发生的革命摧毁的。特别是在古生物学方面，有关绝灭种的鉴别、命名和分类，都主要是借助细致入微的观察和周密精准的分析和比较。例如，他在《四足动物化石残骸》一书中对"犀牛、河马、貘和大象"等几种较大的四足动物种进行的令人赞叹的和可钦佩的骨学方面的描述，就是建立在他的详细观察、记录、分析和类比的基础上的。

正是通过他的观察和描述，使得今天的人们确识：在犀牛属中，今天还有3个不同的栖居在世界不同地域的种。"它们分别是非洲的两角犀，亚洲的一角犀和苏门答腊岛的犀牛。迄今只发现一个化石种，它不仅在结构上，而且在地理分布上都不同于现在存活着的3个种"。关于河马，居维叶"确定了两个河马化石种：一种是极大的，与地球上现存着的种极为相似，以至于很难确定它们究竟是不是同一个种。在法国和意大利的冲积土中发现过它的化石残骸。第二个化石种，也是最小的化石种。其突出特征是不比一头猪大，而且完全不同于任何四足动物的现存种"。至于貘，居维叶说，"它是西半球特有的一种动物，而且迄今只发现于南美洲。但在欧洲却已经发现了这个属的两个化石种。一种叫做小貘；另一种叫做巨貘，而且两个种都已经在法国、德国和意大利的不同地区发现"。论及大象，居维叶通过观察、研究，认定现在还生活在地球上的象只有2个种，"一种限于非洲，命名为非洲象，另一种产于亚洲，命名为亚洲象。迄今只发现一个化石种，这就是俄罗斯的猛犸象，它与两个存活着的种都不相同，但是与非洲象相比，则更接近于亚洲象"[1]。特别是与象属十分类似的乳齿象，经过居维叶的审慎地观察和考察，最后断定：不论是大乳齿象、具有窄臼齿的乳齿象，还是长有小臼齿的小乳齿象、科迪勒拉乳齿象、或洪堡乳齿象，都属于一个与已经发现的象属在性质上截然不同的、而且迄今还一直没有发现的属。这个属与象属类似，却不属于象属。

也正是综合性地运用观察、分析和比较的方法，居维叶对于巴黎郊区石膏矿坑中发现的各种化石骨以及与之伴生的鸟类、两栖动物和鱼类化石残骸进行了专门性的细致描述，并因此使得他在动物系统中建立了两个全新的属，并将这两个

---

[1] 乔治·居维叶.1987.地球理论随笔.张之沧译.北京：地质出版社：107.

属定名为古兽马属（Palaeotheriun）和无防兽属（Anoplotheriun），而且依次排列在其分类系统中的哺乳纲厚皮目中。

如此等等，都有说服力地证明：他的地质学、古生物学、分类学、比较解剖学，以及与他的灾变论有关的每一个结论、每一条定律，都是建立在他的实际观察和科学经验的基础上的。也正是由于观察的方法在科学发现与科学活动中的重要作用，以至直到今天绝大多数科学家和科学哲学家，都依然坚持认识世界、从事科学研究需要依赖人的眼睛和双手，即如美国科学哲学家夏皮尔（Dudley Shapere）所言，"无论何时，观察都在科学研究中起着中心作用"。加拿大哲学家本格（Mario Augusto Bunge）也主张"经验检验是经验科学或事实科学的最高法院"。没有观察、实验和各种科学实践，就没有科学的发现、发明和创造。

二、历史比较法

通观居维叶的一些主要著作，可以看出，居维叶并没有把自己的灾变论仅仅局限在对现实具体事物的外在描述上，而是立足于对现实事物本质的认识，因此他的灾变论并非纯粹的想象，而是正确运用理论思维方法的结果。居维叶的另一个主要的研究方法是比较法。他通过对绝灭种与现存种之间、古老地层与新近地层之间、岩层与岩层之间都存在着巨大间断的考察，发现水平岩层可以直接覆盖在陡立岩层之上，形成明显的角度不整合；物种与地层之间，不仅一定的地层含有一定的物种，而且一定的物种总是伴随着一定的地层间断突然消失，或突然出现。不仅如此，这样明显的间断在时间上还是多次出现，于是他得出结论：地球表面一定曾经发生多次大规模的剧烈的突然性灾变。

此外，居维叶还通过把一些反映大规模地壳运动的痕迹与现存的渐变作用的结果进行比较，发现地球表面现存的各种地质营力只能轻微地改变地貌特征，不能形成横贯地球表面的巨大山脉；不能产生面积巨大的地层的隆起和沉陷；不能造成大批生物的灭绝。居维叶也正是通过对海相与陆相两种不同生成环境的地层进行相互比较，才得出海水曾经多次发生大规模进退的结论。在居维叶看来，这种历史比较法将比所有充满矛盾的地球起源假说有无限多的价值。人类也只有在观察基础上正确地运用这种经验思维和逻辑思维，通过对岩石矿物、地层特征、地质构造和古生物化石进行细致地分析、研究和比较，才能恢复人类之前已经存在了千百万年的地球历史及生命演化史。

再就是，居维叶在他的科学研究中还综合性地运用了归纳与演绎、分析与概括，以及证明与反驳等逻辑方法和思维形式，以通过认识方法上的互补，提升认识的深度和全面性。

从上述居维叶所运用的科学方法来看，居维叶的地质理论并不是建立在脱离现实的超自然主义基础上的、依靠纯粹猜测想象的方法，而是经验和理论的结合；思辨和实践的结合；是真正具有自发辩证思想的历史主义方法与现实主义方法的结合。

事实上，居维叶也完全承认在地质平静时期，即地质作用渐变时期，用现实仍然在起作用的那些原因解释各种地质现象的现实主义方法的正确。只不过他没有像郝屯、赖尔那样走向极端的现实主义，把自己的理论建立在对四纬空间和时间均一性的信仰上，从而被称为基于先验的演绎推理形成的均变主义。均变论认为过去的地质作用无论在种类和能量上和现在的都完全相同。这实质上是在无限大的程度上演绎地推论次要原因的结合在各地质时期都是相同的。居维叶灾变论的拥护者席基威克批评道，"如果赖尔的原理是正确的，那么地球表面应该表现出一种无限连续的类似现象，然而一系列最重要、最可靠的证据证明自然界的存在秩序不是最后从日常作用中推导出的一种不间断的纯粹的物理事件的连续类型和相同程度"。

所以说，赖尔的均变论实质上是一种非历史主义。他的将今论古的方法也只是一种简单化、外在化的现实主义方法。现实在赖尔那里只不过是"指当前的此时此地的特定的存在而已"[1]，只是先验地假定现存事物在过去也一定存在。现在科学已经在许多方面证明赖尔的"将今论古"并非在所有方面都能见效。例如，大气圈的成分就不是从古至今一成不变的，甚至一年365天也不是亘古就有的。就拿目前的地壳构造格架来说，肯定也不会与前寒武纪的地壳构造格架一个样。再者，在地球演化的漫长历史中，什么样的偶然事件都可能发生。离开偶然性，不仅一切事物的变化将变得非常神秘，而且会使得必然性变成一副毫无内容的空壳。事实上，赖尔的现实主义方法随着科学的进展，也日益暴露出其不变论的局限性。

当然，居维叶的地质学方法也有其局限性和形而上学性。这就是，他没有看到历史原因和现实原因之间的辩证关系。只看到它们之间的对立性，没有看到它们之间的统一性。他把同一运动过程中的两种不同形式的原因完全孤立起来。正是基于这一点，居维叶才能把地质作用的原因分为在地壳中已经停止作用的古代原因，即突然的剧烈革命的原因和一直继续它们的活动直到今天的其他原因，即缓慢连续作用的原因。然而，克莱（Claie）指出，居维叶认为地质学的最终目的是弄明白实质上相同的原因能够产生极不相同的结果。如果克莱的这个结论是正确的话，那么就完全可以取消加在居维叶灾变论中的所谓神秘主义的不实之词，使得灾变理论越来越具有现实性与合理性。同时证明："灾变论"的称谓确

① 黑格尔.1980.小逻辑.贺麟译.第2版.北京：商务印书馆：299.

实是英国哲学家威廉·惠威尔等人强加给居维叶的，居维叶本人并没有使用"灾变"这个词，而是恰到好处地使用"地球革命"一次来正确表达所观察到的地球表面发生的地质事件。

再者，也正是由于居维叶之地质学方法强调对各种地质现象的解释要适合于事实，而均变论则倾向于解释地质事实与全部地质原因不变性的假定相符。这样，均变论就导致了与历史无关的理论，而灾变论则导致了由各种地质的、生物的事实所反映的无机界和有机界不断进化发展的历史理论。所以茹德威克(Rudwiok)1967年指出："均变论和灾变论之间的主要区别，实际上不是在通常所理解的灾变论的主题上，而是在关于对地球和生命史的一种历史模型的不变状态上。赖尔的均变论主张的是一种非历史的稳定状态模型，而灾变论的模型则更加接近正确，而且正是这种模型最后导致有机进化论的形成和被普遍地认可"[1]。

综上所述，我们可以发现，不能把现实主义必然地与均变论联系起来，而宁可把非历史主义与均变论相联系。同样，我们也不能把非现实主义，或超自然主义与灾变论必然地联系起来，而只可把历史主义或进化论与之联系起来。而且迄今我们有充分根据和把握地说，不论就历史模式而言，还是就现实主义方法论而言，灾变论比均变论都更合理，更拥有辩证法。

三、相关分析法

相关分析的方法是居维叶的古生物学和地球表面革命的理论得以确立的又一重要的科学方法。他在论述这种方法的重要性及其具体运用时说，作为一个新种类的古物收藏者，必须学会解释和恢复这些残余的艺术；根据它们的原始排列，学习揭露和聚集构成原来生物体的分散的毁坏的碎片的艺术；以及根据它们本来的比例和特征重新产生这些碎片以前所属的动物，再把这些动物与仍然生活在地球表面的动物相比较的艺术。这是一种几乎没有被认识的艺术，用这种艺术可以推断以前几乎不曾获得的知识，也就是说可以认识那些用来区分生物体的不同部分的结构形态的共存规律。

居维叶的古生物学就是主要运用这种方法确立起来的，因为根据这种方法，就能够依据某块骨头与其他骨头的相关性恢复起这个已经绝灭的物种的体态、结构、特征。对于这种方法，居维叶满怀信心地说，运用这种方法，每一块骨头是归于它的特殊的种，还是归于仍然存在的种；是归于它的属，还是归于一个未知种；是归于它的目，还是归于一个新属；最后是归于它的纲，还是归于一个未知目，几乎总能得到满足的结果[2]。也正基于这种相关分析的方法在鉴定和恢复绝

---

① Albritton C.1975. Philosophy of Geohistory(1785—1970). Stroudsburg：Dowden，Hutchinson & Ross：329.

② Cuvier G.1813. Essay on the Theory of the Earth. London：Strand：103.

灭物种过程中所获得的精确性和可靠性，据此，居维叶对过去神话传说、民间传说中的神奇动物，以及一些人由于观察和记述的粗心马虎制造出的诸多类似于虚构的怪兽，都进行了批判、否定、甄别和肃清。例如，他在对古代传说中的那些虚构出来的怪兽进行鉴别时就指出，"在古代人传说的那些动物中间，最有名的是身子似马的独角兽（unicorn），甚至目前还有人一直在顽固地主张它是真实存在的，或者至少在一直急切地寻找它存在的证据"。然而根据"器官相关律"进行分析，"我们完全可以确信，这些动物从来不曾真实地存在过。除了犀牛和一角鲸的独角之外，在我们的搜集中没有发现其他动物的独角。……只要认真考虑之后，我们就不会相信未开化的人在岩石上制作的粗糙简图。他们完全不懂透视画法，想从侧面表现一只直角羚羊的轮廓时，他们就会只画出一只角的外形。结果，他们就画出了直角大羚羊这种独角兽"[①]。

除此之外，居维叶认为，各种虚构出来的怪兽也可能是源自一些偶然性原因。比如他说，"假如有人可能曾经见过这种动物的一个个体由于某种偶然事故失去了一只角，而它可能又被当作整个种系的代表，被亚里士多德错误地采用，并由亚里士多德的所有继承人转抄。所有这些情况是完全可能，甚至是自然的，但却提供不了存在羚羊独角种的最起码的证据"[②]。还有一种原因，那就是某种所谓的独角兽，如"独角印度驴"，由于它是第一次输入希腊，没有人认识这种动物，博学的亚里士多德也不知晓这种动物，如此一来，也许就有一些旅行家将这只实为犀牛的独角兽命名为"印度驴"，并由此以讹传讹，出现了独角印度驴的传说。由此，我们可以清楚地得出结论：古代人已经知道旧大陆上我们目前所熟知的大动物。至于古代人曾经留下记述而现在却不知道的所有动物，都只是些虚构的动物。

这就是科学的研究方法和分析方法所得出的结论，是如何高于传说和迷信，是如何在客观上给予宗教神学的冲击。同时也说明，只要其目的是旨在揭示大自然奥秘的科学家，几乎无一不是唯物论者、无神论者或客观者。他们中的许多人当然也信仰宗教，但是正如德国哲学家费尔巴哈在《基督教的本质》一书中所言，一切宗教都具有人的本质或人的本性。人的本质不仅构成自然界的一部分，也是一切宗教的基础和对象。人对上帝的意识就是人对自己的意识；人对上帝的认识就是人对自己的认识。上帝的本质就是人的本质，神学就是人本学。所以，生活在 18 ～ 19 世纪的居维叶，早已就将宗教当作一门人学或人的精神哲学。

---

① 乔治·居维叶.1987.地球理论随笔.张之沧译.北京：地质出版社；36 ～ 37.
② 乔治·居维叶.1987.地球理论随笔.张之沧译.北京：地质出版社；37 ～ 38.

四、自然分类法

居维叶获得的各项伟大的科学成就，毫无疑问都与他所发明的研究方法和由此引发的创新思维密不可分。可以说，正是他对科学实践的重视，才促使他深入野外研究各种岩石、地层及其中包含的古生物化石；正是他的大胆想象和猜测，才提出地质灾变论；正是他的普遍联系和大胆推断，才发现了"器官相关律"；也正是他对自然史、地球史和生物演化史的重视，才使得他的著作中包含着地球革命和生物进化的思想。当然在方法论上最重要的贡献，就是他不畏惧权威，敢于打破传统，在分类学上创立了自然分类法。

众所周知，在他生活的时代，分类学上是林奈的《自然系统》占据统治地位，这正如恩格斯所言，"植物学和动物学由于林奈而达到了一种近似的完成"。这不仅因为分类和命名是科学的基础，植物学研究是当时代最迫切需要进行系统识别、分类和命名的最重要学科，还因为林奈的科学成就代表了近代自然科学巨大进步的重要方面。然而正是他的分类学包含的"人为分类法"和仅仅根据物种的外部形态进行分类的方法，使他的分类学中存在着许多误差和错谬，混淆了许多"纲、目、科、属、种"中的物种类别和归属。

换句话说，由于这种方法是仅仅根据容易看到的个别特性或表面的近似特征进行分类，而不是根据生物的内在特征，按照各生物的类属之间的亲缘关系、演化序列以及它们在生物界中所占的高度和位置进行分类，致使他的动植物分类依然被变化不清的物种界限所搞乱。正如居维叶所言："当我来做这项工作的时候，我不仅发现这些物种，或者是违反常识地聚会，或者是违反常识地分散；而且也看到许多物种显然不是根据它们所属特征来确立的，而是根据它们的外表描述来确定的。"[1] 由此，居维叶在林奈的分类系统中常常发现：一个种类或一个属内的物种完全可以被归并到不同的纲中，甚至不同的门中。这样，也就把整个生物界的实际发展演化系统搞得混乱不清及至本末倒置。所以从林奈的人为分类系统中，人们还不能直接认识到生物发展演化的基本趋势、大概轮廓和未来特征。为此，居维叶在比较解剖学基础上，打破林奈的人为分类系统，在其巨作《动物界》中，利用自然分类法，重新建构了整个生命界中的物种分类，创立了自然分类系统，使其分类学取得前所未有的成功。

在这里，居维叶的分类系统所采用的科学方法是前无古人的。他把形态比较法和"器官相关律"的概念应用于分类学，作为他的自然分类法的基础，以使他的分类不是基于动物所拥有的某种偶然产生的相似性状，而是基于对动物所有特征的综合。这正如他在《动物界》一书的导言中所言："根据运动器官的排列，神

---

[1]　Cuvier G.1834. The Animal Kingdom. Vol.1. London：G Henderson：17.

经系统的分布，循环系统的能量，以及一般形态的结果，这些应当是原始分类的基础。而在每一个大的门类中，我们将确定直接确定继续那些特征之后的特征，形成原始的再分类的基础。"① 也就是说，居维叶先根据最一般的特征划分出最大的分类单位，即把整个动物界划分为四大门类。然后在每一门类中再依据次一级的特征划分出次一级的单位，如纲这个等级。这样根据各物种的个性和共性、特殊与一般的关系，就依次划分出门、纲、目、科、属、种等分类单位。

居维叶在依据最基本的特征来划分他的最原始的四大门类的时候，又把神经系统作为最主要的特征。他说，"神经系统，实质上也就是整个动物，其他系统的存在，只是为了服务于神经系统"。在具体的分类过程中，居维叶既根据最基本的特征划分出最大的物种单位，从上到下地进行分类；也根据物种的特殊习性和特征，规范出种的概念，从下到上地进行物种划分。为此，他认为，"我的亚属一旦根据确定的关系建立，并且包含十分确定的种，那么只要在此基础上建构起构成动物界的属、族、科、目、纲和门这个巨大的构架就行了。在这里，我曾经进行的工作部分地是根据亲缘和比较原理，从低级上升到高级门类；部分地是根据次要特征的原则从高级的门类下降到低级的门类；我小心谨慎地比较这两种方法的结果，通过一种方法证明另一种方法"②。显然这种方法是人类认识生物界的一种最简单、最直接，而且必须趋向于采用的方法。事实上，采用这种方法建立起来的自然分类系统，既使我们对整个生命界有了一个相对准确的认识，也使生物学在这种自然分类的基础上获得迅速发展。

总的来说，就居维叶的整个方法论而言，他主张任何科学理论一方面要立足于观察事实和实践经验，另一方面又不能局限于经验和观察事实，而要靠合理的思维判断，从经验事实中得出正确的认识和结论。因此我们说居维叶的科学方法论的基本特点就在于他能综合使用各种科学方法去进行某一科学部门的研究。没有这种综合的科学方法论就没有他的比较解剖学、古生物学、地质灾变论与自然分类法，有人说他重在分门别类的分析，方法论上是一种孤立静止的形而上学研究方法。这种观点显然是片面的，甚至是源自一种偏见。

居维叶一生所以能取得一系列重大的科学发现，除了归功于上述行之有效的科学方法之外，还在于他在学习、工作和研究中另有一套获得成功的诀窍。

第一，居维叶非常善于挖掘和改造前人的科学遗产。例如，他创立的自然分类系统，之所以能打破林奈的人为分类系统，就在于他的分类是在自己实践基础上，经过对亚里士多德及林奈两种分类系统的扬弃和发展，才使自己的分类更接近于生物界的客观特征。再如，他的地质灾变论也是在自己实践基础上，对前

① Cuvier G.1834. The Animal Kingdom. Vol.1. London：G Henderson：22.
② Cuvier G.1834. The Animal Kingdom. Vol.1. London：G Henderson：21.

人二十多种地质学说进行批判、吸收和改造的结果。他在谈到以前地质学发展状况时说，以前的地质学家几乎一致地忽视对于了解地球历史非常必要的动植物化石的研究，几乎没有任何人去试图确定地层的叠覆现象以及化石与地质之间的关系。并说，以前的地质学家或者只是陈列室内的博物学家，缺乏对地质构造、岩石矿物及各种地质现象的研究；或者只是没有任何生物知识的纯粹的矿物学家。对于地球历史的研究，他一针见血地指出，以前的每个地质学家都只满足于《圣经》上所说的"创世"和"洪水"两件事，而不去探索自然历史的真正面目。居维叶正是由于看到以前各种地质学体系的长处和缺陷，他才去其所短，取其所长，把各种体系有机地结合起来，把博物学家与矿物学家结合起来，把对地球历史的研究和对地球现状的研究结合起来，创立了自己的地质学理论。

第二，他非常善于利用同时代人的最新的科学成果。他曾坦率地指出，"生活在如此多的博物学家中间，当他们著作一出现，就很快从中抽取所需素材，像他们自己一样享有集中来的益处。如此构成大量专门适于我的研究课题的材料。我的大部分劳动仅在于使用如此丰富的材料"[1]。例如，居维叶在其《动物界》序言中就五次提到运用拉马克的成果。当然也提到他运用了圣提雷尔、道本顿（Daubenton）、开本坡（Camper）等许多人的成果。把别人的成果及时用来作为自己制作新产品的原料，这是居维叶获得成功的第二条诀窍。当然，我们不能把它等同于剽窃，因为对于经验事实的解释、抽象和上升到理论的高度，这才真正体现了一位科学家的研究能力和创新智慧。

第三，他非常善于交往和"征服"科学上的朋友。他的朋友有科学家、教授，也有旅行家和普通公民。他经常出席本国的一些学术交际会，并且还一度自己出钱在英国皇家学会举办每周一次的学术讨论会，探讨新的科学课题。因此，当时有许多国家的公民、旅行家、科学家都乐于向他伸出友谊之手，使他从世界各地获得大量的珍奇猎物和标本。以至于他在给朋友的一封信中很自豪地说，"拜伦（Baillon）以前所未有的热情和慷慨把最稀有的鱼和鸟提供给我，公民赫姆伯特（Hombert）以最大的成功提供了软体动物和海洋蠕虫动物的研究。他们送给我这么多种类的动物，我都进行了完好地保存，以酬谢他们的极有益处的调查。公民博威斯（Beauvais）、玻斯（Bose）和奥雷维尔（Olivier），前两人从北美回来，第三人从埃及和波斯回来，他们都乐意送我一些已经带到欧洲的珍贵标本。因此，当一个作为科学朋友的征服者获得其他人服务于他，并且放置成千上万个标本要他处理，使他能够推动自然历史的研究和发现的时候，我没有理由去妒忌亚里士多德的好的命运"。"对于我，请公布您的珍藏"[2]。这句话已成为居维叶向

---

① Cuvier G.1834. The Animal Kingdom. Vol.1. London：G Henderson：19.

② Cuvier G.1834. The Animal Kingdom. Vol.1. memoir.London：G Henderson：4.

他所结识的人索取科学资料的呼吁和口号。

第四，他非常善于安排和巧于利用一切时间。出自他对自然历史的特别爱好，他还在学生时代就利用一切课余时间从事各种动植物标本的采集和素描。他与林奈、达尔文不同，后面两人都因爱好自然历史影响了其他课程。为此，林奈还中途下学。而居维叶正是由于各门课程成绩优异，兼有研究的志趣和创新的才华，才被保送到加罗琳学院。

他自1795年担任政府职务之后，繁忙的事务花费他大量时间，但是他总在妥善处理好各项事务之后，在他所占用的各种机会中，最大限度地用来从事隐藏在他生命背后的目标。例如，他在马赛（Marseilles）和波尔多创办学校期间，就利用一切机会到海边去研究他最喜爱的软体动物。有人说，居维叶的一生是不知疲倦的一生，他利用一切可以利用的时间连续地工作着、研究着。他在巴黎博物馆，有几个工作室，分别有着不同的工作内容。他的休息就是换一个实验室调剂一下工作，振奋一下精神。

正是由于居维叶拥有一种科学的、任劳任怨的、刻苦的和持之以恒的学习方法和工作态度，所以他才在政治上不失为三种政体的统治者的宠臣，在科学上也不失为一位科学巨匠。他于1805年完成了三卷《比较解剖学讲义》；于1812年完成了四卷《四足动物骨骼化石研究》；于1817年完成了四卷巨著《动物界》并附加四卷彩色插图；于1829年完成了《鱼类自然史》。为此，有人在回忆居维叶时说，他在科学上是一位具有无与伦比的发明能力的人；在从政上是一位具有最精明的组织和管理能力的人。

第十二章

高尚的科学美德

　　毋庸置疑，从古至今的科学家都把探索和揭示自然奥秘当作自己的神圣使命。特别是近代科学家高举"知识就是力量"的伟大旗帜之后，便把发现真理、揭示规律和造福人类当作科学活动的最高目标和自己的崇高职责。结果，至少从第一次工业革命将科学技术转化为生产力之日起，科学技术就通过自身包含的真理性和实用性，不仅给人类创造了巨大的物质财富，也使人类陆续从繁重的体力劳动、脑力劳动和各种繁杂的事务中解放出来，使人类在各个方面都尝到科学的好处。也正是由于科学给人类的物质和精神生活带来了翻天覆地的变化，在各个领域都显示出巨大的社会功能和革命力量，由于科学不仅能够拯救人类经受的各种苦难，而且日益显示其正义、至善和理性的本性，从而很快就成为全人类的一项最伟大和最光荣的事业，并以无与伦比的魅力吸引和激励着无数的科学家去为之奋斗，推动他们在追求真理的道路上，百折不挠，勇往直前，智慧地征战于科学的殿堂。

　　居维叶就是这样一位将毕生的精力、时间和幸福都献身给科学殿堂的人。然而他的科学美德并不只是表现在他从事的艰苦卓绝的科学研究上，更重要的是表现在他的无私和谦卑上。具体地说，虽然居维叶的一生在许多科学领域都取得了辉煌成就，但是他从来没有把这些成果完全归功于自己，他总把所取得的卓越成就与前人和同时代人的科学成就相联系。例如，他在谈到个人在科学发展中的地位和作用时说，从科学的巨大发展中产生这门学科（分类学），任何个人都不可能圆满地完成，即使这个人没有其他职业，一直到死都献身于这个事业也不可能。他说，如果仅仅依靠他自己，甚至连简单的草图都不能绘出。他不可能有更多的时间去做由拉马克研究的甲壳类，由圣提雷尔描述的四足动物，由德拉塞培德先生（M. Delacepede）记述的鱼类等。在居维叶的每一本著作中，他都既提到一些著名科学家的名字，也提到一些普通公民的名字。只要对他的研究做出一些贡献，或提供一些资料的人，他都一一加注并表示感谢。他在《动物界》一书的序言中曾严肃指出，"关于作者，这里我只能提出曾给我提供普遍观点的人。还有许多人，我蒙恩于他们提供的特殊事实，他们的名字在我利用其资料的地方，都慎重地给予注明。在我书中的每一页上都能发现他们。如果对任何人做得不公平，那一定要归罪于我的不自觉遗忘。在我看来，没有什么东西比头脑里的概念更神圣。在博物学家中普遍存在的更改姓名、伪装、剽窃的习惯，对于我无疑是一种犯罪"①。

居维叶高尚的科学道德还表现在为整个科学事业做铺垫工作。在他看来，科学是整个人类集体智慧的结晶，具有连续性和继承性。因此他总把自己的科学活动只当做整个人类科学活动的一个微小的组成部分，自己宁愿为人类建筑整个科学大厦做一点基础工作，让别人在他的研究基础上构筑起高大的建筑。正是基于此种认识，他才把毕生精力献给进化论得以确立的古生物学、比较解剖学、分类学等学科的研究。例如，他在谈到比较解剖学的研究状况时说，我的生理能力将证明我不足以完成全部计划……我已经搜集到的资料是为可以从事我的劳动续篇的人作准备的。他们可以在我的研究基础上走得更远。

居维叶不仅自己为了科学事业呕心沥血，还特别重视对有抱负、有毅力、有才能，敢于攀登科学高峰的青年人的培养和赞助。这点可以从他和弟子阿加西斯之间的关系得到证明。

居维叶事业的继承人——瑞士博物学家（1846 年始定居美国）阿加西斯②，从孩提时代起就喜欢搜集鱼、鸟、龟、兔之类的小动物。他的哥哥奥古士特也同样有这种收藏家的嗜好。这小兄弟俩搞了一个"稀奇有趣的昆虫和动物"的家庭博物馆。在 14 岁时，阿加西斯就在哥哥的帮助下，立下小小志愿，要把所有已知的动物和植物的拉丁文学名都记住。而且，他还起草了一份宣言，在他的小伙伴面前宣读，大谈他将来当了伟大的科学家时要做的事业。然而他的父母却对他别有打算，最初想让他从事商业活动，后来又想让他成为一名出色的富有的医生。而阿加西斯却始终不移地对博物学研究有着浓厚兴趣，并且踌躇满志，不仅决心要成为一名伟大的博物学家，而且还要成为当代最伟大的博物学家。这样一来，一心想从事科学研究的旅行便成为他的强烈愿望。当他听说亚历山大·冯·洪堡正在为组织乌拉尔的考察团，物色与他一同前往的助理人员时，他以青年人的那种热情和冲动，写了一封自荐信给亚历山大·冯·洪堡的朋友居维叶，请他代向

---

① Cuvier G.1834. The Animal Kingdom. Vol.1. London：G Henderson：28.

② 阿加西斯（Agassiz, Jean Louis Rodolphe, 1807～1873 年）美籍瑞士地质学家。受教于德国慕尼黑大学和厄兰金大学。伦敦皇家学会会员、法国科学院院士。1836 年获沃拉斯顿奖章。他在地质学方面的主要贡献是冰川学研究，他首次使用"冰期"概念，并将其作为区分古代与现代动物群落迁移游动的主要原因。古生物学方面，他用比较解剖学的方法详细描述了 1700 余种标本并将其分类。阿加西斯的主要著作有：《巴西鱼》(1829)、《冰川运动和沉积的早期解释》(1840)、《动物学命名》(1842～1846)、《冰川系统》(1846)、《冰川研究》(1848) 等。

亚历山大·冯·洪堡说情，但遗憾的是他的申请书递去得太晚，亚历山大·冯·洪堡已经挑选好了自己的助手。然而阿加西斯并不死心，为了实现他探索科学真理的平生夙愿，决定前往科学中心巴黎，投靠他的良师益友居维叶。

来到巴黎之后，他受到这位伟大的博物学家、解剖学家的热烈欢迎和接待。居维叶在自己的实验里，亲自为阿加西斯安排了一个位置，并且不吝指教和帮助。这位年轻人到居维叶这里来有一个明确的奋斗目标。他听说这位法国老人正在准备出版一部关于鱼化石的专著，而鱼类化石也是阿加西斯多年以来辛勤研究的专题。他希望能把自己多年来的研究成果、心得笔记给居维叶看一看，以便从居维叶这里获得今后从事这方面的全部工作的资格。阿加西斯果然如愿以偿。居维叶欣然同意，将他一生辛勤劳动，花费无限代价收藏的全部鱼类标本都交给了阿加西斯，叫他动手写这本书。阿加西斯为了不辜负他老师的殷切希望，每天工作长达 15 个小时从事写作。而居维叶则更加喜欢和爱护他的这位继承人，常常劝他将工作放松一些，注意休息，爱护身体，并警告阿加西斯说，"工作太紧张，是会死人的"。这位老博物学家讲的话固然正确，由于只是用来教诲别人，而不是针对自己，所以，就在他警告阿加西斯后不久，他自己就由于工作过分劳累，在赴法国议会的路上中了风，几天之内就离开了人世。居维叶的去世对于阿加西斯的确是一个巨大打击，但是他得以安慰和鼓舞的是他从居维叶那里获得他终身都难以得到的科学遗产。

可以说，居维叶一生中的许多精力和钱财都用在对青年人的教育和培养上了。就是现代贬诋他的一些科学史家也承认，居维叶对待青年人说话和蔼、态度热情、真诚大方，常常慷慨解囊给有抱负的青年人以学术和生活上的资助。

居维叶的严谨治学态度，对科学事业精益求精、一丝不苟、实事求是和勇于探索的精神也是值得后人学习的。他从不轻易地否定每一种理论。更不把自己的学说、观点和理论强加于别人。他和拉马克在进化论问题上虽然有许多分歧，但他从未和拉马克发生过学术的和个人感情上的冲突。他只是认为拉马克同许多德国的渐变进化论者一样，不能够从现实中证明他们的理论和思想。他和圣提雷尔之间的争论，主要是由于圣提雷尔多次公开挑战，他是在一忍再忍、长期沉默的情况下被迫应战的。有人说，在和圣提雷尔的论战中，他利用当时在科学界中的权势把圣提雷尔击败了，实在是谬上加谬。实际上居维叶总是力求每一种理论、每一个结论都要有充分的根据和事实。例如，他在争论古兽（palaeothere）可能是现存反刍类的遥远祖先时，就坚决主张应当找出其中间类型的化石，因为他希望看到生物学能够像天文学那样精确[1]。他之所以反对拉马克的渐变进化论，就

---

[1] Mial L C.1981. History of Biology.New York：Scribner：97.

在于直到当时为止还没有人找到一个物种转变成另一个新物种的中间环节或过渡时期的物种化石。正是由于居维叶强调要找出中间类型的化石，结果在博物学家中间才掀起寻找过渡型化石的高潮，从而大大地促进了古生物学的发展，加速了进化理论的成熟和确立。

再拿他所发现的"器官相关律"来说，更是花费了无可比拟的代价。他在解剖无数动物个体的过程中，通过观察、分析和比较发现"器官相关律"之后，并没有立即应用它和推广它，而是又经过了对各种类型动物的解剖和反复验证之后，才最终宣布这个生物界中普遍存在的规律具有和形而上学规律或数学规律同样的确定性和必然性。

居维叶良好的科学道德还表现在虚心学习、永不满足上。由于他能够虚心向别人求教，尊重别人的劳动，所以当时世界上许多国家的科学家、旅行家及普通公民都向他提供了极有科学价值的研究成果。居维叶的许多新思想和新发现都是在与普通公民的接触中，受到他们的启发而获得的。例如，他最早获得的熊和大象的化石，就是由于受到公民维瑞的启发才在采矿坑中，发动采矿工人们搜集到的。

至于居维叶对自己所取得的成果则从不感到满足。他在给朋友的信中说："你曾经强加给我的唯一条件，就是通过给予它们有价值的描述，使得其他博物学家能够享受它们。你知道我尽力进行这项工作是怎样刻苦，这种工作比任何其他工作又是更加需要怎样多的时间。不管取得多么丰富的收获，仍然期望得到更多。有时发现一个新种，我们正好希望把这个新种与已经认识的物种相比较，有时对于一个器官的思考，却引导我们去进一步试图发展它的结构。……在自然历史中，我们总是不能满足于所从事的工作，因为自然界每前进一步都向我们证明她是无穷的。"[①] 而我们能够认识和达及的范围与程度总是有限的。然而，正是这种永不满足的求知欲望使他在探索自然历史的过程中充满了坚忍不拔和锲而不舍的毅力，取得了只有少数人可以与之相比的丰功伟绩。

总之，居维叶作为一个伟大的科学家，所具有的求实精神、审慎态度、远大抱负、坚强意志，以及谦虚好学、勇于进取、热情侍人、科学民主、爱惜人才、不沽名钓誉、不贪天之功为已有等科学美德，都是非常值得我们学习和引为借鉴的。

居维叶从学生时代就献身于生物学和地质学的研究，并立志要做自然历史中的牛顿。他一生都竭尽全力朝着这一光辉而伟大的目标前进，最后他也的确抵达了这一艰巨的奋斗目标，实现了自己的诺言，成为科学史上一颗光辉灿烂的明星。

---

① Cuvier G.1834. The Animal Kingdom. Vol.1. memoir. London：G Henderson：4.

很遗憾，他的这一显示着科学家的职责和道德心的科学美德，在今天的科学界并没有被很好地继承和传播开来。这也许就是事物发展的辩证法。正像马克思针对他曾经给予高度评价和赞美的科学技术在其显示了造福于社会的光芒之后所发生的异化现象时所言："在我们这个时代，每一种事物都好像包含有自己的反面，我们看到机器具有减少人类劳动和使劳动更有效的神奇力量，但却引起了饥饿和过度的疲劳。新发现的财富的源泉，由于某种奇怪的、不可思议的魔力而变成贪图的根源。技术的胜利，似乎是以道德的败坏为代价换来的。随着人类愈益控制自然，个人却似乎愈益成为别人的奴隶或自身的卑劣行为的奴隶。甚至科学的纯洁光辉仿佛也只能在愚昧无知的黑暗背景上闪烁。"特别是今天，那被全人类寄予厚望和备受尊崇的科学界，不仅充斥着沉闷幽闭、急功近利和心浮气躁的非学术氛围，更令人忧心忡忡的是，许多"科学家"几乎完全丧失追求真理和献身科学的精神，将知识和权力与金钱画上等号，使科学活动中渗透着官本位和物质至上主义。在利欲熏心的权钱作用下，腐败者完全陷入知识、真理和信念的病态。在他们看来，权力可以改变一切知识和信念，可以改变事物或整个世界。因此不是科学是救世主，而是权力至上，从而使科学和科学家一起成为权力的奴隶；最终导致科学丧失真理，科学家丧失独立，任凭权力者横行无忌、践踏苍生。

这种状况，当然既有害于科学的发展和科学的形象，更有害于社会和人民的利益。而要想一扫其意志消沉和物欲弥漫的阴霾，最有效的做法就是：唤起全人类的理智，激发起科学家的良知，弘扬社会正义，捍卫科学真理，要求每一位科学家都必须坚信并满腔热情地确立这样一种思想："任何人都无权推卸自己的责任和拒绝参加决定人类的命运。坚持把科学家隔绝在密闭实验室和办公室的门内的人们的理由，无非是一些陈腐的偏见、禁忌和社会习俗。"科学家为了能够真正影响社会进程，不仅应该直接参与科学技术的发展和管理方面的领导工作和国务活动，更应该积极地建立起各种组织和机构，以有效地影响、干预、领导和支配科学技术的社会利用，全心全意为人民服务，使科学真正成为一项人民的事业。

因此，目前科学家的首要社会责任，就是要超出狭隘的个人主义、功利主义，而达到广泛的人民主义和国际主义，维护全国乃至全人类的利益、安全与稳定。虽然科学家不应该同时是一个政治家，但是任何科学家都不应该失去作为人所应该拥有的良心、善性、理智和热情；不能把自己当作一个仅仅从事发明创造的机器，更不可做一个只会捞取功名利禄的庸人；应该把仁善的道德心当作自己从事科学研究的基本动力，要继承科学前辈传承下来的优良传统，时刻不忘古今中外的许多科学家都是立足于社会现实和人类未来，力求让人类摆脱饥饿、疾病和战争等各种困境，避免毁灭性的灾难和有一个光明幸福的明天。例如，他们研究能源开发，是为了预防能源枯竭可能给人类带来的意想不到的黑暗；研究环境污染，是为了避免因环境污染导致的各种疾病和基因突变将人类带到绝灭的边缘；研究地质和地震，是为了尽量免除灾难对人力、物力、财力和全部生灵的巨大破坏；研究电脑技术，是为了扩展人类思维，建构新的世界；研究遗传工程，是为了消除各种遗传疾病，改造人类的身体素质，更好地利用各种生命物质和非生命物质；研究医学，是为了最大可能性地减轻人类的痛苦，争取每一个活着的人都能有一个健康的身体、健全的心理、聪慧的理智和美满幸福的家庭。

也正是绝大多数科学家出自这种荫福万民的社会责任感，以至于在他们所从事的科学研究过程中，通常都是培养了一种集体主义精神，有效地把科学研究转变成为使自己得到极大的精神满足和热情洋溢的创造过程；使科学主要是以一种真、善、美的面目出现在人类社会的各个领域；使科学家与社会道义不可分割地揉为一体，既推动着科学，也完善着道德。

尤其在今天科学进入它的成熟和高深的历史阶段之后，它早已失去早期的那种欢欣和轻松的游戏性质，演变成为一种精神高度集中、紧张、兴奋、极端繁忙、沉重的意识创造活动。因为眼下肩负各种人类重任的科学技术，要求人们要刻苦勤奋、恪尽职守、严肃认真、一丝不苟，所以它需要人们的聪明才智、毅力意志、兢兢业业、任劳任怨和竭心尽智。因此科学是一项与高尚的道德心和崇高的责任感紧密结合的事业。也正是在这个意义上，马克思才谆谆告诫人们，"在科学的入口处，正像在地狱的入口处一样，必须根绝一切犹豫；这里任何怯懦都无济于事"。"只有不畏劳苦沿着陡峭山路勇敢地攀登，才有希望达到光辉的顶点"。也只有心怀世界，情系公众，将真理、美德、利益、责任、忧患意识和科学的远射之光融合为一，科学才可能通过大胆的尝试和艰苦卓绝的实践为人类排除危险，消除苦难，带来福祉；昔日科学家那英勇、伟岸的形象也才有可能继续得到人民的尊崇和铭记。

第十三章

历史的评价

　　居维叶作为科学史上一位著名的科学家，得到的评价和待遇几经变迁，褒贬不一。早在 19 世纪上半叶，尤其是居维叶在世的时候，他的名字是以一种光辉夺目的形式出现在世界各国科学史册上的。例如，1843 年，由英国人出版的居维叶的巨作《动物界》中，所附的一篇关于居维叶的传记，就从各个方面对居维叶给予了高度评价。认为正是居维叶的名字首先给法国在科学史上赢得最大的荣誉和自豪。指出他创立的比较解剖学是人类智力史上所取得的辉煌进步，在科学史上具有最罕见的观察和想象能力，是一位以无与伦比的发明能力将比较解剖学转化成为一门独立科学的人。至于他对古生物化石的研究，就好像放射出的万丈光芒照亮了长期以来使科学界混乱的现象。认为他在这方面的创造性和奇迹般的劳动已经铸成一盏揭示出整个生命界秘密的明灯。在分类学方面，说他建立的自然分类系统是继亚里士多德之后所取得的最大成功和最完备的分类系统。

　　就是对于居维叶的人品和人格，传记作者也给予了令人赞誉的评述。说他从政清廉，刚正不阿，从不参与任何一个阴谋集团，也从不向任何权势低眉。在爱情上具有无私的自我牺牲精神；在金钱上，不惜耗费巨额资金为公众大办慈善事业。至于人品，端庄漂亮，威严俊美，做事一丝不苟，严肃认真，对人充满仁慈和博爱。

　　然而到了 19 世纪下半叶，尤其是达尔文的进化论和赖尔的均变论分别在生物学和地质学中取得决定性胜利之后，居维叶的声誉发生了戏剧性的变化。

　　在地质学中，这一时期人们开始普遍接受赖尔的地质渐变学说，认为地球演化史上起主导作用的是一种缓慢逐渐发生的地质变化，否认地质史上发生过剧烈的大规模的全球性灾变。加之居维叶的学生杜宾尼又把灾变的发生归因于一种神秘的、为人类的智力所不能到达的超自然力量，这样就导致居维叶创立的灾变论被推到非现实主义的伪科学一边。进而，由于他在一些著作中过分强调物种的相对稳定性、不变性，于是就有人开始指责他对于生物界的解释过于静态，甚至有人认为他自 1804 年之后抛弃了他原来坚持的"生物链"理论不是出自科学上的原因，而是出自政治上和宗教上的原因。随着达尔文的进化论和赖尔的均变论在科学史上的地位日益巩固，居维叶的灾变论及其地位便在科学史上发生动摇，对他的批判也日趋增多起来。其中，恩格斯在《自然辩证法》一书中对居维叶灾变论的批判最有代表性。恩格斯说："居维叶关于地球经历多次革命的理论在词句上是革命的，而在实质上是反动的。它以一系列重复的创造行动代替了单一的上帝的创造行动，使神迹成为自然界的根本杠杆。只是赖尔才第一次把理性带进地质学中，因为他以地球的缓慢变化这样一种渐进作用，代替了由于造物主一时兴发所引起的突然革命。"[①]

恩格斯对居维叶的批评，在许多国家都发生巨大影响，特别是对苏联及我国的学术界影响尤甚。苏联学术界虽然承认居维叶所揭示的许多对科学有重大意义的事实及发现，并且认为正是他在比较解剖学、古生物学等方面取得的重要成就被拉马克、达尔文及其他进化论者用来科学地论证生物界的发展观念，但更多的是对他进行了十分不贴切的指责，说他热烈拥护反对进化的观念，维护物种不变说，并臆造了形而上学的灾变论以清除他在古生物学方面发现的新的事实与物种不变论的旧教条之间的矛盾。

居维叶在我国的境遇也同样是几经反复。在 20 世纪上半叶，出版的一些有关地学史的书刊中，以褒为主，贬诋甚少。例如，科学史家鲍鉴清在他的《生物学史》中，对居维叶的生平活动、学术成就都给予了比较公正客观的介绍和评述，说他在巴黎被公认为林奈第二，对巴黎博物馆的贡献永不可没；他的《比较解剖学讲义》使他盛名于世；他的"器官相关律"被普遍接受，并且应用者益宏；他的《四足动物骨骼化石研究》为治地质学、古生物学及生物学者所不可缺；他的分类学是对林奈分类学的推测和发展；在兼顾内部构造的基础上，他于 1795 年又把林奈的蠕形动物之分类，划分为软体动物类、昆虫类、蠕形类、棘皮类和植物类五大门。到 1817 年《动物界》一书出版后，居维叶将整个动物界分为四大门、19 个纲；许多门和纲、目、科、属、种的划分都延续使用至今。

鲁迅先生在《人之历史》一文中，对居维叶的科学功绩也给予了充分肯定，他说："寇伟实[②]（G. Cuvier）法国人，多学博识，于学术有伟绩。尤所致力者，为动物比较解剖及化石之研究，著《化石骨骼论》[③]，为今古生物学所用。盖化石者，太古生物之遗体，留迹石中，历无数劫以至今，其形了然可识，于以知前世界动植之状态，于以知古今生物之不同，实造化之历史，自立其业于人间者

---

① 恩格斯 .1971. 自然辩证法 . 曹葆华，于光远，谢宁译 . 北京：人民出版社：3.

② 寇伟实，居维叶在民国时期的一种译法。

③ 《化石骨骼论》即上文提到的《四足动物骨骼化石研究》。

也。揣古希腊哲人，似不无微知此意者，而厥后则牵强附会之说大行，或谓化石之成，不过造化之游戏，或谓两间精气，中人为胎，迷入石中，则为石蛤石螺之居。逮兰麻克查虫类之化石，寇伟实查鱼类之化石，始知化石诚古生物之留蜕，其物已不存于今，而林那创造以来增减变迁之说遂失当。"[1]

鲁迅先生既肯定了居维叶的学术成就，也对他的灾变说给予了批评，说："寇伟实为人，因仍袭生物种类永住不变之观点者也，前说垂破，则别建'变动说'以解释之。其言曰，今日生存动物之科居，皆开辟之时，造自天帝之手者尔。转动植之遭开辟，非止一回，每开辟前，必有大变，水转成陆，海变为山，惟造之之时不同，则为状自异，其间无系居也。"[2]

自 20 世纪 50 年代之后，居维叶在我国的声誉开始每况愈下。尤其是"文化大革命"期间，在极左路线猖獗时期，不但一笔勾销这位科学家对人类知识宝库的伟大贡献，而且还给他加了许多罪名。说他是"生物进化论的顽固反对者，是反动的神创论的辩护士"；"利用对巴黎盆地动物化石的研究成果来支持岌岌可危的神学"；指责他的灾变论"是反动的，在政治上是为封建复辟效劳，在理论上是否定生物进化论，为上帝分别创造动植物的谬论制造根据"。总之，在这一时期，居维叶完全被当作一个科学上和政治上的反动人物而载入史册。只是近年来，由于国内一些同志对居维叶及其学说作了重新评价，才使居维叶的声誉开始逐渐回升。

至于居维叶在国际上的境遇，虽然自进入 20 世纪之后，随着以施蒂勒为代表的新灾变论的复兴而有所提高，但是由于赖尔的学说在地质学中根深蒂固，达尔文的进化论被许多人坚信不疑，所以对居维叶的评价和认识依然有很大分歧。

一些灾变论者和科学史家不仅对居维叶的古生物学、比较解剖学、分类学的科学价值给予充分肯定，而且对他的灾变理论的科学性及合理性也给予了十分公正的评价。例如，W. F. 坎诺（W. F. Cannon）的《均变论与灾变论》一文以及 A. L. 伯利顿的《地质学史哲学》一书，都对居维叶灾变论的方法论问题和灾变论与进化论的关系问题给予了客观而正确的评述。伯利顿说，居维叶不仅像他之前或之后的均变论者一样，抛弃了他的前辈建立在非现实主义基础上的宇宙起源论，而且"他确认科学地质学起始于这样一个时刻，即宁可说是观察给有关地球起源的空想矛盾的推测体系提供确实资料的时期"。"居维叶及其弟子们提出自己的灾变理论不是由于赞同灾变说的某些偏见，而是因为观察导致了他们的理论"。"居维叶甚至想寻找与现存的物理现象相似的原因，这对于重建过去历史是必需的。"伯利顿还谈道，居维叶不仅"区别了在地壳中已经停止了的古代原因和它

① 鲁迅先生纪念委员会 .1973. 鲁迅全集 . 第一卷：北京：人民文学出版社：15.
② 鲁迅先生纪念委员会 .1973. 鲁迅全集 . 第一卷：北京：人民文学出版社：16.

们的活动一直继续到今天的其他原因"，而且他也"完全承认用来解释一直在灾变之间，或在最后一次大灾变之后发生的地质现象的现实主义方法的正确"[1]。有关灾变论与进化论的关系，伯利顿指出，"从系统的观点看来，进化论与灾变论的联系更紧密，在灾变论那里，进化是一种历史秩序。因此，作为一种秩序，应该把进化论的历史方面归功于灾变，而把方法论方面归功于赖尔"[2]。

在生物学领域，近几十年来，宏观进化论的形成和发展，可以说是居维叶灾变论在生物进化学说史上的一次复兴。1980年，在美国芝加哥举行的关于"宏观进化"问题的国际科学讨论会上，大多数古生物学家都一致认为化石记载下来的物种，其主要特征是稳定不变。因此，生物的发展拥有一种更加深层的变更和演化图景。在他们看来，正像居维叶早在170多年前就描述过的一种"激进－中断"的模式，即在一个物种实际上保持不变的某一时间被一些突然事件打断，由此从原种那里产生出一个后裔种[3]。

近些年来，把居维叶的科学成就放在科学史中显著地位的最有力证据，就是1980年7月，在巴黎召开的第26届国际地质学会议。会议期间宣传的地质学史论文共35篇，分三个专题。其中第二个专题就是关于居维叶逝世前地球科学的进展。可见，在这次会议上，来自世界各国的地质学家依然是把居维叶的地质学理论作为一种划时代发现而给予肯定的。关于这一专题的论文数量较其他两个专题的论文为多。其中有弗朗塞（Vallance）的《拉马克、居维叶与澳大利亚地质》、札干特（Sargeant）的《居维叶实验室中的一位爱尔兰人》，文中介绍了约瑟夫、巴克、潘特兰德多年来同居维叶共同合作，从事比较解剖学和古脊椎动物学研究的状况。在其他许多论文中，也都对居维叶所做出的科学贡献和所取得的科学成就给予了令人信服的褒奖和公允的评价。

但是，目前仍然有许多人对居维叶的各个方面持否定看法，如美国出版的一部《科学家传记辞典》，其中有关居维叶的条目，对居维叶的许多方面都进行了贬责。在政治上，说他在法国大革命期间，之所以假装同情革命，主要是由于他害怕革命，因而在革命后，经常表示自己对新政权不赞成，说新政治是"群氓立法"。在人格上，对上级非常顺从，对下级显示权力主义，利用他手中的权力为亲朋好友谋求到不少职位和好处。他的忠实朋友罗利拉德也抱怨他从不向同事们透露自己的学术思想和研究目标，平时非常注意保密。这种评价可以说是毫无根据的。事实上，居维叶的许多成就都是与他的同事们及弟子们相互合作的结果。

① Albritton C.1975. Philosophy of Geohistory（1785—1970）.Stroudsburg: Dowden,Hutchinson & Ross: 325.
② Albritton C.1975. Philosophy of Geohistory（1785—1970）.Stroudsburg: Dowden,Hutchinson & Ross: 353.
③ 罗杰·勒温.1981.进化理论遭到非难.赵寿元译.世界科学.1981，9：24.

例如，他的《比较解剖学讲义》（*Leçons d'anatomie comparée*）是和 C. 杜梅利克（C. Dumeric）以及 G. 杜维尔尼（G. Duverney）合写的。他的《动物界》（*Le Règna Animal*）中的昆虫一章是和 P. 拉特雷利（Pierre Latreille）合写的。他的《鱼类学》各卷是和瓦勒塞尼、阿加西斯等人共同完成的。他的《巴黎郊区地质描述》（*Description geologique des environd*）是和布罗格尼亚密切合作的结果。居维叶本人也公开承认这部著作主要应归功于布罗格尼亚的辛勤工作。这个条目，甚至在长相上，也对居维叶进行了丑化。说他身材矮小、瘦弱，像个男巫，并不俊美，只是由于人们敬慕他的智力才感到他的杰出和过人的气质。

在学术上，说他在动物学方面取得的成就主要是取决于他在自然博物馆的显赫地位，他本人几乎从来未作过科学旅行（这一点更不符合实际，事实上居维叶自儿童时代就非常喜欢科学旅行。一生中在法国各地、地中海沿岸、意大利、瑞士、德国、英国、澳大利亚等许多地区都进行过地质古生物的考察）。在分类学之外的其余领域都不如拉马克与圣提雷尔的分类方法严密。关于物种概念，说他虽然把整个动物界想象为一个无限的网状系统，在这个系统内部自从创造完成之后，一直是固定不变的。他从一种过分静态的观念来解释生物界的谐调状态，致使他这样一位拥有广博知识的博物学家，没有能够成为一个伟大的自然科学家；至于地质学理论，说他的《地球表面的革命》一书，虽然与布丰的著作《自然界的时代》一书格调基本相同，但与布丰相比，居维叶更偏重于《圣经》上有关历史年代的论述，而较少注重哲学思想方面的论述；谈到标志地质学史上一个里程碑的划时代著作《巴黎郊区地质描述》一书时，说居维叶的工作与布罗格尼亚相比所起的作用很小；关于居维叶、圣提雷尔与拉马克三人之间的关系，也进行了不符合实际情况的陈述；在方法论上，说居维叶由于煞费苦心地维护不可怀疑的事实和理论观念，以致终身犯了一个大错，即在很长时期内阻碍了巴黎自然科学的发展，甚至在巴黎，"缺乏创见的描述"方法一直持续到今天。

对居维叶究竟应该怎样评价，表面看来众说纷纭、褒贬不一，但实质上最关键的一点是如何正确认识他所创立的灾变论的科学价值与历史意义问题。而要对灾变论有一个基本正确的估价，就必须搞清楚这样一些问题：即居维叶灾变论的主要内容是什么？灾变论究竟是居维叶的主观臆造，还是在他的科学实践所获得的大量灾变事实的基础上，对前人灾变思想的继承和改造？它在科学史上曾经起到怎样的作用？它与均变论、进化论有怎样的关系？它究竟有没有科学性、合理性？迄今研究它还有何现实意义？否则，只凭某种信仰或偏见来对待这种理论，必将给科学的评价和发展带来某种程度的危害。

事实上，灾变论作为地质学中的一种理论体系。如第五章所述，显然反映了客观世界中某一层次的客观内容，并不纯属一种谬说。它和均变论一样都是建立在观察和经验基础上的。只不过赖尔把立足点主要放在现存仍然在起作用的各种缓慢运动的地质营力上，而居维叶则把立足点主要放在所发现的古生物化石与地层之间的紧密关系上。因此，我们对待任何一种理论都要认真地研究提出该种理论的人究竟做了些什么工作，用了些什么方法，取得了怎样的成果；实事求是地分析，不要企图用一种理论去完全推翻另一种与之对立的理论。然而由于过去人们对于科学史的研究主要局限于按年代叙述某一科学部门的发现和发明的事实成就，较少注意揭示科学本身发展的内在规律、科学运动的条件及因素；没有认识到观念客体是遵循自己的特有规律来发挥作用和发展的；没有看到今天人们所获得的任何一门知识系统都是整个人类对于知识的继承和创新的辩证统一，所以人们也就很自然地习惯于用一种形而上学观点来认识问题、解决问题。否则就给戴上种种反科学的帽子。这不能不是人们对于科学史研究所犯下的一种过失。没有认识到探索和揭示大自然奥秘的科学研究，在 19 世纪之前，很大程度上应归功于科学家的好奇心、求知欲和对追求真理的兴趣与热情，而非其他原因。

当然一种旧理论当要被一种新理论所代替的时候，可能显示出旧观点将要土崩瓦解，但是人们很快就会发现事情远非如此。旧的科学观点并没有被完全推翻。例如，古希腊泰勒斯的"水成论"并没有因为赫拉克里特的"火成论"的出现而完全被战败。灾变论也没有因为赖尔的均变论的确立而完全被人们抛弃。灾变论只是丧失了以前的统治地位，让位给均变论。一种旧理论尽管有其局限性、片面性，然而它所包含的经验内容和真理性都必然要纳入新的概念或理论中。灾变论同均变论一样作为旧理论都不是完全错误；作为新理论也同样都在一定历史时期发挥过积极作用。灾变论自 1812 年问世以来，至今仍然在科学史上不时地引起轩然大波，并且对更多科学部门发生积极影响，如地质学中的"大陆漂移说""新全球构造理论"，天文学中的"热爆炸理论""宇宙灾变说"、生物学中的"宏观进化论"等，都说明灾变论仍然有它存在的根据，并继续在发挥着它的潜在作用。

既然居维叶的灾变论有这么多的科学性、合理性及理论和实践价值，那么又如何解释恩格斯对居维叶的灾变论所进行的批判呢？对此，我们可以从以下几个方面来理解。

（1）居维叶的灾变论的确还存在着这样或那样的问题。例如，他虽然根据大量证据论证了地球表面曾经发生多次革命，但没有找到革命发生的根本原因，这就使它的灾变论带有神秘色彩。他过分强调突变作用，忽视渐变作用，没有认识到突变与渐变的相对性及辩证关系。在古生物化石中，他由于没有发现物种的中间环节就武断地否定渐变进化的可能性，等等。所以，恩格斯对居维叶灾变论的批判是有些道理的。

　　然而我们也要看到，迄今为止的所有抽象性、普遍性、起源性、成因性和理论性很强的科学理论，几乎没有一个不带有主观性、猜测性和假说性。也正因如此，英国科学哲学家 A. F. 查尔默斯在《科学是什么？》一书中，陈述了一种主观主义的科学观，主张科学知识、自然规律实际上都是个别科学家所持的一套特殊种类的信仰。以逻辑经验主义者卡尔纳普为代表的约定主义的科学观，认为科学理论并不是客观真理，只是人造产物。许多最一般的科学原理纯粹是一些假定的前提，完全以人的意愿为转移，是"人类精神上的一种自由活动的产品"[①]。以杜威和托马斯·库恩为代表的工具主义科学观，认为科学理论并不是对客观世界规律的反映，而是人们主观捏造出来的应付环境的工具；其中的"所有概念、学说和系统，不管它们是怎样精致，怎样坚实都必须视为假设，它们都是工具[②]。"至于波普尔的客观主义科学观，则认为科学理论是不依赖于人的主体而独立自存的客观知识，其客观性主要表现为：科学知识作为世界 3[③] 能够自主地发生、发展，有自己的"生命"特征和规律性。只是它并不是人们对客观世界的真实的正确反映。相反，一切知识都不过是人们为解决问题提出的一系列假设与推测。而在美国学者莫卡尼和西格尔（G. Mc Cain and Segal）所确立的游戏论的科学观看来，科学无非是人类玩的一种高级的智力游戏。

　　（2）恩格斯写《自然辩证法》一书的时间是始于 1878 年，那时正是达尔文的进化论和赖尔的均变论在地学史中占统治地位的时期，而居维叶的灾变论由于被他的继承人阿加西斯、杜宾尼等人发展到一个极端，且越来越神秘化，这就不可避免地导致失败。而当一种理论处于失败的衰落的地位中时，人们就很难避免夸大它的错误一面，缩小它的科学性一面，所以，处在那种形势下的恩格斯的批判，应该理解为主要是针对被杜宾尼等人极端化和神秘化了的灾变论的错误方面，而不是主要针对居维叶灾变论的正确方面。

　　再者，任何人的评判和认识总是受到一定的历史时代的限制的。倘若恩格斯能够活到 20 世纪，知晓美国科学哲学家拉利·劳丹的"科学研究传统"理论，他也不会非常激烈地偏向赖尔的地质均变论和否定居维叶的地质灾变论。因为在今天的拉利·劳丹看来，科学史上，实际上并不存在库恩所描绘的那种情形，即一种理论范式或研究传统可以通过科学革命的形式完全被另一种新的理论范式或研究传统所推翻和替代的情形。因为基于不同的科学理论和研究传统拥有连续性和可通约性的事实，在同一科学领域里可以同时存在几种不同、甚至是对立的科

---

①　彭加勒 .1962.科学与假设 .李醒民译 .北京：商务印书馆：2.
②　Deway J.1920.Reconstruction in Philosophy.New Jersey:Book Manufacturers:73.
③　20 世纪英国科学哲学家波普尔将当下世界划分为三个世界：世界 1 指物质世界，世界 2 指精神世界，世界 3 指客观知识世界。

学理论和研究传统，而且它们之间的矛盾和差别是可以调和的。所以科学革命的发生不是创造出一个各种成分都是崭新的、革命的传统，而是以某种方式把旧传统的成分重新加以组合，提出一个新传统①。由此，他得出结论，即便像是地质学中长期存在的灾变论和均变论的对立与争论，也完全可以在信守不同的研究传统的旗帜下并行不悖和相互补充。

（3）从学术事实上讲，第一，居维叶并没有主张过生物种的再创造，或多次创造行为。居维叶在《地球理论随笔》一书中，站在自发的唯物主义立场上旗帜鲜明地指出，"当我进一步努力证明坚硬地层中含有的若干目化石和松软地层中含有的若干种化石不是我的地表现存动物骨头的时候，我绝不是借口，为了产生现存动物种而需要一个新的创造，我只是极力主张它们不是从古就占据同一个地方，它们一定是从地球某些其他地方迁来的"②。第二，他也没有主张每次都消灭一切生物的全球性突变。他在同一本书中指出，"如果相同的革命使得许多类似于新荷兰和新几内亚、印度和亚洲大陆的狭窄地带变干，那么就为象、犀牛、野牛、骆驼、虎和所有其他亚洲动物开辟了占据它们迄今未知陆地的一条道路"②。从这段话，我们可以看出居维叶不仅没有主张每次灾变都消灭一切生物，相反主张由于灾变反而给新物种的产生繁衍创造了新的环境和条件，这不能不是对进化学说的一个贡献。第三，居维叶同样没有把他的灾变论像杜宾尼那样归结为一种超自然原因。而是主张只有运用古生物方法，通过对生物化石与地层之间关系的研究"才能发现古老事件的一些踪迹及其形成原因"③。他说，"研究化石与包含它们的地层之间的关系的重要性是显而易见的，我们甚至把地球理论的开始只归功于它们"④。可见，在居维叶看来，地质灾变的原因是人类可以认识的。根据上述三点，我们有理由说，恩格斯的批判主要是针对被居维叶的门徒们发展了的和极端化的灾变论的。

（4）居维叶作为开辟了经验科学时代的经验科学家，在19世纪初针对18世纪自然科学家中出现的只重理论，不重经验和实践的学风，提倡反对空谈，注重现实，这对于促进当时自然科学的发展是有积极意义的。而到了恩格斯时代，许多自然科学家由于只注重经验，只相信自己感觉到的东西，完全抛弃理性思维的作用而陷入唯灵论或神秘主义。这样，狭隘的经验主义就成为阻碍科学发展的桎梏，所以恩格斯对居维叶灾变论的批判也应该被理解为是针对那种只重事实和经验而使自己的理论被神秘化了的思想倾向的。不过恩格斯对经验主义的批判，也

---

① Laudan L.1977. Progress and Its Problems. Berkeley: University of California Press：104.
② Cuvier G.1813. Essay on the Theory of the Earth. London：Strand：126.
③ Cuvier G.1813. Essay on the Theory of the Earth. London：Strand：174.
④ Cuvier G.1813. Essay on the Theory of the Earth. London：Strand：54.

是与一向注重理论思维和哲学思辨的德国古典哲学的传统一脉相承的。

（5）假若恩格斯能够看到今天自然科学中所取得的一系列突破性的重大成就，尤其是天文学、地质学和生物学中一些与灾变有关的自然事件、地质现象，或生物现象，诸如宇宙大爆炸理论的问世，影响全球的大冰期的确定，小行星、彗星、陨星等对地球的无数次巨大的撞击和摧毁事件，以及生物演化史上所发生的数十次规模巨大的绝灭事件，那么，他对赖尔的均变论和居维叶的灾变论就一定会有一个更贴切、更全面、更科学的评价。

总之，居维叶的灾变论如同其他学说一样，既有它积极的、科学的、合理的一面，也有它消极的、非科学的、不合理的一面。它既对地质学、生物学以及其他学科的发展曾经起到巨大的推动作用，同样，随着科学的不断进步与发展，它也起到某种阻碍和束缚作用。因此，过去一些人对它的批判，有许多地方也是正确的，并非全然错误。但是，灾变论绝不会完全被推翻，即使今后它也绝不会被完全抛弃。它只能随着科学的进展，逐渐暴露它的缺陷性一面和日益证明它的合理一面。就像居维叶本人一样，诚然他存在着这样或那样的错误缺点，但他将永远在科学史册上占据一个光辉的位置。这是任何人都动摇不了的。

第十四章

关于灾变论的辩护

当黑格尔说"凡是合乎理性的东西都是现实的,凡是现实的东西都是合乎理性的"时候[1],这至少在辩证法意义上肯定了一切现存事物都有其存在的合理性,否则它就不可能存在。这一基本的思维原理,实质上也为地质学史上一直存在,而且至今依然有着巨大影响力的灾变论的存在性,从本体论和认识论的高度提供了理论根据。当然,仅从哲学层面,而且是立足于唯理论哲学家黑格尔提出的命题来为其辩护,显然难以令人信服。因此,我们还必须从科学,尤其是地球科学本身发展演变的线索以及迄今为止能够为灾变论的存在进行合理辩护的科学事实和经验根据上进行辩护,其现实性和真理性才会更强有力些。事实上,今天的天文学、天体物理学等诸多学科都已经比较清楚地揭示:我们所生活的"宇宙其实是一个充满暴力的地方。其中,诸如恒星爆炸、星体相撞、小行星撞击等"都是潜伏在我们所居住的地球周围的危险和灾难。正如美国学者菲利普·布雷特在其所著的《地球的终结》一书中所言:"我们的地球并不安全,宇宙中充满着潜在的袭击者。"[2]既然如此,我们就有理由和根据为17、18世纪就在法国兴起的灾变论进行较以往更加充分的辩护和论证。

第一节　灾变论与均变论的论争

居维叶的地球革命理论,即灾变论提出之后,在欧洲各国影响很大。他的古生物地球观和历史比较法被普遍接受。在许多国家都有他的学说的拥护者和继承者,并有所发展。例如,在法国有爱理德·博蒙特(Beaumont Elede,1793～1874年)、杜宾尼(Dorbigny,1802～1857年)等人;在德国有亚历山大·冯·洪堡

---

① 黑格尔.1982.小逻辑.第2版.贺麟译.北京:商务印书馆:导言 §6.

② 菲利普·布雷特.2009.地球的终结.李志涛,王怡译.北京:中央编译出版社:2.

(Alexander von Humboldt，1769 ～ 1859 年)、布 赫（Leopold von Buch, 1794 ～ 1852 年）等人；在瑞士有阿加西斯（Agassis Louis，1807 ～ 1873 年）；在英国有巴克兰（Buckland，1784 ～ 1856 年）、席基威克（Sedgwick，1785 ～ 1873 年）等人。

如果说居维叶的灾变论主要强调大规模的地壳升降运动所造成的海侵海退现象，即水成作用，那么巴黎矿业学院教授博蒙特及德国魏纳的学生布赫则主要强调火成作用。博蒙特在 1829 年提出一种火成理论，认为地质灾变是由地球内部液体冷缩使坚实地壳突然断裂所致。他说："缓慢和连续的"地球冷却现象引起它的体积缓慢地、逐渐地缩小。这种收缩保证了山脉的上升。这种冷却作为一种缓慢的逐渐的原因而起作用，其结果则是强烈的突然大变动，即"一种非常短促的，可以说是同时性的大变动"①。在这里，博蒙特发展了居维叶的灾变论，他把缓慢的渐变作用与突然的大变动看成是一种必然联系，认识到突然的革命就是缓慢作用的结果，包含着量变必将引发质变的辩证法思想。

地质构造学家布赫也持有类似见解，他认为山脉的形成、褶皱、断裂以及火山的产生都是与造山时期具有灾变性质的火山作用的强烈激性爆发同时进行的。他认为广泛分布在整个北欧的漂砾是由山脉迅速上升时从山中涌出的强烈泥浆流分送开来的。

至于居维叶事业的主要继承人，瑞士地质学家、古生物学家阿加西斯在 1836 年通过对阿尔卑斯山的调查之后，则提出一种大冰期理论。例如，在他给巴克兰的信中就如此写道："自从我看见冰川，我就产生一种非常多雪的心情，而且认为整个地球表面都曾被冰覆盖，在这个整个时期内生物全被冰死。"②这样，由于他相信存在大冰期而相信全球性灾变，也就发展了居维叶的灾变论。此外，阿加西斯还发展了居维叶的生物进化观念，主张生物依阶梯上升，由低级到高级的发展。指出，脊椎动物中最初为低级鱼类、两栖类、爬行类、鸟类、哺乳类。并说明全部脊椎动物化石的发展不仅与胎体发展平行，且为一种系统进化。另外，阿加西斯自己还提出一种新的进化规律，以致海克尔（Ernst Heinrich Philipp August Haeckel）对他曾给予高度的评价。由于阿加西斯提出个体胎期发育与物种化石发展之显著平行的思想，以及生物依阶梯上升的进化观念，如此一来，在他的理论中，也就融合了灾变论和进化论的矛盾。

居维叶的学生，法国地质学家杜宾尼经过长期对古生物化石与地层之间关系的研究，认为自有生命以来地质历史上曾经发生过 27 次灾变，并认为每次灾变都是大规模的，甚至是席卷全球的。他在 1852 年写道，"第一次创造发现在志

---

① Albritton C. 1975. Philosophy of Geohistoty（1785—1970）. Stroudsburg：Dowden,Hutchinson & Ross：326.

② Cannon W F. 1960. The uniformitation-catastrophist debates. Isis, 51：47.

留纪地层中，由于某种地质原因，将这些生物消灭以后，又经过一个相当长的时期，而在泥盆纪地层中出现第二次创造。由于每次地质革命消灭了一切自然界的生物，而在 27 次的创造过程中却又有秩序地使地球上注满了新的动植物。事实就是这样，事实是毋庸置疑的，却又是不可理解的。我们只能肯定这个事实，不必企图发觉这个事实周围的超人类秘密"[1]。杜宾尼还把当时已知的 18 286 种动物化石分别排列在 27 个统中，认为每一个统都包含自己的特有化石。在他看来不仅是系与系之间，而且统与统之间的界限也是绝对分明的。这样，居维叶的灾变论便在阿加西斯与杜宾尼这里被发展到一个极端。正是由于这种极端和偏激的发展，使得后来的灾变论招致重创和失败。

在英国，灾变论与均变论展开了特别激烈的争论。这是因为一方面在英国，接受居维叶灾变论的人更多。包括赖尔本人在 1825 年之前也是居维叶学说的一位信奉者。另一方面，因为英国是郝屯的故乡，均变思想在英国影响很大。因此，当赖尔抛开居维叶的学说，于 1831～1833 年发表了《地质学原理》一书，重新提出郝屯的均变理论之后，于是灾变论与均变论便最终形成对立，展开激烈争论。

在两军对垒中，英国剑桥大学的地质学教授亚当·席基威克和牛津大学的威廉·巴克兰都是居维叶灾变论的热烈拥护者。两人在英国可以说是灾变论者的领袖。英国均变论者的领袖是赖尔。均变论者坚持，第一，改变地球的，在地表仍然起作用的那些力在性质、强度、方式上自古以来恒定不变。第二，这些作用力从古至今都同样连续缓慢地发生作用，只有量变没有质变和飞跃。第三，由这些作用力产生的微小变化长期累积起来导致巨大变化。并由此推论，地质时代无限长，地球既没有一个开始的迹象，也没有一个结束的前景。地球上的生物，从最古老的志留纪到最新的第三纪，各个时代的动植物群都同现存物种一样的繁荣。证明地球从古至今，连同生活于地球表面的生物都只是在缓慢地变化中。

以席基威和巴克兰为首的灾变论者从三个方面进攻赖尔：第一，反对"赖尔坚持用现时仍然能观察到的总是同一方式、均一程度在起作用的次要原因来解释地质现象"的均变论观点。第二，反对赖尔坚持"地质学不依靠这种反复循环的作用就不能追回到地球起源和初始状态"的循环论观点。席基威克指出，地质变化的界限"可以根据地质记录来研究，不能根据任何一种先验推理"。依他的意见，赖尔的地质学原理实质上就是主张：一切科学理论都是从一种假说的推测开始，然后再解释与它相一致的现象。第三，反对赖尔主张自古以来生物界和非生物界都是从低级状态逐渐发展到现在这种完善状态，而且一直都存在着有机结构

---

① 达维塔什维里 .1957. 古生物学教程 .（上卷）. 第一分册 . 李佩娟、杨鸿达译 . 北京：地质出版社：13.

服从于生命的目的的向前发展的过程。他们普遍相信，现实地表呈现的许多地质现象和地质构造，都是由古代的无可比拟的强大作用力形成的。由此，罗德瑞克（Roderick）论述道："当一些山脉被切断，而且它们的一部分再次被切断、抛开，变成突出的山岭，而且与原来的母岩分开时，那么对于这种错位是不可以想象的。"[1]

关于冰期问题，在英国，当阿加西斯到达之前，几乎没有人相信广泛分布的冰川活动与冰川现象。然而，当阿加西斯与巴克兰于1840年在苏格兰和英格兰进行了冰川的追索之后，巴克兰就完全转变了他以前的观点。赖尔和达尔文经过对冰川的考察之后，虽然也转变了他们以前对冰川持否定的观点，但是他们并没有沿着阿加西斯的思路走得更远。相反，赖尔则提出自古以来冰力作用不变的观点来为均变论辩护，否定存在全球性的大冰期。

争论的双方都是专业科学家，参加争论的地质学家当时都被认为是世界第一流的，双方虽然是学术上的对手，但彼此都是讲道理的好朋友，在个人关系和专题讨论方面彼此都是相互沟通的，因此，双方争论的结果都带有让步折衷的色彩。双方都没有把自己的观点强加给对方，向着自己的理论极端方向发展。相反，通过自由讨论，实事求是，相互取长补短。在每年一次的地质协会上，不管协会主席本人是灾变者还是均变论者，他总是欣然论述争论双方的正确理论和批评双方彼此认为不合理的部分。这样倒使双方在理论上避免许多片面性。例如，巴克兰在许多问题上所持的观点就不同于阿加西斯、杜宾尼等人所形成的新灾变论观点，而是更接近于居维叶的灾变观点，即既主张灾变，也不否认渐变作用。而且这场争论的结果，使得英国出现许多折衷论者，如豪波根（Hopkin）就提出这样的见解：地质学家必须肯定一种观点，即在每一特殊情况下，第一种原因都产生过实实在在的现象。一种巨大的、明显同时发生的运动产生了上升岩体的错动。同样，另一种缓慢的陆地上升却产生了地层中的其他一些现象。

这场争论到了19世纪50年代末，随着达尔文进化论的确立，双方的争论暂时停息。因为达尔文的进化论实质上是两派理论斗争的产物。达尔文最初是赖尔的一个得力信徒，是一个坚定的均变论者，直到1831年进行环球航行之前，他还坚信物种不变。但由于他参加贝格尔舰的环球航行，对生物种进行了大量的考察研究工作，且在争论过程中一方面吸收了灾变论主张的地球演化和生物进化理论，另一方面在生物进化方式和机制问题上吸收了赖尔均变理论中的缓慢渐变作用，把地质学上的缓慢渐变模式搬到生物学上来，这样，就把灾变论主张的突变进化论改造成缓慢的渐变进化论。而当赖尔放弃了他原来的物种不变观点勉强成

---

[1]　Cannon W F. 1960. The uniformitation-catastrophist debates. IsIs, 51：51.

为支持达尔文进化论的地质学家之后，这场争论便告结束。如此一来，随着达尔文的进化论日益得到世界公认，于是渐变进化和均变论便分别在地质学中和生物学中占据统治地位。结果在科学史上犯了一个逻辑错误：地质学上的不变论—均变论与生物学上的进化论联系在一起，而地质学上的演化论——灾变论却被推到反进化论一边，与生物学上的不变论联系在一起。致使 19 世纪 50 年代之后，灾变论一直都被放在一种反科学的地位。

实际上，均变论和灾变论这两个词都是由英国哲学家威廉姆·维赫维尔（William Whewell）于 1832 年在评论赖尔的《地质学原理》一书时所造的新词，指的是地质学中两个对立的学派[①]。如果说这两个学派与生物学上的进化论和不变论有什么必然联系的话，那就是主张均变论的赖尔由于主张"稳定态的世界学说"而主张物种不变论，而主张地球革命或灾变论的居维叶由于主张生物的演变不仅是定向发展的，而且其变化是进步型，而站在支持进化论的一方。这种定向进步的进化理念，按照恩斯特·迈尔的说法，可由无脊椎动物→鱼类→爬行类→哺乳类的序列看出。阿道夫·布隆奈尔特（Adolphe Brongniart）的植物地层学也支持这种进步型序列的存在。他区分了三个时期：第一期（石炭纪）的特点是原始隐花植物茂盛；第二期（中生代），裸子植物（及少量的隐花植物）居多；第三期（古近纪），被子植物开始占优势。无论是在动物或植物中"最高等"的类型都在地球史的最后出现。莱伊尔反对这种进步（型）存在，而后来当他承认它时，便又解释为是一个循环的一部分[②]。从而陷入不变论的物种循环论。

所以，不论达尔文在知识上受惠于莱伊尔（赖尔）有多么大，均变论实际上在其进化论的发展上所起的阻碍作用要比促进作用大得多。渐进主义、自然主义与现实主义是从布丰到康德和拉马克时期的流行概念。赖尔的均变论最突出的特点是他的稳定态（循环论）学说，这是和进化学说完全对立的[③]。至于地质学史和生物学史为什么会开了这样一个"颠倒是非、混淆黑白"的大玩笑，主要是由于进化论的犬儒——T. H. 赫胥黎错误地声称赖尔的均变论必然导致达尔文主义，以及维赫维尔使人容易误解地提出均变论和灾变论这两个词。因此，无论何时，"我们都很难将莱伊尔称作达尔文的先驱。因为他顽固地反对进化。他是一个本质论者、神创论者。他的整个概念框架和达尔文的毫不相容"[④]。

然而，基于达尔文学说的节节胜利，赖尔的均变说便迅速在地质学中占据统治地位。但是由于均变论本身包含着内在矛盾，加之，阿加西斯等灾变论者始终

① 恩斯特·迈尔. 2010. 生物学思想发展的历史. 第 2 版. 涂长晟译. 成都：四川教育出版社：247.
② 恩斯特·迈尔. 2010. 生物学思想发展的历史. 第 2 版. 涂长晟译. 成都：四川教育出版社：247～248.
③ 恩斯特·迈尔. 2010. 生物学思想发展的历史. 第 2 版. 涂长晟译. 成都：四川教育出版社：250.
④ 恩斯特·迈尔. 2010. 生物学思想发展的历史. 第 2 版. 涂长晟译. 成都：四川教育出版社：251.

反对达尔文的渐变进化论和赖尔的均变论，因此不久均变论就成为地质学中新的斗争交点。赖尔的学说虽然包含着正确的现实主义工作方法，但是由于他把现实主义发展到一个极端，认为现实的一切完全等同于过去的一切，在地质史中只有缓慢的连续的量变没有突然的间断性质变，只看到漫长的时间作用，没有看到短暂的时间作用，正如费尔巴哈所言：空间上一块大的空间总比一块小的空间大，但是时间上有时一秒钟比几万年还要长。以至于这种形而上学思维方法产生的先验推理，即主张"同一样式的均变原理"便给地质学的发展带来阻力。这种均变观点使人们无视引起地壳运动的激烈动因。他们把现存的和古老的地质现象割裂开来，孤立地作形态描述，不去揭示隐藏在地质现象后面的本质及相互间的联系和规律。因此也就不能对地壳运动的方式、规模、性质及动因做出正确的结论，不能真正认识地球演化的历史。这样，到了19世纪末，便在赖尔的均变论基础上产生了一种新的均变理论。其中一部分新均变论者完全排除灾变论所坚持的历史比较法，把历史只看作是一个无限循环的过程。认为只要了解今天，就了解了整个自然历史；把整个历史看成一个无始无终的过程；人们对于它的过去和未来都同样不可认识；人们只能看到眼前的一切；从而走向不可知论和历史虚无论。

由于新均变论给地质学发展带来严重障碍，因此新灾变论又随之兴起。这次新灾变论复兴的代表人物是德国大地构造学家施蒂勒（Wilhelm Hans Stille，1876～1966年）。他一生的著作都是讨论与地质构造密切相关的地槽、海侵、岩浆活动，以及古地理变迁等问题。正是他再次提出地球革命的思想，即所谓造山幕说。在1913年他发表了《地壳构造学的演化与革命》一书，以新的形式和内容重新提出居维叶的地球革命理论。当时，人们称这部书是划时代的巨著。此后，他又发表了110多篇关于比较构造学和地球演化方面的书文。他的学说迅速传到世界各国，在许多国家都掀起了一个划分地槽类型，寻找全球同时造山幕，以及论证与造山幕相联系的岩浆活动规律的高潮。这部论著，在地质学中，可以说像居维叶的巨著《四足动物骨骼化石研究》一书发表后那样，开辟了一个新的地质学时代。

施蒂勒的新灾变论观点主要体现在他对造山运动的分期、分幕，以及关于造山幕的短暂性和全球同时性的见解上。他根据对地质构造、地壳运动的研究总结出六条地壳运动规律：

①每一次短暂的造山运动总是在世界不同地区同时发生的造山作用定律；

②各种不同造山构造类型可以在同一幕内出现的造山形式同时性法则；

③各种造山形式相互关联、相互过渡，具有许多中间环节的统一性法则；

④每一种造山运动都伴随着一定的上升运动法则；

⑤同一个力推动着各种运动的造山力一元性法则；

⑥不同的造山类型是同一个力差异地作用于不同性质地基的结果。

据此，他又将造山历史划分为 6 个时期和 19 个造山幕。这种造山幕说提出之后，新灾变论与新均变论就围绕着造山幕的同时性、短暂性、世界性力场的统一等问题，展开了持久不息的争论。

施蒂勒的造山运动同时性观点，也在 1914 年和 1917 年分别得到美国地质学家张伯伦（Chamberlin）和巴莱尔（Barrel）等人的支持。在施蒂勒学派影响下，许多著名地球物理学家也都努力为全球性的造山运动的同时性寻找证据，并纷纷提出各种假说。例如，美国天文学家摩耳顿（Moulton）就发展了张伯伦的太阳起源说星子论，认为曾经有一颗恒星运动到离太阳很近的距离，使太阳的正面和背面产生巨大潮汐，从而抛出大量物质，逐渐凝聚成许多固体团块或质点（也即星子），进而聚合成为行星和卫星。

关于褶皱的短暂性，施蒂勒认为 30 万年是一幕的平均活动期。许多地质学家都支持这个估计。1972 年，格松（Gusson）从北美西部中生代的褶皱运动，施伯霍（Scheobher）根据澳大利亚地质构造发展状况，也都得出褶皱幕短暂性的结论。

施蒂勒的新灾变论在俄国影响也很大。大地构造学家 B.B. 别洛乌索夫就赞同构造运动的同时性观点，指出：“地壳的所有造山运动都经历着构造发展的同一阶段，所以差不多是同时进展的。”他把地槽褶皱结束分为“全面迴返”“局部迴返”和“没有迴返”三种类型。所谓“全面迴返”其实就是一种构造运动的同时性观点。哈英也曾指出：“在许多情况下，两个相邻地层间巨大的角度不整合的存在，表示在短促间隔时间内，可能发生强烈的褶皱运动……这些运动只在地层之间沉积间断时发生，而造山幕实际上为宁静期所间断。”[①]

针对上述 20 世纪初复兴的新灾变论的主要观点，新均变论者则激烈地反对施蒂勒的造山幕说。新均变论者贝坦德（Bertrand）主张造山运动是长期的、连续的。沙帕特（Shepard）在 1923 年确认世界上的地壳运动是此起彼伏、连续不断发生的，既无同期性，也无同时性和短暂性。罗特（Rutten）1949 年用事实说明褶皱幕不是短时间内一次爆发的，而是长时期内多次活动的终止，一幕代表一些连续的活动。至于摩特（Mattauer）则说造山幕的发生时间不是几十万年而是几千万年。总之，均变论者列举大量事实和理由否认施蒂勒造山幕的短暂性、全球同时性及短暂性的造山幕与长期的非造山幕的更迭。但由于均变论者承认在每个地质时代内变形物质的总量在变化着，但如何变化，在哪些地方、哪些时代变化还不知道，这就使其理论和主张走向不可知论与循环论。在哲学上也就是只承

---

① 沙特斯基 .1956. 论褶皱形成的长期性及褶皱幕 . 江克一译 . 北京：地质出版社：12.

认量变过程中的部分质变，否认根本性、全局性质变。由此，也使得均变论的一系列主张和观点陷入困境。

从20世纪初开始的这场争论持续至今，虽然施蒂勒的造山幕说在地质学上影响很大，但由于他忽视了短暂性与长期性、同时性与延续性、统一性与差异性之间的辩证关系，过分强调一个侧面否定另一个侧面，从而给新均变论树立了进攻的靶子。再者，由于赖尔的均变论在地质学中产生了根深蒂固的影响，所以总的说来，在20世纪上半叶还是赖尔的均变原理和所谓的现实主义的研究方法在地学领域占据着优势地位。

然而自20世纪中叶之后，由于地质学的许多领域都取得了一系列重大突破，如对地壳内部的研究，对地质结构和海洋历史的研究，对大洋中脊、洋底深断裂、地壳巨大行星规模的移动的发现，实验岩石学，放射性地质年代的成就，古地磁学，比较行星地质学的研究，所有这些研究成果导致一些传统的地学理论和概念，在新的科学发现面前被迫放弃一些陈腐的观点，接受新观点。而科学就是在不断地变革中，在旧概念不断地破坏和新概念不断地确立中发展的。如此一来，灾变论至少自20世纪70年代起，便开始"死灰复燃"。

那么究竟自20世纪50年代之后，地质学中呈现了怎样的发展趋势呢？可以说由于唯物辩证法不断深入自然科学，因此在地质学中出现一种扬对立学派之长，克对立学派之短，朝着两种理论综合方向发展的趋势。但是唯物辩证法毕竟不能代替各门自然科学，科学家总喜欢以自己的学识和经验来表述自己对自然界的认识，不喜欢用什么先入之见或空泛的教条来束缚自己的头脑，因此在地质学中至今灾变论与均变论仍然在进行着激烈的争论，虽然双方对其原来的观点都有所扬弃，但仍然都坚守着自己的基本原则和观点。那么，从辩证法高度，究竟应该怎样来看待地质灾变、物种绝灭和生物进化三者之间的现实关系和逻辑关系呢？

第二节 灾变、绝灭与进化之关系

长期以来，许多人总是把灾变论与进化论对立起来，认为灾变论就是主张不变论、特创论，反对进化论。理由是地球上发生的各种灾变，导致的都是物种绝灭，而生物的繁衍与进化却是遵循达尔文的"自然界无飞跃"的演变方式在发展。其实，地质灾变、物种绝灭与生物进化并不是完全的势不两立和水火不容。相反，大量的科学证据证明：大灾变决定大绝灭，大绝灭推动大进化。没有大灾变，就没有生物的大绝灭和物种的大进化。因为灾变造成的物种大绝灭常常是生物进化和繁兴的阶梯及动力。这正如美国学者乔恩·埃里克森在《地球上失落的生命——大灭绝》一书中所言，"对于地球上的生命来讲，没有任何因素可以比得上大灭绝对物种的影响更大的了。灭绝将弱者踢出历史，而让强者生存下来，以保证生命延续，即使是地球上有大灾难的时候。在漫长的地史之中，地球经历了巨大的环境灾难，将半数以上的物种踢出了地史舞台。所有的大灭绝都表明，生物系统是处于由环境制造的巨大的压力之下，或者是有彗星撞击，或者是陨星撞击，或者是巨大的火山爆发所带来的压力"①。正因如此，"在生物演化的过程之中，没有大灭绝来破坏生态系统以及生存于这个生态系统之内的大量物种，这种情况（生物的进化和发展）是绝对不可能发生的。每一次集群灭绝都是物种进化过程之中的一个分水岭"②，都是生物界发生的一次大飞跃和大质变。在生物灭绝发生时，便会有大量的物种消失。接下来，灭绝就在生命进化之中扮演关键角色，成为物种演化过程的必要环节，且对于生命向更高形态的进化有着非常重要的作用，推进绝灭物种被全新的物种所替代。因此，灾变、绝灭和新种产生不只是有着内在的现实关系和逻辑关系，而且在生物演化过程中同样都起着决定性的作用。如果物种不绝灭，不给更高级的生命让出生态位，今天的生物界就不可能形成一个庞大群体，且具有类似金字塔形的生态形式。那么由灾变引发的物种大绝灭为什么会是推动生物进化的前提和动力呢？这可以从如下几方面给予论证。

一、灾变的破坏和创生作用

地球上，由超新星爆炸、地球磁极倒转、彗星撞击、陨星坠落、行星碰撞、大陆漂移、火山爆发、造山运动、冰川活动，以及强烈的海侵等造成的灾变性事件，必然导致生物界得以生存的自然环境招致巨大的破坏和变更（表 14.1）。

表 14.1 灾变、物种灭绝与生物演化的关系

地质事件	地质时代	时间	灭绝物种	繁兴物种
冰川广布	第四纪 0.025 亿～ 0.000 1 亿年前	0.000 12 亿年前	一些体型较大的哺乳动物灭绝	现代动植物及人类出现
喜山运动	新近纪 0.38 亿～ 0.025 亿年前	0.37 亿年前	生物遭受一次大灭绝，一些古老哺乳动物遭到破坏	乳齿象、剑齿虎出现
	古近纪 0.65 亿～ 0.38 亿年前	0.57 亿年前	有孔虫遭受致命打击	5 000 万年前，马、鳄、鲸出现，被子植物、蔬果繁盛，哺乳类突发性发展

---

① 乔恩·埃里克森 . 2010. 地球上失落的生命——大灭绝 . 张华侨译 . 北京：首都师范大学出版社：简介，11.

② 乔恩·埃里克森 . 2010. 地球上失落的生命——大灭绝 . 张华侨译 . 北京：首都师范大学出版社：123.

地质事件	地质时代		时间	灭绝物种	繁兴物种
火山喷发、造山作用强烈，陨星撞击地球	白垩纪 1.35 亿～0.65 亿年前		0.7 亿年前	物种大绝灭，菊石、恐龙绝灭，70% 以上动物灭绝	鸟类时代，恐龙最盛，末期灭绝；鱼类和鸟类发达，哺乳动物出现；被子植物出现
燕山运动，煤田生成	侏罗纪 2.08 亿～1.35 亿年前				恐龙繁盛，哺乳类、始祖鸟出现，苏铁、银杏繁盛
印支运动，最后一次海侵	三叠纪 2.5 亿～2.08 亿年前		2.1 亿年前	20% 以上的动物科消亡，50% 以上爬行动物灭绝	森林形成，恐龙发育，爬行动物时代，动物多为头足类、甲壳类、鱼类、两栖类和爬行类
大冰期，地壳发生强烈构造运动和火山喷发	二叠纪 2.9 亿～2.5 亿年前		2.5 亿年前	消灭 50% 以上科级生物，三叶虫等海洋无脊椎动物，海百合、昆虫、陆生植物大量绝灭	菊石类、爬行动物辐射发展，植物中的松柏、苏铁等发展
大冰期，气候剧烈变化	石炭纪 3.62 亿～2.9 亿年前		3.3 亿年前	腕足动物、鱼类、鹦鹉螺、石松属几乎全面绝灭	陆生植物，煤田生成，两栖类，爬虫类发生
冰川广布，最大海侵，海西造山运动强烈	泥盆纪 4.09 亿～3.62 亿年前		3.65 亿年前	消灭大量热带海洋动物类群，如笔石等	菊石，鲨鱼，有颌类动物，森林发育，腕足类，鱼类极盛，两栖类发育
末期强烈造山运动，大冰期事件	志留纪 4.38 亿～4.09 亿年前				有孔虫类繁荣，无颌类发育，晚期出现原始鱼类和原始陆生植物裸蕨；脊椎动物兴起
冰川广布	晚奥陶纪		4.4 亿年前	第二次物种集群灭绝，海洋动物约 100 个科绝灭	
	早奥陶纪 5.1 亿～4.38 亿年前		5 亿年前		藻类时代，鱼类产生，笔石、腕足动物、鹦鹉螺、海百合、无脊椎动物极盛
加里东造山运动	寒武纪末期		5.1 亿年前	第一次物种集群灭绝，海洋动物属的 80% 绝灭	
			5.3 亿年前		寒武纪物种大爆发，多样性空前全盛，无脊椎动物惊人复杂
海平面大规模下降	早寒武纪 6 亿～5.1 亿年前		5.9 亿年前	抹去 80% 的海洋生物属	三叶虫繁兴
大规模火山活动海侵扩张			6 亿年前		爆炸式产生海洋生物几乎所有物种的代表，如藻类、有壳动物和无脊椎动物等
第二次大冰期瓦兰吉尔冰期	上元古代	震旦纪 25 亿～6 亿年前	6.7 亿年前	杀死了海洋浮游生物	冰川广布，罗迪利亚超大陆形成，为物种繁盛创造了条件；无脊椎动物偶有出现

续表

地质事件	地质时代		时间	灭绝物种	繁兴物种
第一次大冰期,滹沱造山运动	下元古代	前震旦纪50亿~25亿年前	25亿年前	原始生命大规模消失	藻类和菌类开始繁盛
五台造山运动			38亿年前	最早生命	早期基性喷发,继以晋宁造山运动,变质强,花岗岩侵入
泰山造山运动	太古代		40亿年前	最早岩石	
			46亿年前	陨石时期	
地壳局部变动	冥古代		50亿年前	地球起源,大陆开始形成	

正是这种地理环境、地质条件和大气组分的巨大变更,以及引发的地球温度和气候的突然变化,常常会给新物种的繁兴带来生机,从而体现了"不破不立、先破后立"的辩证法。具体地说,这种作用主要表现在如下三个方面:

(1)外部剧烈变化的自然环境可以直接参与和影响生物的生长和发育过程。这不仅表现在环境、温度的变化可以决定物种两性的变化,导致生物的大量繁殖,如蛙类动物,当在发育过程中,两性还没有分化时,温度升高可以使个体成为雄性;温度降低可以使个体成为雌性。这样一来,不论地球环境由于陨星的撞击导致地表温度剧烈增高,还是导致地球温度快速降低,直至大冰期的到来,都会影响蛙类的繁殖与生育。再如,昆虫类的蝗虫,其卵可以在土中存活20年,一旦遇到洪水泛滥,给它们的发育带来适合的温度和水分,它们就可以在洪水退去给农民带来巨大的蝗灾。此外,光、电、磁、化学、物理、机械等因素对生物的变异,对个体的发育也都有相当大的影响。甚至在某种特殊情况下,外部因素还能完全决定个体的发育和生长过程。既然如此,由灾变引发的自然环境的巨大变化,导致物种的更新和繁荣,就在所难免。事实上,包括物种在内的许多事物发生质变,都常常决定于外因的巨大变更和破坏作用,而内因的主要作用则往往是维持事物本质的稳定性。

(2)外部自然环境不仅可以引起体细胞的变化,同样可以通过生物机体的整体性、系统性以及各部分之间的相互联系和相互作用直接或间接地引起生殖细胞的变化,引起遗传基因的变更。现在科学发现已经证明:除了突变率极低的自发性突变之外,绝大多数的基因突变、染色体畸变都是由外部环境的剧烈变化或杂交所致。而且,正是地球演化史上所发生的那些灾变性事件导致的自然环境的激变,成为诱发基因突变的最主要原因,也为物种的绝灭所导致的残余物种之间的杂交提供了机会。这样,也就在客观上促动了新物种的产生和繁荣。

(3)外部激烈变化的自然环境不仅是激发基因突变的主要动因,而且任何突变的基因也不能够离开自然环境单独地发生作用。它还是要借助自然环境才可能形成新的物种。换句话说，基因突变是和外部环境一起共同控制生物的性状、结构和功能的，而且通常都是要通过残酷的自然选择和生存斗争，才能使得新物种在地球上谋得一席之地，占据一块生存和繁衍的空间。那么生物所表现出来的性状为什么都离不开一定的外部环境的制约和作用呢？

现代生物学已经证明：含有遗传信息的基因并不能直接控制生物性状；直接控制生物性状的是与之相关的特定蛋白质。而蛋白质的合成又离不开外部环境。它是在外部环境和遗传基因相互作用过程中，通过所产生的一套调节控制系统来实现的。在这个过程中，细胞可以根据自己的需要，在一定环境作用下启动或阻遏基因的转录和指挥合成作用。既然环境和生物的发展进化有着不可分割的作用，而灾变的最突出的结果就是导致自然环境的巨大变化，这就势必会导致整个生物界发生激烈的变化。这种变化当然既可能导致一些不适应环境变化的物种绝灭，也可能会给那些生命力更强大、能够适应新环境的物种带来发展进化的美好前景。

事实上，不只是我们所在的宇宙是革命性的大爆炸的产物，就是生养我们的地球和整个生命界也是在一次次的"大碰撞、大飞溅、大打嗝、大洪水和大沸腾"等灾变事件中形成、发展起来的。太阳系中的其他星球上都没有与地球相似的大陆存在，原因可能是，在地球演化史中，众多撞向地球的巨大陨星为地球这口沸腾的大锅添加了独特的成分，导致了生命的产生①。加之，生命现象是宇宙中最为复杂的事件，它绝不可能像人类的理性思维所构建的那种理想化的逻辑一样，顺着简单而武断的必然性向前和向上无穷尽地发展。在其演化的过程中，由偶然性、随机性、中断、突变和灾变导致的曲折和坎坷在所难免，它们都是其必然性进程中的不可或缺的要素、机理、动因和表现。地质灾变和物种绝灭都是生物进化必然性的前提和条件，它们不仅为新的生命形式的产生铺平了道路，而且使得那些幸存者们能够不断地调整自己，以更好地开发利用这个世界，达到最优化的水平②，这不仅创生和增加了生物界的多样性和丰富性，也推动生物界沿着一条螺旋式上升的途径，展现了自然界和生物界自由发展的内在逻辑和目的。

二、绝灭为新种产生让出生态位

虽然巨大灾变导致大量物种绝灭，却为新的物种创造了新的生存发展空间（表 14.1）。因为，能够使整体生命得以生存繁衍的基础条件没有变，太阳光、水

---

① 乔恩·埃里克森.2010.地球的入侵者——小行星、彗星和陨星.杨帆译.北京：首都师范大学出版社：26～27.

② 乔恩·埃里克森.2010.地球上失落的生命——大灭绝.张华侨译.北京：首都师范大学出版社：123～124.

和大气仍然存在，甚至每次灾难都给地球上的土地和海洋提供了更丰富的营养。这些营养元素或是由彗星、小行星带到地球上来，或是由于陨星的强烈撞击，把地球内部的一些化学元素带到地表，增加了土壤中的化学成分。为此，物种的大量绝灭倒使残余物种和新生物种获得更大的繁衍机会。从哲学上说，这种现象的产生是由于大自然赋予海洋与大陆、河流与山岳，以及各式各样的植物与动物以尺度，……超越这尺度就会招致沉沦和毁灭[①]。但从另一方面说，由于不同种类的动植物，拥有不同的质、量和度的规定性，这就使得在同样的自然环境中，也可能导致一些动植物灭亡，而另一些动植物则继续生长，并有可能在同样的地理环境中创生新的物种。

例如，在前寒武纪晚期，伴随地质历史上最大一次冰期的到来，导致地球上的生物发生了一次大灭绝，杀死了大量海洋浮游生物。随后由于大规模的火山活动，导致冰川消融，罗迪利亚超大陆形成，又为物种繁盛创造了条件，提供了更多的生存空间，结果，便促动地球上的生命向着各个不同方向演化，带来生物演化史上的一次物种大繁兴，爆炸式地产生了现代海洋生命中的几乎所有类群的代表（其中最具代表性的物种有藻类、有壳动物和无脊椎动物等），为现代生命形式的发育演化播下了种子，打下了良好基础。动物生命体巨大的多样性极大地刺激了新物种的产生。从此，永久地改变了地球上生物界的物种组成面貌[②]。有些学者认为，在这一显生宙时期，曾经在短时期内有大约 40 亿个物种在地球上出现。这种生物以辐射状近乎同时发生的演化方式，发展到新生代，便使得地球上充满了各式各样的动植物种。从而证明地球上的物种并不都是遵循一种缓慢逐渐的进化方式，而经常是大规模地和突然地出现在地球上的。只是在产生之后，它们又各自遵循自己的演化路径和演变特征，继续在不断地发展进化，直至形成现在的物种所拥有的形态、结构和功能。

在生物演化进入寒武纪之后，一场巨大的灾变再次消灭了大量新产生的物种，抹去了大约所有海洋生物属的 80%。这次大灭绝可谓是地球史上最大的灾难性灭绝之一。然而，正是这种灭绝导致的生物空位，为三叶虫的兴旺提供了优越的空间和环境，继而推动生命演化史上最大的一次生命突变事件，即著名的"寒武纪大爆发"。在这次生命大爆发的过程中，物种的多样性得到充分展示，一度达到全盛状态。但到了寒武纪末期，生命界又遭遇了一次空前绝后的物种集群灭绝事件，其中海洋动物属的 80% 绝灭。然而，这并没有阻止生物继续繁衍进化的脚步，这次灭绝事件不仅在奥陶纪早期推动海洋生物进入藻类统治的时代，而且推动鱼类的产生，同时也使得笔石、腕足动物、鹦鹉螺、海百合，以及无脊椎

---

① 黑格尔 . 2005. 小逻辑 . 第 2 版 . 贺麟译 . 北京：商务印书馆：235.

② 乔恩·埃里克森 . 2010. 地球上失落的生命——大灭绝 . 张华侨译 . 北京：首都师范大学出版社：78.

动物等进入繁盛时期。

由于历史在时间上总是表现为虚无性，在空间上充其量也只能留下微乎其微的遗迹，有人比喻"一场历史就好像一座图书馆被焚烧之后留下的残章断简，要想恢复和了解其真实面貌，是绝无可能的"。因此我们现在讲述或论证地球演化史和生物发展史，也只能依靠历史上那些巨大事变留下的"微不足道"的遗迹。所以，地球运动到了4.4亿年之前的奥陶纪晚期，由于大陆漂移到达极地，直接导致了奥陶纪冰川的广泛分布，这不仅带来第二次物种集群灭绝，导致海洋动物约100个科绝灭，也严重地冲击了陆生植物的繁衍。不过也正是这次大绝灭，促成有孔虫类繁荣，无颌类动物发育；及至到了志留纪晚期还出现原始的鱼类和陆生植物裸蕨，并伴随有脊椎动物的兴起。同样，在泥盆纪，伴随冰川的降临和最大海侵的发生，以及强烈的海西造山运动，使得笔石等大量热带海洋动物类群消亡之后，菊石、鲨鱼和有颌类动物便得以繁盛，森林也开始广泛发育；而腕足类和鱼类则进入它们的极盛时期；同时促成了两栖类的形成。至于石炭纪，也是由于在3.3亿年前左右，发生一次大冰期，引发地球上的气候发生剧烈变化，致使当时非常繁盛的腕足动物、鱼类、鹦鹉螺和石松属几乎全面绝灭。但也同时催生了陆生植物、煤田的生成，以及爬虫类的发生。生物界中的这种现象不仅反映了"黑了南方有北方"的现实，也证明其同样遵循"失之东隅，收之桑榆"的逻辑和规律。

在地球演化史和生物进化史上，二叠纪末发生的剧烈的造山运动，导致陆地面积扩大，海洋面积缩小，部分地区因为炎热和干旱出现沙漠，使原来温暖湿润的气候变得干燥和炎热，由此导致大批物种绝灭。但这也同时为恐龙的产生、分化和繁盛带来生机。自那之后，陆地、海洋和空中几乎都出现各种适应于各自的地理环境的恐龙亚种。与此同时，因为其他物种的绝灭使得当时生存的恐龙不仅享有广阔的空间，也有充足的食物供其生养和繁殖后代。

尤其是到了侏罗纪末期，由于没有任何天敌的存在，使得当时存活的肉食性恐龙的群体开始迅速壮大。到了白垩纪，整个恐龙家族便进入其全面兴盛的时期。这正如美国学者乔恩·埃里克森在《地球上失落的生命——大灭绝》一书中所言："巨大的火山喷发释放了大量的二氧化碳气体进入大气之中，以致气候发生戏剧性地改变。……此时地球上生存的物种，超过半数都灭绝了，包括食肉的爬行类。这直接导致了肉食性恐龙的繁盛。"[①]不仅如此，这种自然环境的剧烈变化，及其创造的有利于物种繁衍的生存条件，也推动物种进入鸟类时代。当然，与之相应，哺乳动物和被子植物也开始登上历史舞台。这就叫"大道通天，各

---

① 乔恩·埃里克森.2010.地球上失落的生命——大灭绝.张华侨译.北京：首都师范大学出版社：117.

走半边"。大自然给一些生命关上了窗户，却给另一些生命开了一扇更加广阔无垠的生存之门。

这也就是说，生物的进化发展犹若其他事物一样，从来都不是一帆风顺的，总是遵循着起伏降落和否定之否定的规律前进，以至当白垩纪走到尽头，发生海洋退缩、海平面下降、气候变得寒冷的时候，就给地球上的生命带来极大破坏。特别是在 7000 万年前后，地球遭遇陨星撞击、火山喷发，以及强烈的造山运动给白垩纪的生物带来生物发展史又一次空前绝后的绝灭事件。此时，不仅菊石和恐龙全部绝灭，而且地球上有 70% 以上的动物也遭到毁灭性打击。当然，这一绝灭性灾变的后果，是生物界再一次地积极向上的大分化和大发展。它直接促成新生代的到来，促使哺乳动物发生了爆炸式的辐射演化，并且产生了许多新的类群，将生物进化史带进一个被子植物和哺乳动物全面繁兴、发展的新时代，原因当然是恐龙绝灭之后，让出了生态位。这些生态位是大量的、多样的。只有能够快速地适应这些生态位，能够快速地演化出更大的多样性的哺乳类，才能够获得极大的成功[1]。

也正基于此，居维叶在其名著《地球理论随笔》一书中指出，"一次巨大的海侵不仅可以带着泥沙覆盖新荷兰大陆，从而埋没许多属的动物，而且它也同样有可能使得隔开新荷兰和新几内亚、印度和亚洲大陆的狭窄地带变干，从而为大象、犀牛、野牛、马、骆驼、虎和所有其他亚洲原生性动物开辟了占据它们一直未知的陆地的一条道路"[2]，为陆生动物的全球化拓展了生存繁衍的空间，创造了使其得以发展进化的优越的地理环境和自然条件。在这个意义上，灾变绝不只是意指给地球上的生物带来绝灭的灾难性事件，相反，它更像是为地球上的生物界带来更大创生机理和繁衍机会的突变性事变。它不仅展现了自然界和生物界不断变化和发展的辩证法，也展现了飞跃、突变和质变在生命演化过程中的决定作用。

三、灾变和绝灭增生物种多样性

综观地球演化史和生物发展史，物种的大灭绝往往导致其后物种的辐射状繁兴，快速地增加了物种的多样性，打破了由达尔文所构想的物种是通过渐变方式发展的"生物树状进化模式"。大量的化石发现也证明：整个生物发展史就是一部大规模的灭绝和繁兴相互交替发生的历史。这里，只需要从上述列表中所记述的地质灾变、生物绝灭及随后物种急剧增生的史实中就可以看出，地质灾变是怎样通过物种的绝灭和复兴形式在不断地增加着物种的多样性和丰富性。通过迄今

---

① 乔恩·埃里克森. 2010. 地球上失落的生命——大灭绝. 张华侨译. 北京：首都师范大学出版社：137.

② Cuvier G. 1813. Essay on the Theory of the Earth. London：Strand：126.

为止地质学家和古生物学家对地球上的灾变事件和生物绝灭与繁衍之间关系的研究和发现，我们完全可以说，正是发生在 40 亿年前的造山运动刺激和创生了地球上最原始的生命；也正是发生在下元古代的滹沱造山运动，以及在 25 亿年前发生的第一次大冰期，导致原始生命的大规模消失，才又同时带来藻类和菌类生物的开始繁盛。如果说，在 7 亿年前，地球上的生物种既低级又单一，只有结构简单的藻类和菌类，那么伴随着上元古代，也即相当于中国的震旦纪的第二次大冰期或瓦兰吉尔冰期的到来，在杀死了大量的海洋浮游生物之后，由于冰川作用和罗迪利亚超大陆的形成，也就为物种的进一步分化和繁兴创造了必要条件，并在这一时期地球上第一次出现无脊椎动物，尽管是非常的偶然和罕见。

地球演化进入寒武纪早期，大规模的火山活动和海侵扩张，刺激当时的生命界爆炸式地产生海洋生物几乎所有物种的代表，如藻类、有壳动物和无脊椎动物等。而伴随著名的加里东造山运动造成的第一次物种集群的灭绝，则是不仅使早奥陶纪进入它的藻类时代，也推动笔石、腕足动物、鹦鹉螺、海百合、无脊椎动物进入它们的极盛时期。否则就不会有冰川广布的晚奥陶纪引发的第二次物种的集群性灭绝，当然也不会有志留纪有孔虫类的繁荣，无颌类的发育，以及志留纪晚期出现原始鱼类、原始陆生植物裸蕨，以及脊椎动物的兴起。

在泥盆纪，由于冰川广布，海侵规模达到最大，海西造山运动强烈，在消灭大量热带海洋动物类群之后，便带来菊石、鲨鱼、有颌类动物、两栖类，以及原始森林的发育，同时将腕足类和鱼类推到极盛。至于距今 3.6 亿～ 2.9 亿年的石炭纪，也同样是因为发生大冰期导致气候剧烈变化，才致使当时的腕足动物、鱼类、鹦鹉螺和石松属几乎全面绝灭，但也同时刺激了两栖类和爬虫类的发生发展，带来陆生植物的大繁荣和全球性煤田的形成。

二叠纪，因冰川异常活跃、火山喷发强烈、地壳构造运动频发，导致生物演化史上再次上演了物种大绝灭事件。在这次事件中，虽然消灭了一半以上的科级生物，导致三叶虫等海洋无脊椎动物大量绝灭，但是也促动菊石类、爬行动物辐射发展，植物中的松柏、苏铁等也异常繁茂。及至三叠纪，大面积森林形成，恐龙开始发育。在动物的大家庭中，虽然头足类、甲壳类、鱼类和两栖类动物非常繁兴，但基本上还是爬行动物的时代。只是到了三叠纪，由于爆发了印支造山运动和地质史上的最后一次海侵，才导致 20% 以上的动物科消亡，50% 以上的爬行动物灭绝。但是这次的物种大灭绝，换来的新成果就是不仅使得侏罗纪出现的新物种变得越来越复杂、越来越高级，在带来恐龙和苏铁、银杏等植物繁盛的同时，也在地球上出现始祖鸟和哺乳类等高级动物；而且使得白垩纪成了恐龙和鸟类占据统治地位的时代。

然而任何事物都不可避免地受到"物极必反和盛极而衰"的内在规律的制

约，所以，生物界在经历了侏罗纪和白垩纪早期相对平稳的历史时期之后，很快就迎来了白垩纪末期的物种大绝灭。在这次灭绝事件中，不仅导致菊石类和恐龙类动物的彻底覆灭，而且有70%以上的动物没能逃脱厄运。但也正是经历这次空前绝后的大绝灭，才带来5000万年前，马、鳄、鲸等高级动物的出现，被子植物和蔬果类植物的繁茂，以及哺乳类动物的突发性发展。同样，如果不是在新近纪，发生了喜马拉雅造山运动，使得生物界再次遭受大灭绝，消灭了一些古老的哺乳动物，以及第四纪冰川的再一次降临，摧毁了一些体型较大的哺乳类动物，也就不会有现代各种高级的动植物出现，并最终形成位居生物界之首的人类社会。

正是基于上述地质史上发生的多次大灾变造成物种大绝灭和大繁兴的史实，一些学者论证说，从新生代到现在地球上存活的物种，大约仍有500万~3000万个。它们几乎布满全球，从陆地到海洋、从大气圈到水圈和岩石圈到处都存在各种不同形式的生命。这很难用达尔文"自然界无飞跃"的理念来解释。它们更像是经历各种劫难之后，大批地和几乎同时地发生。尤其是那些生活在人类视域之外，为人的肉眼看不到的微小生物，很可能就是从人类迄今还没有认识的生态环境或"生命之汤"中，以"多元增生的模式"同时迸发出来的，因为"生命的定在自身服从于外在自然的种种条件与状况"，致使"地球的可孕性使生命遍处都以一切方式出现"[①]。

也正基于地质史上的大灾难、大绝灭与生物进化之间存在着如此紧密的关系，至少自文艺复兴之后，就出现许多既主张灾变又持有进化观念的哲学家和科学家，如莱布尼茨、波纳特、莫罗和胡克等人都把地球上的灾变事件与生物进化紧密地联系在一起。其中，法国的博物学家和灾变论的最早提出者布丰（1707~1788年）和邦尼特（Bonnet，1720~1793年）都具有比较系统的灾变-进化观。拿邦尼特来说，他完全把地球上的灾变与生物进化联系起来，认为生物进化是灾变的结果，灾变是生物进化的动因。他说，地球上的一切生物都在变化，每次灾变后，创造出来的生物都比之前的生物更高一级。他还预言未来一次灾变后，在猴子和大象之间将会发现一个莱布尼茨或牛顿，在海狸里面将会发现一个培罗或一个沃邦[②]。康德的学生约翰·赫尔德（1744~1833年）既表述了生物阶梯是一个历史发展的过程，同时也主张低级生物的大规模毁灭是高级生物发展的先觉条件。因为在他看来，高级生物就是由低级生物的物质形成的，没有低级生物的毁灭就没有高级生物的诞生。

至于灾变论的创立者居维叶及其继承人，则更进一步发展了这种灾变-进化

---

① 黑格尔.2010.哲学科学全书纲要（1830年版）.薛华译.北京：北京大学出版社：264.

② 梅森.1977.自然科学史.上海外国自然科学哲学著作编译组译.上海：上海人民出版社：318~319.

思想。例如，居维叶的继承人阿加西斯既发展了居维叶的灾变论，又系统地提出自己的进化理论。使得海克尔对阿加西斯曾给予高度评价，他说："然有使我侪甚诧异者，即阿加西斯早时之自然科学工作，就许多关系而言，实际上为达尔文先导，尤以其在古生物学区域之作为甚。……彼所著有名之《化石鱼类》与居维叶之基础工作齐名。阿加西斯所发现之化石鱼类，不仅关于全部脊椎动物及其历史进化之了解有极大关系，吾侪且赖此以达到重要普通进化律之确实知识。阿加西斯尤特别声明个体胎期发达与物种化石发达之显著平行性。……以此为种源论之有力之根据。惟叙述之确定，则前此未有人能及阿加西斯者，彼谓在脊椎动物中最初唯有鱼类存在，其后始有两栖动物，又其后甚晚期乃有鸟类及哺乳类动物出现。哺乳类及鱼类最初仅有不完善与较低诸级，其后较晚乃有完全及较高者。阿加西斯说明全部脊椎动物之化石发达不仅与胎体发达平行且为一种系统进化，即随处可见其以阶梯上升，由较低之科与门上升至较高之科与门等，在地球历史上最初出现者为较低诸形式，其后乃有较高级形式。"[1]

英国的灾变论者在与赖尔的均变论斗争过程中也发展了灾变－进化思想。他们既主张地球是从一个原始低级状态发展演化到现在这种状态的，不是从古到今都是一个样子，也主张一直都存在着一个有机结构屈从于生命目的的前进发展过程。灾变论者罗德瑞克还指出，在他发现的志留纪地层中已经达到原生动物时期，这个时期是地球上最初充满大规模生命的时期，他还证明，高级有机界就是无机界从一种简单的混沌状态发展而来的。

自达尔文的渐变进化论占据统治地位之后，仍然有许多地质学家、生物学家把生物进化与地质灾变联系起来考虑。可以说，现代生物学中的突变理论就是由受到灾变进化论影响的耐格里的灾变论发展而来的。因此，我们绝不能把灾变论与进化论对立起来。现在有足够的理由证明，没有灾变论者或非均变论者的进化论，就没有达尔文的进化论，而且与灾变进化论相比较，除了前者主张突变和后者主张渐变之外，可以说达尔文的进化论只局限于有机界，在无机界中仍然坚持整个地质时代的均一性。达尔文是从赖尔那里借来缓慢的渐变机制，因此，就方法论而言，达尔文的进化论是从均变论那里继承来的。也正是这种机械性的借鉴，没有进行分析批判，使得他的渐变进化论自然就带有形而上学色彩，没有认识到自然界中的万事万物都是在突变和渐变两种变化形式中运动、发展和演化的。

四、居维叶的灾变论并不反对进化论

上面论述了地质灾变、物种绝灭和生物进化之间的内在关系和演变规律，那

---

① 海克尔. 1936. 自然创造史. 马君武译. 北京：商务印书馆：32.

么居维叶作为灾变论之集大成者，他创立的灾变论是否就像有些人说的那样旨在反对进化论，宣传不变论和神创论呢？我们说居维叶创立灾变论也同样不是旨在反对进化论。

第一，他在有关灾变论的主要著作《地球理论随笔》一书的一开头，就明确指出，他写作该书的目的是"使读者能够熟悉迄今被人忽视的生物残遗来了解地球历史"[1]。他在该书结尾处再次重申："利用古生物化石的方法可以满意地编制地质年代表，确定动物生命的发展及其结构形态的连续性；准确地决定最初产生的物种，从而使在地球上只被分配给短暂时间的人类将享有恢复他存在之前千百万年的历史，及绝不是与他同时的无数动物历史的光荣。"[2] 这就说明，居维叶创立灾变论并不是旨在反对进化论，维护不变论、神创论，而恰恰相反，是为了探索地球演化史及生物发展史。

第二，就灾变论本身的内容而言，居维叶实质上是阐述了地球的演化史及生物发展史，而且与进化论的观念并不矛盾，只是和所谓生物缓慢进化的方式或演变模式相矛盾。即在居维叶看来，物种的形成，并不是经由微小变异的长期积累缓慢发展而来的，而往往是外部环境剧烈变化和作用的结果。因为现实中的确存在许多事物都是外部强大动力催生的产物。

第三，就居维叶一生创立的比较解剖学、古生物学、自然分类法，提出的"器官相关律"，以及在生物的遗传、变异及起源问题、人类的起源及发展问题等方面为进化论提供的大量证据及其中所包含的进化思想而言，他创立的灾变论也不是旨在反对进化论。这正如梅尔（Miall）在他的《生物学史》中所言，"居维叶对于物种不变的教条，虽然当众乐于承认它，但实际上却很少献身于它"[3]。退一步说，就是居维叶承认物种稳定不变，也不能说他就反对生物在整体上是不断发展演化的进化观点（这一点下面还要论述）。

第四，再拿人们作为居维叶反对进化论的最主要一条论据来说，即居维叶在《地球理论随笔》一书中陈述的：如果一个物种在长期内可以通过气候或局部环境的作用引起的微小变异逐渐变成新种的话，那么"我们就应当能够发现一些中间环节的化石，然而没有人曾经做出过这种发现"，所以我们的一个正确结论是：古代和现代的绝灭物种如同现在生存的物种一样，在它们的形态和特征上都是不变的；或者至少毁灭它们的大灾难，没有给被宣称曾经发生变化的产物留下足够时间[4]。那么究竟应该怎样来理解居维叶的这段话呢？

① Cuvier G.1813. Essay on the Theory of the Earth. London：Strand：1.
② Cuvier G.1813. Essay on the Theory of the Earth. London：Strand：181.
③ Miall L C. 1911. History of Biology. London：Watts & Co：96.
④ Cuvier G. 1813. Essay on the Theory of the Earth. London：Strand：115.

首先，让我们听听梅尔的见解。他说，"无论他的个人倾向是什么，他都坚定地坚持变化或转化（transmutation）的可靠证据。当他在争论古兽可能是现存反刍动物的遥远祖先时，他要求应当找出其中间类型"①。由此，梅尔推断，如果居维叶能够看到自己的古兽逐渐变成现代马，他将会感到惊奇和愉快。然后我们能够想象我们再生的居维叶将会越来越接近于描绘出一切种群的共同祖先"①。所以我们说，居维叶的那段话主要是强调要找到中间环节这一决定性的证据，而不是主要强调或主张物种不变论。

其次，就居维叶那段文字中包含的因灾变造成的"种间中断"这一观点而言，就是现代科学也没有最终证明它是错误的。相反许多人都在坚持这一观点。例如，1980年，在芝加哥举行的关于"宏观进化"问题的科学大会上，多数古生物学家都认为化石记载下来的物种其主要特征都是稳定不变的。哈佛大学的格尔德（Gould）说，"物种在化石中几百万年保持不变，然后突然消失，代之以实质上不同的但显然有联系的某种东西"②。他进一步指出，化石记录的贫乏不是由于缺漏脱节所造成，而是进化变化的"急进—中断"模式的结果。到会者还指出，不仅地层纪录中缺乏过渡类型，就是现在也没有发现过渡类型生物，人们看到的，都是物种稳定不变的现实。为此，英国剑桥大学的遗传学家多沃（Dover）等感到已经足以把物种稳定不变称为宏观进化的一个重要特征。这种进化特征，在他们看来，"在一个物种实际上保持不变的某一时期被一些突然事件打断，由此便从原种那里产生出一个后裔种"③。如果我们把上述两种观点作一比较，显然是非常类同。可以说，早在170年前由居维叶提出的"灾变-中断"观点，今天在进化论者那里又复活了。因此，我们完全可以结论：即使居维叶坚持物种不变，也不等于就是反对生物进化论。只能说居维叶的那段话是旨在反对拉马克的那种缓慢的逐渐变化的生物进化机制和进化方式，而强调灾变，也即剧烈的自然环境的变化在生物进化中的作用，以及一种突变式或革命式的生物进化方式。

五、德弗里斯的灾变进化论

关于灾变论和均变论的争论，在生物学中的表现之一，就是达尔文的思想。达尔文主要从"渐变"或"连续性"的角度考察世界，认为自然界的演变是十分缓慢的，这种"渐变论"成为当时学术界的主导思想。然而，19世纪末，以达尔文进化论为基础的连续变异进化观，既无法解释古生物学中大量存在的"化石断层"现象，亦无从说明变异的遗传本质，正是在这一背景下，荷兰植物学家雨

---

① Miall L C. 1911. History of Biology, London：Watts & Co：97.

② 罗杰·勒温.1981.进化理论遭到非难.赵寿元译.世界科学，9：23.

③ 罗杰·勒温.1981.进化理论遭到非难.赵寿元译.世界科学，9：24.

果·德弗里斯 (Hugo De Vries, 1848-1935) 建立了以"物种的突发产生"为主要内容的突变进化论。他在 1889 年出版了《细胞内泛生论》,以批判的眼光回顾了以前在遗传方面的研究,提出了细胞核的成分"泛生子"(Pangenes)决定遗传特性的思想。1901～1903 年,他撰写出版了《突变论》一书,集中阐述了他的生物突变论思想。德弗里斯证明,达尔文强调的那种微小变异不是形成新物种的真正基础,物种起源主要是通过跳跃式的变异——"突变"来完成的。他解答了达尔文学说中许多使人迷惘的问题,回击了一些人对进化论的攻击,从而使达尔文进化论向前推进了一大步。德弗里斯还给出了生物突变的主要特性,它们包括:

(1)突变的突发性。新的基本种可不经过任何中间阶段而突然出现;在进化过程中,突变体的产生无法预见,新突变体一旦出现,就具有新型式的所有性状。

(2)突变的多向性。新的基本种突变的形成是在所有的方向上发生的,所有的器官几乎在所有可能的方向上都会发生变化。

(3)突变的稳定性和不可逆性。从新的基本种产生的时刻起,它通常是完全稳定的。突变一旦产生,新的基本种就能稳定地遗传给后代,不具有逐渐返回其起源形式的倾向,这种不可逆性可导致突变体直接形成一个新物种。

(4)突变的周期性。突变是周期性出现的,不管研究的材料及其性质是什么,突变出现的几率是有规律可循的。如月见草(正常型)的 7 个变种出现的几率为 1%～3%。

(5)突变的随机性。突变可发生在生物体的任一部位,突变的发生与外界条件影响之间,新的性状同个体的变异性之间没有什么特殊的联系。

德弗里斯的这种突变进化观具有十分普遍的意义,它转换了人们认识的角度,使人们可以用非连续进化观,进入一个迥异于连续性进化观的世界,从而成为当今世界上应用极为广泛的现代方法论之一,使其具有重要的方法论意义和启示作用。

事实上,今天的许多科学家也都认为,灾变造成的物种大绝灭常常是生物进化和繁兴的阶梯和动因。例如,美国科学家乔恩·埃里克森在其所著《地球上失落的生命——大灭绝》一书中就鲜明地表述:"在生物演化的过程之中,没有大灭绝来破坏生态系统以及生存于这个生态系统之内的大量物种,这种情况(即生物的进化和发展)是绝对不可能发生的。每一次集群灭绝都是物种进化过程之中的一个分水岭。"①

① 乔恩·埃里克森.2010.活力地球:地球上失落的生命——大灭绝.张华侨译.北京:首都师范大学出版社:123.

综上所述，我们说灾变论与进化论并非完全对立。相反，正是灾变论者首先从自然界和生物界的整体性上，提出并描述了一般的生物进化规律和进化模式。居维叶的灾变论也并非旨在反对进化论，而是旨在探索自然界的演化历史和演化方式。在进化问题上，他反对拉马克的否定质变和飞跃过程的"渐变-进化"模式，主张一种飞跃式的"灾变-进化"模式。

这种有关自然界和生物界发展演化的观点与模式，极大地影响了法国哲学界，致使其后的法国哲学家柏格森创立了他的"创造进化论"，强调创造与进化并不相斥。因为宇宙就是一种"生命冲力"在运作，以至一切都是有活力的存在。这种活力创造出的差异，首先见于植物和动物界之间，即非动的和运动的有机活动之间。植物借助阳光储存了从惰性物质中抽取的能量，动物则免除了这种基本努力，因为它可从植物摄取已经储存的能量，并依据需要均衡地释放爆发力。在较高阶段上，动物界在激烈的生存斗争中聚集能量，维持生命，强化自身的发展。如此，进化之道变得日益丰富多彩，此时动物之选择也绝非盲从，而是遵循着生命之流的内在逻辑和规律。具体地说，在动物界，本能随着器官的利用而产生。此时理智的胚胎虽已存在，但对本能而言，智能仍属劣等。待居于生命顶峰的人类产生之后，理智才居于支配地位，本能作用下降。但是，本能的作用并未完全消失，它潜伏于所有生命的意识里。正是在那里，本能开始在直观的视觉中活动，它既左右着理智，也决定着理智，使得理智的认知和行动受到很大的限制。由此，也使得理智在征服自然科学的情形下，产生了对外在世界的机械论和决定论观念。这是理智思维的傲慢和对自身出路的必然性选择，然而由生命本能的创造力打开的创化之门却将人和自然领向无边的视野和无尽的道路。

第三节 灾变论的现代科学证据

灾变论，虽然自居维叶将其作为一种比较完整的理论形态提出来，已经历时200余年，而且几经挫折，经受了反反复复的否定和批判，然而至今证明它的合理性的证据依然在诸多研究领域不断地涌现。特别是自20世纪中叶起，由于许多学科，如物理学、化学、生物学、天文学等学科的迅速发展，测试勘察技术的突飞猛进，地质学在许多领域都取得一系列重大突破，无论是灾变论还是均变论在新的科学发现面前都不得不放弃一些旧观念，接受新观念。但是这并不意味着灾变论与均变论的结束。近年来，由于地质学、古生物学和天文学等学科中发现的大量证据证明：灾变是自然界中一种客观存在的现象，因此，灾变论再一次复兴，而且随着灾变证据的日益增多，使得现代灾变论，已经成为今天的科学家认识和解释宇宙、地球及万物起源和运动变化方式的一种主要的理论和观念。其合理性主要体现在如下几个方面。

一、地球表面曾经发生多次革命的证据

表 14.2 证明了地球表面曾经发生过多次革命。

表 14.2 地质纪年表

代	纪	世	时间	生命形式	地质运动
新生代	第四纪	全新世	1 万年前		
		更新世	200 万年前	人类出现	
		上新世	1100 万年前	乳齿象出现	生物遭受大破坏
	新近纪	中新世	2600 万年前	剑齿虎出现	
		渐新世	3700 万年前		哺乳动物遭到破坏
	古近纪	始新世	5400 万年前	鲸出现	
		古新世	6500 万年前	马、鳄出现	
中生代	白垩纪		1.35 亿年前	鸟类出现	7000 万年前，物种大灭绝 恐龙绝灭，70% 以上的动物灭绝
	侏罗纪		1.90 亿年前	哺乳类、恐龙出现	
	三叠纪		2.5 亿年前		2.1 亿年前，50% 以上的爬行动物灭绝
上古生代	二叠纪		2.8 亿年前	爬行类出现	2.5 亿年前，消灭 50% 以上的科级生物
	石炭纪		3.45 亿年前	两栖类	
	泥盆纪		4.00 亿年前	鲨鱼	3.65 亿年前，消灭大量热带海洋动物类群
下古生代	志留纪		4.35 亿年前	陆生植物	
	奥陶纪		5.00 亿年前	鱼类	4.4 亿年前，第二次物种集群灭绝，海洋动物的大约 100 个科绝灭
	寒武纪		5.7 亿年前	海洋植物有壳动物	5.3 亿年前，第一次物种集群灭绝，海洋动物属的 80% 灭绝
元古代			7 亿年前	无脊椎动物	
			25 亿年前	后生动物	
			35 亿年前	最早生命	
太古代			40 亿年前	最早岩石	
			46 亿年前	陨石时期	

第一，迄今仍然在前寒武纪地层中极少发现化石，而在寒武纪地层底部一开始就发现颇为繁多和相当高级的生物群化石，即如乔恩·埃里克森所言，"寒武纪见证了新物种的爆发。这次物种爆发是生物历史上最不平凡的事件，也是最令人不解的事件。……生物的增值于 5.3 亿年前到达顶峰。此时，海洋中塞满了各式各样的生物。在短得令人吃惊的时间内，大量动物不知从哪里冒了出来，数量多得令人不可思议。这些动物都具有由外骨骼构成的奇怪的衣装。硬骨骼器官的引入被人们称为地球历史上最大的中断，它表示通过加快新生物的发展步伐而带来的重大发展变革。不幸的是，这些新物种中的许多在后来的陨星撞击过程中灭绝了"[①]。对于寒武纪初期生物突然大规模出现的事实，显然可用生物发展史上的一次巨大、剧烈的激变或一次规模宏大的全球性革命来解释。

第二，当地壳发展到泥盆纪时，植物突然大量出现。那么如何说明这次植物从水生到陆生的大飞跃呢？目前流行的解释，由于志留纪和泥盆纪之间的地壳运动使大陆普遍上升，原来的海区变为平原丘陵，形成了适于植物大变革的环境，促使了第一次植物大飞跃的成功，完成了生物演化史上的一次革命。至于导致大陆普遍上升的原因，还是不得而知。但是比较肯定的是：第一次与星体撞击地球相关的生物大灭绝却发生于大约 3.65 亿年前的泥盆纪末期。当时，有一至两颗小行星或彗星与地球相撞。许多热带海洋生物群在此次撞击中灭亡了。有许多证据支持这次陨星撞击地球的存在[②]，因为今天人们在比利时、中国、瑞典及乍得等国家的许多地区都发现了这一时期形成的一系列陨石坑，以及相应的外星球物质。

第三，地球上规模最大的生物大灭绝发生于 2.5 亿年前的二叠纪末期。当时，95% 的物种在此次大灭绝中灭亡了。灭亡的物种主要是海洋生物，例如苔藓虫。两栖动物中约 75% 的生物科，爬行动物中 80% 以上的生物科与大多数海洋无脊椎动物一起消失了。对于此次物种大绝灭的原因探讨，埃里克森认为"只有重大的环境灾变，如小行星或彗星的撞击或巨型火山喷发，才可能导致如此大规模的生物浩劫"[③]。而另一位英国的地球史专家道拉斯·帕尔默（Douglas Palmer）则认为，"当时倾泻而出、并覆盖了目前北亚地区面积约为 700 万平方公里区域的西伯利亚高原玄武岩或许是主要的促因之一。这些规模巨大的喷发向大气中释放了大量的火山灰和温室气体，造成了显著的气候变化"。当然，来自大型小行星或彗星的冲击也被认为是一个可能的诱因，但目前尚未发现能够支持该理论的地质

① 乔恩·埃里克森.2010.地球的入侵者——小行星、彗星和陨星.杨帆译.北京：首都师范大学出版社：59.
② 乔恩·埃里克森.2010.地球的入侵者——小行星、彗星和陨星.杨帆译.北京：首都师范大学出版社：194.
③ 乔恩·埃里克森.2010.地球的入侵者——小行星、彗星和陨星.杨帆译.北京：首都师范大学出版社：195.

证据。①

第四，生物史上的又一次巨大事件就是在地球上曾经占据统治地位长达一亿四千万年之久的恐龙，在六千五百万年前突然全部死亡。会飞翔的、会游泳的爬行类以及多种原始哺乳类动物都从地球上迅速消失。不仅如此，类似事件还多次发生。经各种不同的研究结果表明，大量生物的灭绝还曾经发生在距今 5 亿年前、4.4 亿年前、3.4 亿年前、2.25 亿年前、1.95 亿年前。尽管引起这些事件的原因还一直没有定论，但是生物发展史上的这些间断和革命几乎是无可置疑的。由此，许多学者还认为，由行星或陨星撞击地球导致的生物大灭绝呈现出明显的周期性。特别是在过去的 2.5 亿年中，地球上所发生的 10 次大灭绝事件呈现出明显的周期性。仿佛自然界中有一个巨大的自然之钟在控制着大灭绝发生的速率。其真实原因，最大的可能就是由各种"死亡之星"的撞击，导致大批物种突然绝灭。

第五，地球发生过多次大规模的剧烈的地壳运动，每一次大的地壳运动可以说都是一次革命。拿喜马拉雅运动来说，无论是用传统的垂直运动说来解释，还是用新全球构造说的板块碰撞来解释，都可以说是地球表面发生的一次剧烈革命。在第三纪（古近纪）初期，欧亚大陆与非洲大陆相隔遥远。现今的阿尔卑斯山、喀尔巴阡山、高加索山、喜马拉雅山的广阔地带当时仍是一片汪洋，然而经过第三纪的喜马拉雅的造山运动，形成一个完整山系，使非洲大陆、印度半岛与欧亚大陆联结在一起。地壳的这种上升速度，如果与平静期的几亿年间海拔高度都相对不变相比，不能不说是一次剧烈的革命性的地壳运动。

第六，根据行星学家的研究，在长期的地质年代里，地球受到过大行星和大彗星的许多次撞击，每一次撞击必然都给地球带来一次巨大的灾变。这正如埃里克森所言："在人类有记载的历史上，小行星、彗星和陨星一直独具魅力。他们是人们思索和敬畏的对象。早先的人类认为划破天空的火焰是厄运的征兆，……。如今，人们认为彗星和陨星对地球的撞击是产生历史上的几次大灭绝的原因。"当然，"它们也对地球和生命的形成起了关键性作用。"② 此外，根据冰川学家的研究，晚寒武纪冰期、上古生代冰期、上中生代冰期和第四纪冰期也都标志着地球发生了革命性变迁。例如，有人就认为生活在寒温带的披毛犀（woolly rhinoceros）、猛犸象（woolly mammoth）、野马（wild horse）、驯鹿（reindeer）、野牛（bison）和麝牛（musk ox）等大型草食性哺乳动物曾广泛地生活在这些地区，正是第四纪大冰期的到来，才导致上述许多哺乳动物的绝灭或急

---

① 道格拉斯·帕尔默. 2013. 地球的历史（下）. 秦静远译. 北京：人民邮电出版社：3.

② 乔恩·埃里克森. 2010. 地球的入侵者——小行星、彗星和陨星. 杨帆译. 北京：首都师范大学出版社：序言.

剧减少。

第七，地质学家迪恩列通过对世界各地岩石样品的绝对年龄测定，统计了大约 3400 个年龄数据，累计曲线表明，在距今 27.5 亿年前、19.5 亿年前、10.75 亿年前、6.5 亿年前各值上斜率发生突变。也就是说，它们表明了地球上的造山运动是以突然爆发的方式拉开地壳活动序幕的。

也正是基于上述大量的古生物化石及诸多的地层资料提供的证据，美国古生物学家 D. M. 劳普和 S. M. 斯坦利认为，古生物在漫长的地质演化史上发生过多次全球性突变灭绝事件。

二、地球革命是剧烈的和突然发生的证据

地球上的革命或灾变是否具有突发性和猛烈性？这当然涉及人的认识问题，以及所涉及的时间和空间的有限性和无限性、绝对性和相对性等哲学问题。因为任何一次"巨大"的灾变事件，放在无限大的宇宙中，其破坏作用都可谓之为零。除非是发生目前科学家们所作的假设——宇宙大爆炸，舍此之外，还有什么东西可以和无限大的空间进行比较的呢？无限大的空间可以使得一切有限的存在化为乌有。反过来，在有限时间内发生的东西，只要放在无限长的时间内，也都可谓之为短暂和突然。所以，这里论证地球上发生的事件是否是灾变和革命，还要首先考虑时空上和数量上的相对性与日常性等问题。例如，地球上所发生的造成人员重大伤亡的地震，这对于一个国家或地区来说都是一场重大的灾难，然而对于整个地球，乃至整个人类来说，这当然不能说是一场巨大的灾变。也正是在这个意义上，赖尔才把地球上所发生的全部地质事件都看作是一种微小的和渐进性的变化。但倘若在地球演化史上，真的存在一些涉及全球性的地质环境和生物界的巨大变迁，而且是在短时期内发生的，如突然遭到外星体的猛烈撞击，导致全球性的物种大绝灭，这当然就可以说是地球上发生一次巨大的灾变事件。不过，如果其他星体的撞击是导致生物种在短时期内大繁荣的原因，这就不能称为灾变，而的确要像居维叶那样，不论是导致生物大绝灭还是生物大繁荣，也不论是发生大规模的造山运动还是大冰期到来，都可将其称为地球革命或地球表面的革命。而关于地球革命，我们的确可以从地质史和生物史上出现的几次大规模绝灭及突然繁兴的事件给予说明。

比如在晚二叠纪末海生动物成群绝灭，而在早三叠纪则又出现大量的高等动物类别，如瓣鳃纲、腹足纲和爬行纲的突然繁盛。这种突然的灭绝与突然的繁盛，无疑说明导致这种结果的革命具有突发性。在中生代三叠纪末出现的绝灭事件中，19 个爬行纲的目和亚目中的 8 个绝灭。在白垩纪和第四纪之间的生物绝灭和其后的繁生事件中，头足纲、爬行纲几乎全部灭绝，代之而起的是非常繁盛

的鸟纲和哺乳纲。在这里，不论是旧属的灭绝，还是新属的产生都是急剧发生的。因此，不管造成生物急剧灭绝和繁荣的原因是什么，都可以说明他们是由某种短暂的和突然爆发的革命所造成的。

事实上，根据一些学者对于造成这种现象的原因的研究，大多数都归因于一种突然发生的剧烈的灾变。例如，瑞士地质学家许靖华在一篇《彗星冲击作用》的论文中就指出，根据当代科学研究提供的资料：①深海钻探的同位素分析表明在白垩纪末的极短时期海洋温度曾有相当幅度的增高；②超过白垩纪和第二纪界限的生物种属的分异度有明显下降；③对接触面上富黏土层的痕量元素研究表明银的浓度异常高，竟达远洋黏土正常浓度25倍，该沉积物中同时还富含有钴、镍、锌、锡、砷等化学元素；④界面两边沉积物的碳同位素分析表明：伴随着白垩纪末期的事件，海水的化学元素含量有相当显著的世界性变化；⑤在某些这一富黏土层缺失的地方，有沉积间断存在。的确可以证明白垩纪末期地球上的生物圈、水圈，可能还有大气圈的急剧变化是在一个极短时期内发生的灾变事件。他认为当时至少有半数的动物属和约75%的种从地球上销声匿迹，因此白垩纪末发生的生物界危机是业已证实的事实。至于引发这场灾变的原因，根据彗星冲击地球的频率、作用和后果，他论证说，白垩纪末可能有一颗质量为10^{18}克的小行星撞击了地球，而且其冲击作用延续时间不会超过一万年或者可能少于五十年。由于延续时间极短，因此其破坏程度十分剧烈。

美国地质学家黑斯（Hays）对于大量物种灭绝的原因也进行了广泛的研究。黑斯指出，2.25亿年前和0.65亿年前的物种大量灭绝与地磁场极性期的变化相符。1971年黑斯通过系统研究各大洋28个海底岩心，发现放射虫8个种的灭绝与磁性转向密切相关。于是他得出三点结论：①放射虫的每个种在岩心中都是突然消失的，未见逐渐衰落；某些岩心中种消失之前正是数量最多的时期。②同一种在岩心中消失的界限在广大区域中几乎是同时的，似乎与经纬度无关。③所有种的最后消失很接近地磁场的转向期。

根据黑斯的三点结论，我们显然可以推断有孔虫的每个种在各大洋中同时突然的灭绝，无疑证明地球表面曾经发生过全球性的革命。至于这种革命发生的原因，黑斯认为可能由于地磁场转向暂时消除了地磁提供的对于宇宙辐射的保护。这样，由于宇宙辐射增强可能引起突变速率显著地暂时增加，从而导致较高速度的进化和灭绝。而地磁的转向，许多学者认为又是由巨大陨星撞击地球产生的。所以，归根结底生物的灭绝与繁生是由突然性灾变产生的。

另外，还有人从板块构造角度来解释生物的绝灭与繁衍现象。这些人认为物种多样性的增减与大陆的分离和结合有关。大陆碰撞时物种绝灭率增加，大陆再分裂时则有利于物种繁兴。并指出6500万年前的物种大规模绝灭与一次海底迅速扩张后的大规模海退使海水排出大陆的时期相吻合。当然更多的学者还是主张，这次大绝灭与 2 到 3 颗小行星或彗星剧烈撞击地球有关，并认为"恐龙在小行星撞击的作用下诞生，最终又被小行星毁灭"[①]。

当然，现在有越来越多的证据证明，无论是两个板块的碰撞或分离，在开始激发时期都表现为剧烈的地壳运动。6500 万年前的印度板块与欧亚板块的碰撞就表现为剧烈的阿尔卑斯运动和喜马拉雅运动。如此大规模的全球性造山运动，当然会因为温度、环境、海陆变化等因素，从而给整个地球上的生物界带来巨大的毁灭或创生作用。尽管这种造山运动带来的生物的绝灭和繁兴不会像行星撞击地球那样突然和短暂，但是其剧烈程度也巍然可观。

例如，从目前的深海钻探来看，在东大西洋发现一亿年前非洲和南美洲的分离也是比较突然的。再拿阿尔杜科巴的火山爆发来说，在几分钟的短暂时间里，却一举在非洲同阿拉伯半岛之间，炸出了一条无法弥合的一米多宽的鸿沟。阿法尔地区的地壳几乎不存在，来自地球内部的岩浆几乎就是在地面浅层流动。1978年 11 月 3 日，炽烈的岩浆从一个裂口溢出地面，喷出量为每小时 25 万立方米，速度为每小时 80 公里。这个地区在地质学家看来是一个正在形成中的海洋。大陆的这种分离与通常以每世纪几十厘米的速度运动的大陆漂移相比不能不被认为是一种突发性的剧烈的地壳运动。

居维叶主张的，突然发生的迅速的海侵海退是大量生物灭绝的原因这一见解，也得到现代许多科学工作者所获得的大量科学证据的验证。例如，美国地质学家、古生物学家纽威尔（Newell, 1909 ～ 2004 年）就特别强调海平面变化引起物种绝灭的重要性。指出，由于大陆地块在很多地区显示比较小的表面起伏，以致一些比较小的海平面波动就有可能迅速导致大量生物的灭绝或繁衍[②]。再一方面，根据现代科学家对冰川的研究，由冰川引起的海面变化可达 200 米。例如，晚大理冰期，由于冰山低于海面，引起迅速海退，海岸线曾退至现代东海大陆架外缘 130 ～ 150 米一带。而冰后期却发生罕见海侵，仅在八、九千年时间就导致海面上升达 130 米以上。甚至冰川的跳动也会使海面猛然上升 15 ～ 20 米，这种快速的海侵往往会淹没大片森林、平原和草地，从而造成生物大批灭绝。

从上述资料可知，由冰川引起的迅速的大规模海侵海退是不争的事实。居维叶当时虽然没有认识到冰川期是引起海平面变化的一个重要原因，但他的关于迅速的大规模的海侵海退是由某种剧烈的革命所引发的猜测与见解却无疑是睿智、高明和正确的。

上面我们从生物发展史上所呈现的明显间断以及从一些学者对造成这种间断

---

① 乔恩·埃里克森 .2010. 地球的入侵者——小行星、彗星和陨星 . 杨帆译 . 北京：首都师范大学出版社：196.

② D.M 劳普，S.M 斯坦利 .1978. 古生物学原理 . 武汉地质学院古生物教研室译 . 北京：地质出版社：17.

的原因的探索方面，论证了地球表面曾发生的多次革命具有突然、猛烈及相对短暂的特征。下面我们还可以从地壳运动方面来论证地球革命的上述三个特征。

在美国地质学家 D. 约克和 R. M. 法夸尔看来，地质变化在距今 27.5 亿年前、19.5 亿年前、10.75 亿年前、6.5 亿年前和 1.8 亿年前各值上斜率发生突变。因此最合理的解释应当是：它们表明，地球上的造山运动是以突然爆发的方式展开其剧烈的地壳活动序幕的，而且其剧烈活动期较平静的渐变期是相对短暂的。活动期与平静期是周期性交错进行的。这种交替进行的方式，不论是由平静期进入活动期，还是由活动期进入平静期都以急转直上或急转直下的方式进行，说明剧烈的地壳运动是突然地爆发和停息的。

另外，他们也转引了朗昆的假说，指出地幔对流模式从一个级别向下一个较高级别转变的时候，各大陆将处于很大的应力状态。当这些转变达到临界值时，就反映到地质纪录上来，即表现为突然的爆发式的强烈地壳运动。所以他们得出结论："地球历史的特征就是表现为具有大体同时影响世界上许多地区的周期性地壳运动。"[1]

最后，近年来通过对全球黑色页岩的广泛研究和对比，人们发现了缺氧期的存在，这证明大气圈的历史在其发展过程中从缺氧大气到含氧大气很可能是个突然变化的过程。生物不是像过去人们所设想的那样，是一个定向的线性演化过程，而常常是一个非定向的突发性事件。

三、革命发生的大区域性和同时性证据

第一，就地壳运动波及的范围而论。从理论上讲，地壳是组成地球表面具有一定连续性的统一体，因此，当地球上发生不同强度的地壳运动时，必然会影响不同范围的有关地区。一般性突变可能只表现为区域性或大区域性的剧烈变动，而强烈灾变显然应当具有全球性。例如，我国始于 1.95 亿年前的吕梁运动就具有大区域性质，它波及我国整个东部地区，在世界其他地区也有一定反映。1.4 亿年前爆发的燕山运动也是广泛发育于我国全境的强烈构造运动，此外，像印支运动、喜山运动等都可以证明地球表面的革命是大区域性的，也即如居维叶所说的是局部的或普遍性的革命。那么，是否存在杜宾尼、阿加西斯及后来施蒂勒所主张的那种波及全球性的，而且是同时发生的革命性事件呢？

根据现代科学家所搜集到的世界各地区地壳运动分期的综合比较，我们可以看出，在距今 35 亿年前后爆发的地壳运动波及加拿大、欧洲、亚洲。在 25 亿～26 亿年前爆发的地壳运动波及北美、亚洲和原苏联。在 16 亿～ 17 亿年前爆发的

---

① D. 约克，R.M. 法夸尔. 1976. 地球年龄与地质年代学. 袁相国译. 北京：科学出版社：121.

地壳运动波及美国和欧洲、亚洲。在 13.5 亿年前、9 亿～ 10 亿年前、6 亿年前开始的地壳运动都波及加拿大、美国、澳大利亚、非洲、欧洲及亚洲。从上述事实，我们基本上可以确认全球性的强烈的地壳运动主要集中在 35 亿年前、25 亿～ 26 亿年前、16 亿～ 17 亿年前、13.5 亿年前、9 亿～ 10 亿年前、6 亿年前等几个主要地质时间。这说明地壳运动不是均匀、连续和此起彼伏地发生的，而是剧烈和平静交替进行的。在连续中有间断，在渐变中有突变。既有小规模的局部的革命，也有大规模的、大区域性、甚至全球性的革命。当然，不能一提到全球性革命就把它想象成在一天或一年之内在世界各地同时爆发或者都表现出明显的构造玩世不恭的形迹。因为世界各地的地壳结构、构造、岩性特征、地理环境都不尽相同。因此，即使在同一应力场作用下，其地壳运动的表现形式、爆发时间及能量释放时间的长短也都不会相同。所以，我们不能简单地根据构造运动的外部表现来判断地壳运动的性质。作为一次地壳运动，只要在同一应力场作用下，只要世界各大地区的地壳运动爆发时间较为接近，那么对于整个地球演化的漫长历史来说，作为一个相对短暂的过程，不论它具有怎样的外部形式，基本上就可以把它作为相对同时发生的突变来考虑。

　　第二，就全球性地壳总体构造的格局来说，许多地质构造学家都承认大区域性或世界性构造格架的存在。例如，在我国地质构造学家张伯声看来，最显著的全球性一级构造带就是环太平洋构造带和地中海构造带。他说，这两个大圆构造带把整个地壳分成太平洋、劳亚和贡瓦纳三大壳块。由于地球自转速度的变化激发的地壳运动，其应力是同一的，它的激发时刻是同时的，所以形成的构造格局是全球性的，而且地壳运动是周期性和有规律地进行的。在这种全球性的地质构造中，除了地球外壳被分成几个大的运动着的构造板块之外，最重要的全球性构造，就是大西洋中的蜿蜒绵延大约有 64 372 公里长的大洋中脊系统。可以说整个大西洋就是从这里裂开，并逐渐形成新的大洋地壳的。这个大洋中脊是地球上最长的不间断的地质构造。大量的融融岩浆都从裂开的大洋中脊部位涌出，并在裂开的板块边缘处冷却和固化。这个持续不断的运动过程，一方面导致旧板块的日益漂移和分离，另一方面导致新的板块的不断固结和扩大，并逐渐形成新的大西洋板块。当然岩浆也可以在大洋中脊的表面喷发，形成海底火山，伴随洋底的扩张与分离，板块延着转换断层开始分离滑动，距离从几公里到几百公里不等。随着大洋中脊以每年 2.5 厘米的速度彼此分离和大西洋盆地的不断扩张，周边的陆地在太平洋板块收缩的前提下彼此分离。太平洋周边的俯冲带吸收了古老的岩石圈，导致太平洋和周边板块的收缩。造成这种全球性地质构造格局的动力，显然不是现实中普遍存在的风吹日晒、冰霜雪雨、地震火山、海浪潮汐等类似的地质应力，而是与全球性的构造运动、造山运动、岩浆运动、大冰期降临或外星体碰撞紧密相关的全球性地质事件。迄今为止，至少有三种假说对造成这种全球性地质事件的动因给予了解释。

一是地幔对流说，这是 1928 年英国地质学家 A. 霍姆斯提出的一种说明地球内部物质运动和解释地壳或岩石圈运动机制的假说。它认为在地幔中存在物质的对流环流。在地幔的加热中心，物质变轻，缓慢上升，到软流圈顶转为反向的平流，平流一定距离后与另一相向平流相遇而成为下降流，继而又在深处相背平流到上升流的底部，补充上升流，从而形成一个环形对流体。对流体的上部平流驮着岩石圈板块作大规模的缓慢的水平运动，在上升流处形成洋中脊，下降流处造成板块间的俯冲和大陆碰撞。

二是地幔柱说（mantle plume theory），这是由美国地质学家威廉·摩根（W. J. Morgan）于 1971 年提出的另一种有关板块运动机制的学说。他所谓的地幔柱，指地幔深部物质的柱状上涌体，直径可达 150 公里，由放射热积累导致地幔深部或核幔边界的物质升温上涌形成。地幔柱上升到岩石圈底部后向四周扩散，从而推动板块运动。在地质历史上，地幔柱的位置相对固定而长期活动，其顶部引发的火山活动常形成火山链。这种火山链由新到老位置的迁移指示板块运动的轨迹，即可把它当作板块运动的一个参照系。目前已确证的地幔柱约有 20 个。到了 20 世纪 90 年代，这一名词被赋予新的涵义，有些学者认为地幔柱可分为两类，即在地幔范围内存在因板块俯冲消减和重力陷落而成的冷地幔柱（cold plume）和核幔边界物质上涌而成的热地幔柱（hot plume）。冷、热地幔柱的运动是地幔中物质运动的主要形式，它控制或驱动了板块运动，导致岩浆活动、地震发生和磁极倒转，影响着全球性大地基准面变化、全球气候变化以及生物灭绝与繁衍。热地幔柱上升可以导致大陆破裂、大洋开启；冷地幔柱的回流则引起洋壳俯冲和板块碰撞。还有些学者预言：地幔柱构造正在发展成为一种超越板块构造的地球动力学新模式和大地构造新理论。

三是外星体撞击说。例如，中国学者肖强就在《关于白垩纪末古大陆解体漂移、板块形成、地壳运动、恐龙灭绝与带冰块星体撞击地球的推论》一文中明确地表述了如下观点：今天的地壳由 6 大板块组成，板块的边界由中央裂谷、海岭及岛弧组成。至于形成板块的原因，作者认为，6500 万年前的白垩纪，一次大的带冰块星体撞击地球，形成了大西洋、青藏高原，导致了古大陆的解体，即美洲大陆与非洲大陆的分裂，澳洲大陆与南极洲大陆的分裂，东南亚大陆解体成为岛屿，大陆沿地幔漂移，也形成了一系列的地质构造，如川滇南北向构造带、青藏滇缅"歹"字形构造、北东向构造、北北东向构造等，导致了东海、南海中油气的形成，也导致了世界上 90% 以上的物种灭绝，促进了新物种的产生。同时，地球极地也发生了变化，地球赤道面与公转轨道面即黄道面的夹角（黄赤交角）

变为 23 度 26 分 33 秒。

第三，从地质力学方面来讲，地质力学认为地表成群出现的构造形迹，虽然在表面上呈现某种程度的纷乱状态，但是认真研究其各个组成部分的力学性质、组合方式和排列形式就可以看出，它们都是同一构造运动在统一的构造应力场中的产物[①]。在地质力学看来，统一应力场作用必然产生全球性的、同步进行的大规模的构造运动。因此，不论是南北美洲掉队形成大西洋，还是由于太平洋底的阻挡形成的巨大褶皱山系，都是全球性的构造形迹。特别是目前正在形成中的构造形迹——非洲大裂谷，可谓是全球性大地构造运动的活化石。今天呈现在人类面前的非洲大裂谷看起来就好像将大陆撕裂了一样，它是由互相平行的地垒、地堑和倾斜的断层块体组成的复杂系统。断层的边界走滑了大约 2438 米。裂谷的东部位于维多利亚湖的东侧，从莫桑比克到红海延伸大约有 4827 公里。裂谷的西部位于维多利亚湖的西部，向北延伸大约 1609 公里。维多利亚湖北侧的裂谷正好就是坦葛尼喀湖，世界上第二深的湖。……东非裂谷正好是西边努比亚板块和东边索马里板块的边界，并没有完全裂开，因此是大陆裂谷最好的证据。这个区域从莫桑比克一直延伸到红海，形成埃塞俄比亚的阿法三角。裂谷是由一系列的张力断层组成的复杂系统，说明大陆正处于裂解的初级。一旦整个区域最后分裂，大陆裂谷会变成海洋裂谷[②]。

第四，就大冰期学说而论，现代科学发现，由阿加西斯首次发现并命名的大冰期，其中有多次都具有全球性质，对地球上的生物繁衍带来全球性的影响和作用。例如，前寒武纪冰期，根据 H. N. 邱马科夫所作的广泛深入的调查，发现在亚洲、非洲、欧洲、南北美洲及澳大利亚都广泛分布有与欧洲的拉普兰冰碛岩相近的冰碛层。从古地磁及古气候资料来看，也都证明拉普兰冰碛岩不仅分布在高中古纬度带，也分布在纸古纬度以及古赤道带，证明晚前寒武纪的这次大冰期具有全球规模。再拿第四纪冰期来说，其冰川在地球上占的面积约达 52 000 万平方公里，等于现代所有冰川总面积的三倍，其平均厚度约 1 公里。可以推断，当时的海平面比现在要低 150 米或 300 米。这次冰川也广泛分布于世界各地，具有全球性质。由此看来，倘若居维叶当时就能发现具有全球性质的大冰期，那么他对于欧洲北部发现巨大四足动物尸体就不会用抽象的突然发生的革命来解释，而直接求助于大冰期的原因。

上面根据现代科学提供的证据，从四个方面论证了地球表面发生的革命具有大区域性、全球性和相对同时性，这无疑是对居维叶当时根据有限的事实得出的地球

[①] 石沧桑. 1975. 试论地质力学方法中的辩证法. 吉林大学学报（地球科学版），02：82.

[②] 乔恩·埃里克森. 2010. 活力地球·沧海桑田：地球之形成. 董锋，羊倩仪译. 北京：首都师范大学出版社：21 ～ 22.

革命或是大规模的，或是局部的和普遍发生的结论的最有力的佐证。因为，事实上，任何一种形式的革命，其规模和强度既可能是局部性的，又可能是全球性的。

四、革命发生的原因的新探索

自进入 20 世纪 50 年代之后，由于地质学中获得了一系列重大发现，旧理论在解释诸如全球性大地构造格局和巨大断裂带、活动带等问题方面遇到难以解决的困难，这样新理论就应运而生。首先是 50 年代大陆飘移说的复兴，接着 60 年代出现了海底扩张板块构造说，以及我国的地质力学。为此，在探索地壳运动发生的基本动因的问题上，就出现了"地幔对流说""地幔柱说""地幔底劈作用说"，以及地球自转速度变更引起统一应力场的假说。

科学家们除了从地球内部寻找地壳运动原因之外，也出现了从地球外部寻找革命原因的假说。例如，"宇宙灾变说"就认为引起灾变的可能性有五种原因：一是超新星爆炸产生大量高能粒子。二是太阳活动增加，使得发射到地球上的光辐射大量增加，特别是太阳耀斑爆发达到的能量可达 10^{31} 尔格 ① 以上。三是小行星陨落撞击地球，导致地球环境发生剧烈的变化，从而使得地球上的许多生灵绝灭。比如，许多科学家都认为正是在 6500 万年前，一颗大约 10 公里的小行星坠落地球引起一场大爆炸，把大量尘埃抛入大气层形成遮天蔽日的晨雾，导致植物的光合作用停止，引发恐龙绝灭。四是巨大的陨星撞击地球引起地磁场转向，导致由氮氧化合物形成的一个屏障曾招致破坏，使得大量的来自宇宙射线中的有害粒子的辐射乘虚而入，从而导致地球上的生物因失去地磁场的保护，而招致毁灭性的伤害。现在，科学家们已经在地球表面发现大量的陨石坑。直径大于 50 公里的冲击坑形成于更新世、中中新世、晚渐新世、早渐新世、晚始新世、侏罗纪初、中三叠世以及晚泥盆世。据不完全统计，目前地球上已经发现的大陨石坑至少有 100 多个。五是太阳系穿过宇宙尘埃云，使太阳发射到地球上的热量减少，引起大冰期。陨星撞击地球可能仅持续几分钟，太阳日珥和太阳异常爆发可能持续几小时，超新星爆发的闪光可能持续好几天，而穿过宇宙尘埃云可能需要好几年。为此，有人根据对月球的考察，发现月球上的海盆地可能是在 40 亿年前由一个直径达 100 ~ 200 公里的大星体撞击所造成，他们据此判断地球表面在 40 亿年前也可能经历了与月球同样强烈的陨星撞击事件。

特别是今年出版的美国学者乔恩·埃里克森所著的《地球的入侵者》和辛西娅·斯托克斯·布朗所著的《大历史——从宇宙大爆炸到今天》等论著，都列举和论证了迄今人类所发现的各种重大的天文地质事件为地球上的生命和人类带来

---

① 1 尔格 = 10^{-7} 焦。

的巨大的损毁和灾难。例如，《大历史——从宇宙大爆炸到今天》一书，就开门见山地陈述了现实宇宙的灾变性和革命性起源，否定过去统治人类思维长达4个多世纪的有关天体起源的星云假说。在布朗看来，"现存的宇宙是由一个单点爆炸而成。这个单点可能只有原子般大小，但所有已知的物质、能量、空间和时间，都以难以想象的高密度压缩其中。在特定的某一天，紧压的空间携带着物质和能量，如同海啸似地向四面八方扩展，膨胀。与此同时，温度不断下降。这一原始爆炸的能量足以维持千亿个星系存在137亿年，以至更为久远的时间。浩瀚的宇宙正在形成"[①]。

不只是我们所在的自然、宇宙是革命性的大爆炸的产物，就是生养我们的地球和整个生命界也是在一次次的"大碰撞、大飞溅、大打嗝、大洪水和大沸腾"等灾变事件中形成、发展和进化的。据埃里克森所言："在地球形成的初期，一波巨大的撞击物曾连续重击初生的地球。人们认为，多达3个如火星一般大小的星体曾撞击过地球。月球就形成于其中的一次撞击。……同时，陨星的撞击可能带走了地球的原始大气，并为大陆的形成拉开了帷幕。在太阳系中的其他星球上都没有与地球相似的大陆存在。众多撞向地球的巨大陨星为地球这口沸腾的大锅添加了独特的成分，导致了生命的产生。"[②]

至于大洪水的作用，我们熟悉的都是《圣经》中所描绘的摩西洪水给地球和罪恶的人类带来的洗礼与重生。对于许多无神论者来说，这简直都是一些臆想和编造，不可能是真实的历史事件。然而现代自然科学的诸多发现，证明大洪水不仅在地球演化过程中的确发生过，而且也确实推动了地球的发展和演化。据埃里克森描绘："在地球大气形成的过程中，具有龙卷风般威力的大风横扫过干燥的地球表面，激起剧烈的尘暴。整个地球都被悬沙所覆盖。……巨大的、明亮的闪电前后飞奔，震彻大地的惊雷发出的巨大冲击波在空中回响，剧烈的火山爆发一次接一次地发生。剧烈的地震将薄薄的地壳震裂，不得安宁的地球就这样裂开了，大批岩浆从裂隙中流出。大量熔岩流在地球表面泛滥，形成平整的、无特征的平原。平原上点缀着高耸的火山。剧烈的火山作用将大量岩屑抛到大气层中，使天空呈现出可怕的红色辉光。数百万吨火山岩屑涌入大气层中，并长期保持悬浮状态。浓密的灰尘和尘土遮蔽了太阳，使地球冷却下来，同时，这些尘埃为水蒸气的凝聚提供了凝结核。"[③]

从上述所列举的人证、物证和言证来看，灾变相对于均变或渐变来讲，是自

---

① 辛西娅·斯托克斯·布朗.2014.大历史——从宇宙大爆炸到今天.安蒙译.济南：山东画报出版社：4.

② 乔恩·埃里克森.2010.地球的入侵者——小行星、彗星和陨星.杨帆译.北京：首都师范大学出版社：26 ～ 27.

③ 乔恩·埃里克森.2010.地球的入侵者——小行星、彗星和陨星.杨帆译.北京：首都师范大学出版社：43 ～ 44.

然界中不可否认的客观现象，是地球和生命界所必然拥有的两种演变方式，也是人类发明创造出来以解释和说明外部事物的两个既对立又统一的概念。灾变和渐变就像日常用语中的"高低、大小、实虚、有无"等成对概念，是人类认识世界和说明世界不可或缺的一对概念和范畴。这就充分证明居维叶的灾变论有其合理、科学的一面。过去，许多人只承认生物发展史和地质演化史中的渐变作用，否认灾变和灾变作用显然也是片面的和不可取的。

特别是随着现代科学技术的不断飞速发展，灾变的新证据仍在不断发现。各个学科中的灾变假说也在不断地提出。因此，对于灾变论我们必须重新考虑，全面评价，既要看到它的客观性与合理性，也要看到它的局限性和片面性。对待灾变论与渐变论或均变论之争，要像看待地质学史上火成论与水成论之争一样，它们都是对地质作用机制及作用方式的客观反映，但也都犯了狭隘的经验主义和形而上学错误。只有持这样的态度，才能正确认识每一种理论的价值。

第四节　20世纪数学突变理论对灾变论的证明

"灾变"理论，虽然最早起源于地质学、天文学和生物学，但由于在自然界和人类社会活动中，除了渐变的和连续光滑的变化现象外，还存在着大量的突然变化和跃迁现象，包括战争、市场变化、企业倒闭、经济危机等。为此，也就促动数学领域中有关突变的理论的研究和诞生。这一理论的代表人物就是法国数学家托姆（René Thom）。他于1972年发表《结构稳定性与形态发生学》一书，针对宇宙中普遍存在的灾变或突变现象，进行了系统阐述，并运用形象的数学模型描述了连续性运动突然中断导致质变的过程，描述各种现象为何从形态的一种形式突然地飞跃到根本不同的另一种形式，如岩石的破裂，桥梁的断裂，细胞的分裂，胚胎的变异，市场的破坏以及社会结构的激变等。按照突变理论，自然界和社会现象中的大量的不连续事件，可以由某些特定的几何形状来表示。托姆认为，发生在三维空间和一维空间的四个因子（x、y、z和时间T）控制下的突变，至少可以划分为七种突变类型：折迭型突变、尖点型突变、燕尾型突变、蝴蝶型突变、双曲型脐点突变、椭圆型脐点突变和抛物型脐点突变。突变理论的次级应用研究包括：歧变理论、非平衡热力学、奇点理论、协同论及拓扑热力学等。

托姆的突变理论主要以拓扑学为工具，基于结构稳定性理论，提出一条新的判别突变、飞跃的原则：在严格控制条件下，如果质变中经历的中间过渡态是稳定的，那么它就是一个渐变过程。比如拆一堵墙，如果从上面开始一块块地把砖头拆下来，整个过程就是结构稳定的渐变过程。如果从底脚开始拆墙，拆到一定程度，就会破坏墙的结构稳定性，墙就会突然倒塌。这种结构不稳定性就是突变过程。又如社会变革，从封建社会过渡到资本主义社会，法国大革命采用暴力来实现，而日本的明治维新就是采用一系列改革的渐变方式来实现。对于这种结构的稳定与不稳定现象，突变理论用势函数的洼存在表示稳定，用洼取消表示不稳定，并有自己的一套运算方法。例如，一个小球在洼底部时是稳定的，若把它放在突起的顶端就会因不稳定而滚落，发生突变。当小球处于新洼地底处时，又开始新的稳定，所以势函数的洼存在与消失是判断事物的稳定性与不稳定性、渐变与突变过程的根据。托姆的突变理论，就是用数学工具描述系统状态的飞跃，给出系统处于稳定态的参数区域。参数变化时，系统状态也随着变化，当参数通过某些特定位置时，状态就会发生突变。

　　尽管突变理论是一门数学理论，其核心思想却有助于人们理解系统变化和系统中断。如果系统处于休止状态，它就会趋于一种理想的稳定状态。如果系统受到外力作用，系统起初将试图通过反作用来吸收外界压力。如果可能的话，系统随之将恢复原先的理想状态。如果外力过于强大，而不可能被完全吸收，突变（catastrophic change）就会发生，系统随之进入另一种新的稳定状态。在这一过程中，系统不可能通过连续性的方式回到原来的稳定态。

　　这种突变理论意味着，一切系统变化都是通过连续性的和非连续性的两种变化模式来实现的。既然如此，突变理论作为研究系统序演化的有力数学工具，也就能够较好地解说和预测自然界和社会上的突变现象，在数学、物理学、化学、生物学、工程技术、社会科学等方面有着广阔的应用前景。比如现在比较流行的"反梯度推移与突变型再造和创新理论"就主张，企业在制定决策的时候，往往会碰到两难抉择：到底应该对原来的技术进行渐进性的改进，还是要研发全新技术，进行革命式的替代？大体而言，企业往往偏好在其熟悉的、更接近现有技术的基础上进行技术创新。涉及企业改革时亦大致如此，很多情况下大家会力主和风细雨式的渐进变革。这种想法占上风的理由似乎很充足：企业发展要求稳健发展，切忌急躁冒进，避免出现大幅变化的"巨涨落"；凡事要控制在平衡态，否则会欲速则不达，甚至产生哗变。再则，还有路径依赖一说，即事物演化对其发展道路和适用规则的选择有依赖性，一旦选择了某种道路就很难改弦易辙。然而，对改良式技术创新和渐进式变革的负面效应要有充分认知。改良式技术创新虽然能很快会被市场上的主流消费者所接受，但随着技术创新的不断改进，改良式创新可能会导致产品的性能过剩。就变革而言，渐进式的改进其实有一个根本的前提，那就是企业的发展方向是正确的，对大格局的研判是准确的。否则，拾遗补缺式的改良只会导致在错误的道路上渐行渐远，改良的后果只是在原本已经盘根错节、积弊深沉的系统中，使问题的解决变得更加困难。比如，在数字化技术全面应用的大环境中，全力研究模拟技术的企业如果进行改良型技术创新，将导致付出很多却无法得到回报，甚至因此而落败。更何况，正如一位智者所言，"财富永远来源于更好地突破现状、把握未知，而非更好地完善已知。"因此，人们更加倡导通过反梯度推移，实现组织的突变型再造和创新。所谓反梯度推移，是指不是像通常那样序贯的、顺次的、梯度的推进，而是渐进过程的中断，非平衡发展的突变和创造性毁灭（creative destruction）。熊彼特（Joseph Alois Schumpeter）在总结他所观察的现代经济演化特征时指出，推动进步的力量，并非来自过去经验的累积，而在于颠覆性的全盘创新。美国科学哲学家托马斯·库恩亦提出"范式转移"（paradigm shift）概念，强调新旧范式之间具有不可通约性，范式的转换是一种整体性、结构性转换；范式的改变是世界观的改变，范式一改变，这世界本身也随之改变了。在转型变革期，企业的再造和创新绝不是一次改良运动，而是重大的突变式改革。

另外，突变理论也能够很好地解释"细节魔鬼与蝴蝶效应"这类突变现象。所谓著名的洛仑兹蝴蝶效应现象，是指事物发展的结果对初始条件和边界条件具有极为敏感的依赖性。初始条件极小的偏差将会引起结果的巨大差异。1979年12月29日，当美国科学家洛仑兹（Edward Norton Lorenz）在华盛顿美国科学促进会，以"可预言性：一只蝴蝶在巴西扇动翅膀会在得克萨斯引起龙卷风吗？"为题演讲的时候，人们对蝴蝶效应还缺少切实体会，但随着事物间的联系越来越密切，系统越来越庞大复杂，蝴蝶效应越来越显著，发生的频率也越来越高。2003年北美历史上发生了最严重的大停电事故，造成了60亿美元的直接损失。经联合调查小组的专家证实，其原因非常简单，不过是一些长得过分茂密的树丛使俄亥俄州克里夫兰附近的电线短路。在经济全球化、一体化和信息化时代，蝴蝶效应具有更大的普遍性，不仅在自然界而且在政治、经济、军事、社会等人工系统，均有蝴蝶效应发生，产生的影响力和冲击力也十分巨大。

蝴蝶效应也给企业发展带来了重大的影响，还改变了人们对企业的传统认识，即企业可以在一个稳定环境中按照一个相对稳定的模式有序发展。现代企业是一个由人的因素、技术的因素和环境因素构成的多项、共时和互动的复杂系统，由于对初始条件的高度敏感性，一点细微的变化，都会引起企业的巨大变革，因此，企业发展面临更大的突变性和不可控制性。在这样一个复杂且充满突变的时代，企业正被一些越来越细小和看起来不重要的事件所左右。一条不引人注目的小道消息，通过互联网可能会迅速传遍世界，蝴蝶效应使越来越多的企业被莫名其妙地卷入危机的旋涡，有些甚至因此而崩溃。相反，也可能因为一件事情做得恰到好处、正当其时、一个主意很独特而被大肆渲染，一夜走红，闻名天下，进而被模式化、标准化、连锁化而坐收渔利。在市场经济竞争日益激烈的今天，社会分工越来越细，流程化、标准化、制式化和专业化程度越来越高，企业与企业之间在战略、产品和服务等方面的同质化现象越来越严重，从这种意义上讲，企业和市场的竞争就是细节竞争。21世纪的商业时代，是一个以1%决定胜负的时代，在这里，一个细节就可以左右企业的成败兴衰。如果说一个企业在产品或服务上注重细节改进，也许只给用户增加1%的方便，就能得到客户100%的购买行为。因为当客户做出购买决策前，自然会货比三家，在同质产品竞争的市场上，相同的材料、相同的产品功能等"相同项"都被抵消了，对决策起作用的就是那1%的细节。正是1%细节的比较优势打动了客户，赢得了市场。这也应了密斯·凡·德罗（Ludnig Mies Van der Rohe）的一句话："魔鬼在细节"。密斯·凡·德罗作为20世纪世界四位最伟大的建筑师之一，他在多个场合反复强调指出，不管你的建筑设计方案如何恢弘大气，如果对细节的把握不到位，就不能称之为一件好作品。细节的准确、生动可以成就一件伟大的作品，细节的疏忽会毁坏一个宏伟的规划。

21世纪网络突变下的危机管理告诫人们：今天的经济已是一个全球化的经济、开放的经济和一体化的经济，是一个既高度分工又高度综合集成的经济，诸如资金、人员、管理和品牌等资源不再像以前那样受到空间限制，而是更加方便和自由地流动。交通和通讯的极大便利以及IT技术和互联网的强力渗透，把人类紧紧相连。每个企业不过是庞大网络体系中的一个节点，彼此制约，相互依赖。世界上任何一个角落的突变都会在全世界范围内飞速传播，冲击波迅速放大，其频度和深度前所未有，企业将面临更为动荡的商业环境。随着信息技术的飞速发展和网络的普及，全球化、信息化和网络化正在深刻地改变世界的商业模式，使企业不得不在一个蕴含更多不确定性和突变性的商业风险和危机中打拼。就像汇丰集团主席庞·约翰所说的那样："过去摧毁一座金融帝国可能需要一个很漫长的过程，但是现在，即使是经营了上百年的金融帝国也可以在一夜之间倾塌"。

突变理论在自然科学的应用更是相当广泛。物理学研究了相变、分叉、混沌与突变的关系，提出了动态系统、非线性力学系统的突变模型，指出物理过程的可重复性是结构稳定性的表现。通过突变理论能够有效地理解物质状态变化的相变过程，理解物理学中的激光效应，并建立数学模型。通过初等突变类型的形态可以找到光的焦散面的全部可能形式。在化学中，蝴蝶突变被用来描述氢氧化物的水溶液，尖顶突变被用来描述水的液、气、固的变化等。生态学研究了物群的消长与生灭过程，提出根治蝗虫的模型与方法。应用突变论还可以恰当地描述捕食者-被捕食者系统这一自然界中群体消长的现象。突变论还对生物形态的形成做出解释，用新颖的方式解释生物的发育问题，为发展生态形成学做出积极贡献。在工程技术中，研究了弹性结构的稳定性，通过研究桥梁过载导致毁坏的实际过程，提出最优结构设计。在社会领域，可以用突变理论对社会进行高层次的有效控制，为此，既需要研究事物状态与控制因素之间的相互关系，以及稳定区域、非稳定区域、临界曲线的分布特点，还要研究突变的方向与幅度。过去用微积分方程式长期不能满意解释的，通过突变论能使预测和实验结果很好地吻合。为此，英国数学家奇曼（E.C.Zeeman）称突变理论是"数学界的一项智力革命——微积分后最重要的发现"。它实际上就是普遍存在于自然界中各种突变或灾变现象的反映，只是它创造性地利用数学工具将其数学化、公式化和模式化了。

第五节　灾变论的哲学意义

在唯物辩证看来，客观存在的一切事物由于自身的内在矛盾，在其发展过程中必然要表现为逐渐进行的量变到飞跃式的质变，再由质变到量变。因此地壳运动也必然要表现为一个质量互变过程，而不可能仅仅表现为一种连续的、对于整个地壳来说是微不足道的、个别的或局部的量变过程。事实也证明，地球在漫长的演化过程中曾经发生了许多次地覆天翻的巨大革命。从原始地球形成以来，大气圈、水圈、生物圈的形成，生命的起源，细胞的转化、生物由水生向陆生的转化，都标志地球表面曾经发生重大变革。在地壳演化过程中所经历的许多次大规模的岩浆活动、造山运动、大冰期的发生、板块的分裂、聚合，以及大规模的生命现象兴灭繁衍，这些也都是不可否认的质变过程。因此就质变是指事物根本性质的变化，是渐进过程的中断，是骤然发生的灾变和飞跃而言，居维叶在重建地球历史的过程中，强调其革命、突变和飞跃性的质变作用是包含相当多的真理成分的。

正是由于如此，伟大的哲学家黑格尔在《自然哲学》中有五处引用了居维叶《随笔》一书中的内容，对地球表面的革命，即质变现象给予了充分肯定。他说，"不只是有机界的这些残余，而且地球构造学讲的地球结构，以及一般冲积层的整个层系都显示了强有力的变革和外部产生过程的特点"[①]。"……最后原始丛岭，花岗岩山和山岩本身都带有可怕的断裂和破坏所造成的可惊痕迹……如此等等"[②]。反过来只强调缓慢的量变，否定迅速的质变，显然也是一种形而上学观点。那么，居维叶只主张突变、飞跃不也是形而上学的吗？

我们说居维叶并没有像均变论者完全否定革命、质变那样，否定渐变作用或

① 黑格尔.1980.小逻辑.第2版.贺麟译.北京：商务印书馆：387.
② 黑格尔.1980.小逻辑.第2版.贺麟译.北京：商务印书馆：388.

量变。他在有关灾变论的著作中花了大量笔墨论述了地表的渐变作用。例如，他指出，在地球最平坦的地方含有各种海生化石的水平地层迫使我们相信，不仅海洋在某一时期曾经覆盖整个平原，而且一定在那里以平静状态维持相当长时间，这种海洋环境对形成如此广阔、巨厚、部分是如此坚固、且含有保存完好的残遗化石的沉积地层是必需的[①]。他还进一步指出，在全部熟知的地质作用中，存在四种原因，即剥蚀陡峻山峦的落雨雪溶；并使其碎屑在山麓底部集中，冲走这些碎屑的流水，后来又在流水减速变缓的地方沉积这些碎屑；有破坏上升海底基底形成悬崖，并且把山丘推到平坦海岸之上的海水作用；最后是火山作用，火山作用从下面穿破最坚硬的岩层，或是隆起，或是喷出大量物质向外散布[②]。居维叶也认识到风可以搬走沙丘，移动沙漠可以掩埋肥沃的平原，使它们变得不适于人类居住。

居维叶不仅指出灾变会给人类和生物带来灾难，也指出渐变作用同样会危及生物和人类。他列举了许多例子说明海岸上升使海港废弃，沙漠迁移使繁荣的城市衰落，河水如何泛滥成灾等。从上述，我们可以看出居维叶并不否认人们熟知的、现在仍在起作用的原因在改变地貌特征以及在地壳演化过程中的作用。那么，居维叶是否就像有些人所言，仅仅在于把地质作用分为两种，一种是突然的剧烈作用，一种是缓慢的渐变作用呢？

其实，居维叶也确实认识到突变与渐变之间存在一定联系。他指出，"在革命开始时，也许曾经移动和颠覆地壳到一个很大深度，但是，这种事件经最初的骚动后，就以很小的深度和规模均匀地起作用"[③]。这就是说，居维叶认识到突变与渐变是相继出现的，它们是同一次革命过程中的两种不同的表现形式。突变在前，均变在后，这两个次一级过程彼此相连。因此，我们也不能把居维叶的革命简单地等同于灾变或突变，完全取消他的革命中的渐变内容。但是，他没有同等看待突变与渐变这两种作用。他认为突变是革命的实质性内容，在地球演化史上起着决定作用。地质史中的重大事件，地表的最基本的地貌轮廓都是由革命的突变作用所造成。也正是在这种意义上，他才把地球表面发生的一切带根本性变革的事件叫做革命。这种观点应该说比均变论者只承认渐变、不承认突变、否认发展的非历史观来说更符合地球史实。因为我们观察任何事物都必须首先从质上去把握，只有质才是我们认为与事物的存在相同一的规定性[④]。而量的性质则与存在相外在，量的多少并不影响到存在。因此，如果把事物的运动发展仅仅设想为

① Cuvier G.1813. Essay on the Theory of the Earth. London：Strand：8.
② Cuvier G.1813. Essay on the Theory of the Earth. London：Strand：25.
③ Cuvier G.1813. Essay on the Theory of the Earth. London：Strand：16.
④ 黑格尔 . 1980. 小逻辑 . 贺麟译 . 北京：商务印书馆：217.

逐渐的发生或消失，看不到渐进过程的中断，那就意味着正在发生或消失的东西预先就已经存在了，而变化则成了外部差别的简单替换 ①。

但是，这并不是说居维叶的理论完全符合辩证法。因为无论从当时科学发展水平来看，还是从当时哲学现状来看，他都不可能提出尽善尽美的理论。他的灾变论从辩证法角度来看，其缺陷就在于没有看到事物发展过程中两种不同形式，即质变和量变之间的辩证关系。没有认识到，任何质变都不能凭空发生，它必由量变所引起，量变不可能无限继续下去，量变只要超过一定质的有限性，便不可避免地发生质变。以致得出一个错误结论，没有缓慢作用的原因能够产生突然作用的结果 ②。微小作用力即使连续作用达数百万年也不可能产生诸如阿尔卑斯山脉岩层的断裂和倒转，它们明显属于以前时代的巨大位移 ③。

不仅如此，居维叶还根据对圣提雷尔从埃及带回博物馆的 3000 年前的干尸的检查，发现它们与现在动物种十分相似，从而推断：自然界中的动物在 3000 年的时间内变化为零，那么即使用零乘以再长的时间，其变化依然将是零，由此得出物种是稳定不变的结论。这样，也就割裂了量变与质变之间的相互联系，只看到二者之间的对立，没有看到二者之间可以相互转化，把缓慢作用的原因与突然作用的结果完全对立起来。事实上，缓慢作用的原始性只是在突然作用的结果里被扬弃，但并没有完全消逝。唯物辩证法认为许多突然作用的结果常常都为缓慢作用的原因所造成。

居维叶为什么没有看到突变与渐变之间的辩证关系呢？这因为质变与量变二者虽然在理论上有分明的界限，但在事物发展的实际过程中，由于事物内部矛盾的复杂性，量变和质变不可能以纯粹的形式表现出来，而是互相交错地进行着。这在地壳运动中，由于地壳运动本身包含着机械的、物理的、化学的、生物的和来自地球外部的多种复合作用，这就使得地壳运动中所表现的质变、量变相互交错、相互渗透现象更复杂。可以说没有一次造山运动在总的量变过程中不包含有复杂的局部质变或部分质变，而且每次全局性质变又不总是那样明显地给人留下无可争议的痕迹。再加上人们既不能看见，也很难模拟一次造山运动，这就给地质学家带来长期争论不休的局面。但事实上由于质量互变规律是一条普遍性规律，所以不承认地壳运动有周期性和规律性，不承认存在大区域性或全球性的地壳运动或其他事件，只承认量变或局部质变是不符合自然界的客观发展规律的。现代地质学已经基本上确认，地球演化史上，在 35 亿年前、27 亿~ 26 亿年前、19 亿年前、14 亿年前、10 亿年前、6 亿~ 7.5 亿年前、1.8 亿年前开始爆发的地

① 中共中央马克思恩格斯列宁斯大林著作编译局 . 1987. 列宁全集 . 第 38 卷 . 北京：人民出版社：129.
② Cuvier G. 1813. Essay on the Theory of the Earth. London：Strand：38.
③ Albritton C. 1975. Philosophy of Geohistoty（1785—1970）. Stroudsburg：Dowden,Hutchinson & Ross：333.

壳运动都是大区域性或带全球性的地质事件。

均变论者不承认地壳运动中有灾变，分不清质变和量变、部分质变和全局性质变，完全否认灾变论者对于造山运动的划分，认为不存在什么巨旋回、造山幕等地质事件，把连续和四维空间与时间的均一性当作教条坚信不疑，这显然是片面的。事实上，由于任何事物都包含着许多矛盾，而其中主要矛盾决定事物的本质，即总过程；次要矛盾则可使事物的发展显示出阶段性来，因此灾变论者对地壳运动的划分恰好体现了地壳运动的总过程及总过程中的阶段性；显示出运动的连续性及间断性；反映了连续中有间断、间断中又体现了连续性的事实。而渐变论者否认阶段性及间断性也就是否认质变，否认飞跃。而承认飞跃是唯物辩证法发展观的一个重要标志，因为"渐进性没有飞跃是什么问题也说明不了的"。所以，均变论带有更多的形而上学，比灾变论更少赋有辩证法。当然灾变论没有认识到间断是连续的环节，阶段是过程的一个部分也是片面的。

居维叶当时之所以过分强调间断性、突然性和剧烈性，认识不到间断与连续、渐变与突变之间的辩证关系，还有另一原因，即由于当时科学发展水平的限制，他还不可能区分出由地球内部原因和由地球外部原因所造成的两类不同性质的灾变事件。一般说来，由外部原因造成的灾变都比较突然、剧烈，具有相对同时性和全球性，延续时间较短暂。例如，陨星撞击地球可能仅持续几秒钟，太阳异常爆发可能持续几小时，超新星爆发的闪光可能持续几天等。这些原因都可能使地球表面蒙受巨大灾难，而这些对于地球来说偶然发生的突然性灾变，的确与地表各种缓慢作用的地质原因无多大关系，因此居维叶得出"没有缓慢作用的原因能够产生突然作用的结果"的结论，总还是反映了一定客观内容的。诚然，它不适用于说明由地球本身原因造成的许多灾变现象。

通过上述分析，我们可以结论：居维叶之灾变论表述了地球发展演化过程中所呈现的一种质变过程，是有深刻的辩证法意义的。虽然他还没有自觉地认识到自然界中客观存在的辩证规律，但是他的地球革命的思想从自然科学角度来讲，对于唯物辩证法的产生，及后来唯物辩证法向地质学、生物学中的渗透都起到了某种积极作用。尤其是当赖尔的均变论在地质学中日益暴露出它的局限性和形而上学缺陷的时候，作为均变论的对立面，灾变论则以一种互补的形式再次复兴，填补和丰富了地质学及相关学科中的辩证法内容。特别是当一些传统思维比较强调事物运动变化和发展的必然性及内因论，而忽视偶然性、随机性和外因论在事物发展过程中的重要性的时候，多强调自然界中经常发生的突变性和灾变性事件，对于我们从更深层次认识世界，揭示事物发生发展的过程、原因及具体机制，常常具有启发性和创新性等关键性作用，如量子力学，生命外来说等。

第十五章

居维叶的辩证法思想

　　法国伟大博物学家，乔治·居维叶，虽然一生都用他的辛勤劳动先后创立了"比较解剖学""古生物地史学""地球革命理论"及"自然分类法"，极大地推动了19世纪地质学和生物学的发展，为人类的科学事业做出了巨大贡献，然而在我国过去由于种种原因，却把这位科学家当作神创论者、反动的形而上学唯心论者而一直给予贬责。有人说他的灾变论是"出自唯心主义形而上学世界观杜撰的一种反动学说"；有人说他虽然对地层古生物学做了大量工作，但由于唯心主义形而上学世界观却做出了完全错误的结论。究竟应该怎样评价这位科学家的世界观、认识论、方法论和学术价值，这的确是值得研究的问题。我们不能根据某一科学家学术上存在的问题或政治上的主张不同，就随便把他的世界观或哲学观说成是形而上学唯心论。我们要根据他的科学贡献、学术思想、研究方法，根据他对整个物质世界持有的观点给予全面准确的评价。

　　关于居维叶的世界观究竟是唯心论的还是唯物论的，是神创论的还是无神论的，笔者在《居维叶主张神创论吗？》(《自然辩证法通讯》1982年第6期)一文中已经做了较为详细的论证，这里就不再赘述。本章只打算重点分析一下居维叶的研究过程及理论中包含的辩证法思想。

　　如果说形而上学的思维真的像是我们的国家哲学那样理解是辩证思维的对立面，那么它的基本思维特征就是把自然界看作是彼此孤立的、毫无联系的各种事物、现象的偶然堆积，自然事物永远处在静止和不变的状态中，而辩证法的基本特征是把自然界看作永远处在发展变化和相互联系中，那么用上述两个标准来评断居维叶的世界观，我们宁可说它具有自发的辩证法思想，而不能说他具有形而上学的世界观或自然观。关于他的创新过程中和科学理论中所包含的辩证法思想，我们可以从以下两个方面给予论证。

第一节　相互联系的思想

这一思想主要表现在三个方面，一是居维叶提出的著名的"器官相关律"上，即任何一个有机体的所有器官都形成一个完整系统，其各个部分都相互联系，相互作用。由此，一个部分发生变化，必然会使其余部分发生相应变化。这样，如果一个动物的内脏器官适于消化新鲜的肉，那么它的嘴的结构就应当适于吞食捕获物；爪的结构就应当适于抓和撕裂猎物成为碎片；牙齿就应当适于剪切和咀嚼猎物的肉；整个肢体系统应当适于追捕和袭击远处的猎物；自然界也一定会赐给它一个头脑使其有足够的本能以隐蔽自己和制定捕捉猎物的计划。居维叶说，决定动物器官关系的这个规律就是建立在这些机能和结构的相互依存和相互协助上的。这个规律具有和形而上学或数学规律同样的必然性。牙齿的形状就意味着颚的形状，肩胛骨的形状就意味爪的形状。同样，如果分别考察一个爪、一个肩胛骨、一个髁、一条腿骨或臂骨，或任何其他骨头，我们便可以发现它们所属牙齿的形状。这样，通过认真观察任何一块骨头，我们就可以重新复原这块骨头所属动物的整体结构。因此，任何一位熟悉这条规律的人，只要他看到一个偶蹄的印迹，就可以做出结论，它是由一个反刍动物留下来的[①]。

居维叶的"器官相关律"实质上反映了生物在生长、发育和演化过程中，各组织器官之间，机能与结构之间形成的一种统一的必然关系，说明控制生物各种性状特征的遗传基础不是孤立存在的，而是相互联系、相互作用的。局部的东西不能脱离整体而存在，整体是由许多局部构成的，各局部之间密切相关。因此，个别的局部变化能够影响整体发展，而整体发展也决定着局部变化。这样，居维叶的"器官相关律"，实际上从生物学角度，也从现实经验和客观规律的高度，阐明了哲学上的部分与部分之间、部分与整体之间的辩证统一关系。

由于居维叶的"器官相关律"揭示了生物界中客观存在的这样一种辩证关系及普遍规律，所以恩格斯在《家庭、私有制和国家的起源》一书中运用了这个规律。恩格斯说，"正像居维叶可以根据巴黎附近发现的有袋动物一样，我们也可以根据历史上所流传下来的亲属制度同样确实地断定曾经存在过一种与这个制度相适应的业已绝迹的家庭形式"[②]。

二是居维叶创立的"自然分类法"，第一次在空间和时间上把整个动物界统一起来，揭示了动物界各大门类之间、各物种之间，以及动植物之间、生物与环

---

① Cuvier G. 1813. Essay on the Theory of the Earth. London：Strand：90～99.

② 中共中央马克思、恩格斯、列宁、斯大林著作编译局 . 1971. 马克思恩格斯选集 . 第4卷 . 北京：人民出版社：25～26.

境之间的相互联系。从他的分类中，我们很容易看出，他既没有主张物种一成不变，也没有主张彼此孤立、平行发展的四大系统。在居维叶看来，每一门类的各个物种都来自一个原始祖先。彼此间都有某种亲缘关系。虽然它们的结构形态千变万化，但万变不离其宗，总保持着最初原型。在四大门类之间，居维叶认为也没有绝对分明的界限，彼此间都可以找到中间类型。他在论述鱼纲时指出，"软骨鳍鱼（chond-roptergians）一方面通过感觉器官与蛇相连接，另一方面其中一些甚至可以通过生殖器官与蛇相连接；而在其他一些鱼类中，其不完善的骨骼则联姻于软体动物和蠕虫动物"[①]。在软体动物门与关节动物门之间，他指出，"鉴于多方面观察，蔓足纲是软体动物门与关节动物门之间的媒介物"[②]。在软体动物门、关节动物门与放射动物门之间也都确认了某些中间环节。就是在动植物之间也没有严格界限。他认为植虫动物或叫动物性植物就是两者之间的过渡环节。

　　总之，在居维叶看来，整个自然界就是一个相互联系、相互统一的系统。他通过化学元素把生命界和非生命界统一起来，认为生命起源于非生命的无机化学元素。通过细胞把整个生物界统一起来，居维叶指出，"一切生物体的所有部分都贯穿着或充满着细胞"[③]。他还通过神经系统及循环系统把整个动物界统一起来，通过"器官相关律"又把每一动物个体统一起来。这样，居维叶通过他的自然分类学就给予我们整个物质世界相互联系、相互统一的观点。关于他的统一性思想，海克尔在《宇宙之谜》上曾经给予肯定性的评价，指出"1912年居维叶证实了脊椎动物的统一性，并用其比较解剖学为这种统一性奠定了更坚实的基础"。

　　三是《地球理论随笔》一书也充分地体现了居维叶的有关普遍联系的观念。可以说，他的灾变论正是在研究古生物化石与地层之间关系的基础上创立的。他说，"研究外来化石与包含它们的地层之间的关系，其重要性是显而易见的。我们甚至把地球理论的开始只归功于它们"[④]。"正是这个原因，我才一直尽力研究外来化石这个课题"[⑤]。居维叶正是通过对绝灭种和现存种、古老地层与新近地层、海相地层与陆相地层，以及各不同物种与不同地层之间的关系进行相互比较，才发现种与种之间、地层与地层之间都存在巨大间断。在物种与地层之间，不仅一定的地层含有一定的物种，而且一定的物种伴随一定的地层间断，或突然消失，或突然出现，而且这种明显间断多次发生。这样，居维叶才得出结论：地球表面一定曾经发生过多次大规模革命。由此我们说，居维叶的灾变论实质上是把生

---

① Cuvier G. 1813. Essay on the Theory of the Earth. London：Strand：84.
② Cuvier G. 1834. The Animal Kingdom. Vol.3. London：G Henderson：5.
③ Cuvier G.1834. The Animal Kingdom. Vol.1. London：G Henderson：10.
④ Cuvier G. 1813. Essay on the Theory of the Earth. London：Strand：54.
⑤ Cuvier G. 1813. Essay on the Theory of the Earth. London：Strand：57.

物学和地质学联系起来、把古生物化石与地层演化联系起来研究、探索的结果。

第二节　发展变化的思想

　　居维叶一生酷爱自然历史，研究探索的也是自然历史，因此无论是他的地球革命理论，还是古生物学、分类学都充满了发展演化的思想。进一步说，他的古生物学研究的是生物演变的历史；他的古生物化石和地层学的结合，研究的是地球演化的历史，并由此创立了古生物地层学。即便是他的灾变理论也是针对地球演变的方式和生物研究的方式而提出来的。具体地说，他的有关事物发展变化的历史辩证法，主要体现在他的如下理论和观念中。

　　第一，海陆变迁是居维叶地球革命理论中的核心思想。居维叶通过对地层中所含生物化石的研究，指出地球上的每一块大陆、岛屿、山脉和平原都存在保存完好的海生生物化石的巨厚水平地层，这说明海洋在某个时期曾经长期平静地覆盖过这些化石生物生存过的地方，只是后来海洋盆地发生某种变化才形成现在地表特征。接下去他说，当我们走进一座山脉的时候，革命的痕迹就更明显确定。在那里发现倾斜、直立或倾覆的地层，而且发现其中所含的许多贝壳化石与较低位置水平地层里所含贝壳化石不是同一个种，并且倾斜直立岩层总是位于水平岩层之下。这就证明海洋在形成水平地层之前，就已经形成其他岩层。这些地层后来由于发生剧烈革命，沉积被打断，发生隆起、褶皱和断裂，以至突出海面形成岛屿、平原、高山及各种不平坦地貌。由此证明，在水平地层形成之前，至少曾经发生过一次革命，即一次海陆变迁[①]。

　　居维叶根据在最古老的地层中发现陆地与淡水动植物化石，以及同时在靠近地表的较新地层中也发现陆地与淡水动植物化石被覆盖在海相地层之下，进一步证明地球表面曾经发生多次海陆变迁运动。此外，居维叶还证明在生命出现之前的最古老沉积地层及原生地层中也发现褶皱断裂，并且被覆盖在含有生物化石的沉积地层之下，从而证明最古老的地层也曾发生革命。最古老的陆地、高山也曾变成低地和海洋。总之，居维叶在《地球理论随笔》一书中详细论述了地球自形成以来经历了多次革命，多次海陆变迁，探索了地球的发展演化历史，证明自然界总是处于不断地运动、变化和发展中。

　　第二，关于生命的起源和演化问题，居维叶之前最流行的观点是"神创论"。它是宗教得以存在的一大支柱。然而居维叶却大胆地向宗教神学挑战，提出了生命来自非生命的无机化学元素的发展演化思想。他说，无论是动物，还是植物都

---

① 　Cuvier G. 1813. Essay on the Theory of the Earth. London：Strand：8～11.

由化合物组成，而且动物体的化合物比植物体的更复杂。血液中几乎含有可以进入每一动物体的合成物中去的各种成分……，一切物体的液体和固体都是由血液中发现的化学元素组成的，而且也只是由于具有多少不同的几种元素，才把它们中的每一物种区别开来①。

那么无机化学元素究竟是怎样演化成有机生命的呢？居维叶说，一般的化学作用不能形成有机生命；也不能形成有机体的液体和固体的相互作用，分子的相互转变，在它们的化合物中需要相当大的亲和力②。正是这些由相当大的亲和力化学合成的有机化合物构成了生命体。他说，"组成生命体的主要成分有三种有机形式，即细胞膜、肌肉纤维和脊髓物质，而每一种结构形式都属于一种特殊元素的化合物，而且都具有一种特殊的生命机能"③。生命就是由这些具有特殊生命机能的特殊化合物组成的。

关于生命的发展演化进程，居维叶在《地球理论随笔》一书中做了比较系统的具体的论述。他说，在最古老的原生岩层中，如花岗岩或片麻岩中，没有发现生命化石。只是到了最古老的次生地层，即沉积地层中才发现简单而低等的生物化石，如植物虫类化石、软体动物、甲壳类动物的化石。再往上，到了较为古老的次生铜色板岩地层中，则发现了较为高级的动物化石，如鳄鱼化石等。在白垩层中则发现了大短鼻鳄鱼及龟的化石。再往上，则出现了高级的哺乳海生动物化石。陆生的四足动物化石只是在近代地层中才发现。在近代的淡水沉积地层或冲击层中，发现了许多目前已经认识的哺乳动物，如猛犸象、犀牛等化石。在现代地层中所发现的化石是与现代物种完全相同的物种的化石。至于人类的化石仅仅出现在最新的埋藏地中，从而说明人类是最新时代的产物。

从上述居维叶对于地层和古生物之间演化关系的论述，我们显然可以看出，在地球上，随着地层由老到新的演化，生命界经历了从无到有，从简单到复杂，从低级到高级，从水生到陆生不断发展演化的过程。也就是说，居维叶通过对地球演化史及生物发展史的具体描述，实际上向我们揭示了整个物质世界不断运动、变化和发展的辩证图景。这显然包含着相当丰富的辩证法思想。

第三，关于人类起源和发展问题，居维叶首先从比较解剖学方面证明所有脊椎动物的主要特征都基本相同，证明从两栖动物到人的四肢内骨骼原来都是由一定数目的骨片在同一格式上构成的；证明人的两臂、蝙蝠和鸟类的双翼、海豹和鲸的双鳍，原来就是四足动物的前肢。只是后来，原始脊椎动物的肢体根据它们

① Cuvier G. 1834. The Animal Kingdom. Vol.1. London：G Henderson：12.
② Cuvier G. 1834. The Animal Kingdom. Vol.1. London：G Henderson：6.
③ Cuvier G. 1834. The Animal Kingdom. Vol.1. London：G Henderson：10.

所适合的用途，前肢变成了手、或足、或翼、或鳍，后足变成了足或鳍①。据此可以得出人不是上帝创造，而是起源于动物，由动物发展演变而来的结论。

居维叶还论述了猿与人的亲缘关系。他说，"猿的内部特征，它们的眼睛的方向，乳房位置都类似人。它们的前臂和手的结构能使它们用许多姿势和动作模仿我们"②。大猩猩的头形、前额的高度和脑容量都被认为最接近于人。灵长类动物唯一感到痛苦和为难的就是它们不能站立和直立行走③。而人之所以有别于猿，之所以最终形成人就在于人仅仅是由于一种直立姿势才被形成，因为直立姿势为他的技艺发展保证了手的充分利用，而且感官也处于对观察的最有利地位④。此外，人的整个结构，甚至心脏和大动脉似乎都是由于垂直姿势而构成⑤。至于语言的产生，居维叶指出，人类之所以是唯一能发出音节分明的声音的动物，主要是人具有卓越突出的发音器官⑤。

居维叶也谈到火的使用在人类进化中的重要性。他说，"人的天然食物，从其结构推断，像是由果实、根和其他汁多部分构成的。因为手可以很容易采集到这些食物。他们的牙齿和颚的构造不允许他们食草和预先没有制备烹调的肉。然而一旦有了火，借助火就使他们拥有在一定距离内捕捉和杀死每一种生物的手段。于是每一种生物都被用来作为营养。这样就赋予人类无限增殖的手段"⑤。

关于意识，居维叶通过证明动物的心理作用与人的高级意识有某种相似性，从而证明人的意识也是由动物的意识发展演化而来。他说，高级动物的理智似乎和学会说话前的孩子的理智相同。从人往下降低，动物越低级，理智能力越低级。在这个阶梯底部，它们变成感觉信号，即变成某种极弱的活动以避免痛苦。在两极之间，理智能力有无限差别⑥。

上述，居维叶从人的形态、结构、语言、意识、直立行走，以及火的使用等几方面论述了人起源于动物的演化思想，阐述了他的发展观。

有关人类社会发展问题，居维叶在《动物界》一书中指出，"最原始的游牧部落，被迫依靠渔猎生活，或靠野果子生活，而且不得不用全部时间以维持生存，并且不能迅速增殖……当他们对食草动物驯养获得成功时，在拥有大量的羊群中，发现不可枯竭的生存来源，而且也有一些空闲用来增长知识。后来，利用一些工业来建造住房和制作衣服。承认财产观念……人类繁盛以及他们在科学技术上的改善，只是从农业的发明和土地被分成世袭拥有之后才达到一个高度水

---

① Cuvier G. 1834. The Animal Kingdom. Vol.2. London：G Henderson：397.
② Cuvier G. 1834. The Animal Kingdom. Vol.2. London：G Henderson：399.
③ Cuvier G. 1834. The Animal Kingdom. Vol.1. London：G Henderson：47.
④ Cuvier G. 1834. The Animal Kingdom. Vol.1. London：G Henderson：37.
⑤ Cuvier G. 1834. The Animal Kingdom. Vol.1. London：G Henderson：38.
⑥ Cuvier G. 1834. The Animal Kingdom. Vol.1. London：G Henderson：21.

平。通过农业途径，社会的一部分手工劳动足够维持整个社会，而且让出了很少必须占用的剩余时间。同时，为了自己获得一个舒服的生存希望，通过工业已经形成激烈竞争"。这种竞争，由于通过正在增加的更独立、更易受影响的增长着的交换和财富，已经达到最高程度。然而一个必然结果，女人气的罪恶和野心勃勃的凶险也同样在增加。也就是说，随着人类文明进步的发展，罪恶和腐朽也在不断增生。正是由于如此，才使得那些有教养的国家，由于奢侈而变弱，反过来变成他国的牺牲品。这就是那种曾经焚毁波斯、印度、中国有组织的劳动专制政府的真正原因①。

上述显然可以说明，在居维叶看来，人类社会也是一个由野蛮到文明、由落后到先进不断发展前进的过程。人类社会不会永远停滞在一个水平上。文明和野蛮、先进和落后，也会在一定条件下转化。更令人叹服的是，他认为决定一个国家、民族兴衰的原因，并不在于外部自然环境，而主要在于内部矛盾。他说，"有些国家，如罗马和希腊处于极有利的地理环境中，土地可以天然地灌溉，植物丰饶，气候温湿，是农业和文明的天然摇篮。处于如此形势，应当能保证不受野蛮民族的侵犯，……然而似乎有某种阻止特殊种族进步的内部原因，虽然他们处于特别有利的环境中间"①。

从上述居维叶关于人类起源及发展问题的论述中，可以看出，在他的理论思维、科学思维和所从事的科学研究中，是包含着相当多的历史唯物论和辩证法思想的。事实上，任何一位真正的科学家，也都必然是和应该是一个自发的或朴素的唯物论者和辩证法论者。

第三节　朴素的辩证法

综上所述，可以说居维叶作为十九世纪初的一位杰出的自然科学家，其世界观不是唯心论和形而上学的，而是科学唯物论和辩证法的。有人说他的形而上学世界观表现在坚持物种不变论，反对郝屯和赖尔的地质演化论及拉马克的进化论；他的唯心论表现在他的灾变论是主观臆造和杜撰。我们说居维叶既没有主张物种绝对不变，反对进化论，也没有主观臆造一个灾变论。关于物种演化思想，在有关著作中，他表述非常清楚。他承认拉马克的获得性遗传，并指出，"经过驯养的动物，在它们获得变异之后，把它们从生产地运送到很远距离，并适当照料，防止杂交，这些变异就会延续很长时间"②。关于物种变异，他认为每一物种

---

① Cuvier G. 1834. The Animal Kingdom. Vol.1. London：G Henderson：41.

② Cuvier G. 1813. Essay on the Theory of the Earth. London：Strand：120.

在时间、气候或驯养的影响下，都能产生无数变种。并指出，"有机体的发展是近乎迅速扩展的。当环境多少是有利的时候，热量、营养物的种类、丰度以及其他原因起着巨大作用，而且这种影响常常可以扩展到整个身体，或者某些特殊器官，从那里产生亲代和后代之间的差异"[1]。

居维叶认为动物在人工干预下可以发生更大变异，甚至可以形成新种。居维叶指出，"自然界虽然似乎在利用相互间的厌恶来影响各不同物种，以阻止可能通过杂交产生的变更……但是人有能力改变这种确定秩序，并且能够产生所有那些混合物（如野兔和家兔、雄鹿和雌兔、貂和鼬鼠之间的中间产物）"[2]。他还列举了狗变异的例子，指出人们完全可以根据自己的兴趣和爱好任意支配狗的杂交，以致形成无数狗的变种。

那么在自然环境作用下，物种变异可以达到怎样程度呢？居维叶认为，"它们变异的程度与产生变异的环境强度成正比"[3]。在正常环境下，一个物种只能产生表面变异，不能发生本质变化。但是随着环境变化强度的增大，变异程度也增大。据此，居维叶说，"我将准备推断，巨大事件将必然产生我曾经发现的更加大的差异"[4]。

关于物种可变思想，居维叶在《动物界》序言中也做了表述，并指出在某些情况下，他看到一个物种退化或演化成另一个物种的现象，而且不能否定这些现象。在谈到两栖动物的基本特征时，他指出，"它们正是由鱼的基本特征变质而成"[5]。

从上述可以看出，居维叶是承认物种可变的。有人抓住居维叶在一些地方强调物种稳定性，就误指他坚持物种不变论，这是极其片面的认识。

关于居维叶是否反对郝屯和赖尔的地球演化学说，我们说，居维叶的确反对郝屯与赖尔的地质学理论，因为他们的理论是建立在古今一致的非历史主义原理之上的均变论。而居维叶认为，现实的一切不能完全等同于过去的一切。在整个地球演化史中古今是不一致的。因此他把地质史中的地质作用分为两类：一类是在地壳中已经停止作用的古代原因，即突然剧烈作用的原因；另一类是一直继续它们的活动直到今天的其他原因，即缓慢连续作用的原因。他并不否认郝屯及赖尔主张的在地质平静时期，用现实仍然在起作用的那些原因解释各种地质现象的现实主义方法的正确。换句话说，居维叶在重建地球演化史的过程中，既强调大规模的、剧烈的突然发生的地球革命、地质突变或灾变的作用，同时也不否认

① Cuvier G. 1834. The Animal Kingdom. Vol.1. London：G Henderson：8.
② Cuvier G. 1813. Essay on the Theory of the Earth. London：Strand：119.
③ Cuvier G. 1813. Essay on the Theory of the Earth. London：Strand：116.
④ Cuvier G. 1813. Essay on the Theory of the Earth. London：Strand：6.
⑤ Cuvier G. 1834. The Animal Kingdom. Vol1.2. London：G Henderson：66.

各种地质营力所起到的渐变性作用。在他看来，现实中存在的风雨冰雪、流水海浪、火山地震等在改造地貌特征、形成新的地理环境等方面都起到了不可忽视的作用。

居维叶既看到地壳演化过程中的两种不同作用方式，也直觉地认识到突变与渐变之间存在一定联系。居维叶指出，在革命开始时，也许移动和颠覆地壳到一个很大的深度，但是这种事件经过最初的骚动之后，就以很小的深度和规模均匀地作用。也就是说，居维叶认识到，突变与渐变是相继出现的，它们是同一次革命过程中的两个不同阶段。突变在前，均变在后，交替出现。因此，我们不能简单地把居维叶的"革命"等同于灾变，完全取消他的"革命"理论中的渐变内容以及所包含的积极创生的发展演化的含义。再者，他没有同等地看待突变与渐变两种作用。认为突变是革命的实质，在地球演化史中起着决定作用。这种观点比均变论者只承认古今一致的渐变作用、否认突然发生的剧烈的突变作用含有更多的辩证法和真理成分。由此，也可以结论：居维叶的灾变论既非主观臆造，也不笼统地反对进化论。

第十六章

论渐变与突变

　　自然界，由于自身的矛盾运动，总是在永恒地运动、变化和发展着。而且不论是何种运动形式，即不论是机械的、物理的、化学的，还是生物的或思维的，总具有两种不同的表现形式：渐变和突变形式。由于这对范畴既涉及宇宙万物的起源及发展演化所采取的形式及相关机制问题，也涉及人类对未来万物的创生和发展演变的趋势与规律的预测问题，因此，探索和研究这对概念和范畴对于深入认识自然、应对自然、改造和建构自然、认识和改造人类社会、乃至借鉴过去与预测未来，都有着重要的理论价值和实践意义。

第一节　渐变和突变的基本特征

　　自然界中，我们常常见到一些物质运动在物质结构的某些层面上，表现为一种缓慢的、逐渐的、连续变化的形式，并不表现为外部冲突的、或短时间内突然完成的形式，这种运动变化的表现形式就叫做渐变。其基本特征是：相对于同一层次上的突变过程，一般表现为较长时间的跨度，较缓慢的进行速度，变化的量比较小，变化的质比较微弱，并且通常可以用一条连续变化的曲线形式表现出来。渐变普遍地存在于物质世界的运动中，当然也普遍地存在于人类社会、人类思维、人类语言，以及科学技术和文化艺术等知识形态的演变过程中。

　　例如，物质世界中原始星云的演化，相对于超新星的爆发，就是一个不断凝聚收缩，缓慢进行的过程。太阳粒子的辐射，相对于太阳的异常爆发也是逐渐进行的缓慢变化过程。地球上，在地台区发生的海侵、海退现象，就是一种缓慢的海陆变迁运动。例如，中国华北地台自元古代末期到中生代早期，就主要表现为一种较平稳的升降运动，而没有发生过大规模的激烈的构造运动，一直处于缓慢地变化中。就拿目前最为流行的板块构造学说来说，某些板块的运动，根据观测平均每年也不过"漂移"2～4厘米。至于地球本身公转的周期变化就更微乎其微，每100万年才增加0.0042秒。此外，物理运动与化学运动中也都存在着大量的渐变现象。例如，和风细雨，氧化作用，大气组分和大气压的缓慢变化，岩石的风化、剥离、沉积和缓慢的变质作用等。渐变在生物界中表现更为突出，生命的起源和发展、大多数物种的形成、胚胎的发育等等都是一种缓慢的、逐渐的和连续的变化过程。至于人类的思维和语言，相对于人类社会中不断发生的政治革命和大规模战争，更是一种缓慢发生的渐变性质变过程。

自然界中，另一种物质运动的表现形式是突变。所谓突变就是指在物质结构的某种层面，一种突然迅速发生的剧烈运动形式。其基本特征是突变过程的时间跨度相对于同一层面上的渐变过程比较短暂；变化的强度迅速激烈；变化的量大，而且一般都表现为一种质变形式和对连续过程的中断。突变也同样是自然界中普遍存在的现象。诸如火山、地震、超新星爆炸、物体的剧烈碰撞、太阳的异常爆发、洪水、冰期、原子的聚变和裂变、基因突变、染色体畸变等都是突变形式。在人类社会中，突变主要表现为通过各种形式的政治革命、战争和暴力手段导致的社会形态、社会制度、政治权力的变更。在人类思维中则主要体现为直觉、灵感、顿悟等各种非理性或非逻辑的创造性思维，以及一些具有划时代意义的科技革命。

虽然渐变和突变同样都是物质世界中一切运动所必然表现的两种形式，但是一般说来，无论在时间上还是在空间上，渐变比突变都表现得更普遍、更经常。例如，超新星往往要经历百亿年以上的漫长演化过程才爆发一次，而原始星云的演化却无时无处不在进行。地球在40多亿年的演化历史中，大规模的地球运动只不过10多次。就是火山、地震在每一局部地区也并不是经常发生。然而由地表各种地质营力，如风、海浪、流水、雪融、太阳能所引起的渐变性地质演化作用却每时每刻都在地球表面发生。根据现代生物学的研究，生物的进化更是如此。在30多亿年的进化史上，绝大多数物种可能都是通过经常发生的缓慢进化的方式形成。只有少数物种是在较短时间内通过突变性的杂交形式或其他形式形成。例如，很可能是由于自然环境的突变导致一些物种在结构、功能和生殖细胞等方面发生的突变所形成。

至于为什么事物的运动变化会表现为这样两种形式，其原因当然主要在于：具有合理性和存在根据的事物通常都会力求维持自身的稳定性，就像一些坚硬的岩石几十亿年保持其质的不变。一些古老的物种，如银杏、乌龟和鳄鱼，也通常都是几千万年或几亿年没有发生质的变化。诸如此类的事物往往需要经过漫长时间的量变过程，才能导致自身发生质的变化，也就是说，突变、质变通常都是量变长期积累的结果。

第二节　渐变和突变的辩证关系

从上述关于渐变和突变的各自特征中可以看出，渐变和突变无疑是一对矛盾的两个方面，它们既相互对立，又相互统一。从客观性和实在性上讲，它们是现存事物运动变化的一对矛盾着的方式在人类认识活动和实践活动中的反映。而从认识论的角度上看，渐变和突变，归根结底也只是人类的两种不同的感觉，以及通过这种感觉所获得的两种有差异的概念。或者说，渐变和突变无非是人类利用自己的智慧发明创造出来的一对矛盾的概念，用来描述、陈述、说明、解释、区分或传递现实世界中存在着的这样两种既有联系、又有区别的运动方式及其相关事物的运动状态和相关信息。具体地说，这里所谓的对立，就是说渐变和突变无论在空间和时间上，还是在强度和方式上都表现了物质运动形式的两种不同性质的差异各自具有不同的规定性。例如，火山、地震作为一类突然剧烈地释放能量的形式就是突变，而不是渐变。一个物种在长期进化过程中所表现出的缓慢、逐渐、连续的变化形式就是一种渐变，而非突变。再如，死亡就是人生这个渐变过程的突然中断。一个人的全局性的死或本质性的死往往是在短时间内完成的。所以，渐变和突变是有截然差异的一对对立概念。在运动变化着的物质结构的同一层次上，突变就是突变，而不是渐变；渐变就是渐变，而不是突变。就像地震的突然爆发对地球表面带来的巨大破坏与和风细雨对地表的和缓作用有着质上的巨大差异一样，两者有着严格界限，既能够明显地区分出来，也不容易将两者混淆。因此，在这里，没有一定质的差异性和规定性，就没有这对概念。

然而，渐变和突变除了相互对立的一面，的确还有相互统一的一面。事实上，能够把这两者作为成对的概念放在一起使用，本身就说明了人类理智创造这两个概念的目的，就是要用来说明和解释事物在运动变化过程中所表现出的这样两种不同的运动状态和变化方式。具体而言，其相互依存性和统一性主要表现在如下三个方面。

一、渐变和突变的相对性

渐变和突变如同日常所谓的"快和慢""大和小""软和硬""上和下"等成对概念一样，都具有相对的意义。正像老子所言"有无相生，难易相成，长短相形，高下相盈"一样，都是在相互比较中而存在的。这里没有绝对的大小、高矮、长短和快慢。例如，究竟怎样慢的过程和增量，或者究竟怎样小的物质结构层次上的变化才叫渐变，而不叫突变？反过来，究竟怎样大的增量和怎样快的过程，或者究竟怎样大的物质结构层次上的变化才叫突变，而不叫渐变？事实上，要想在自然界中找到按一定质的规定性分化出来的两个对立概念的绝对界限是不容易的，因为自然界总保持着自身的连续性，总在一切对立概念所反映的客观内容之间存在着中间过渡环节或中间层次。所以，从这个意义上说，一切对立都是相对的，都是相互映衬的。例如，从变化的程度和规模上来说，一个物种在演变过程中，单个基因的突变对于这个基因本身来说，由于 DNA 在复制过程中偶然出现的差错，或外部物理、化学因子的作用使其结构和功能都发生了本质性的或全局性的变化，这当然是一次突变。但是，这单个基因的突变无论对于整个物种，还是对于整个生物个体，在质上和量上产生的影响通常都是微不足道的，并没有使整个生物个体或整个物种发生突变或中断其发展演化过程，所以，相对于后两种对象，又可谓渐变。

从时间上说，自然界中有些物种在几亿年间发生的变化都极其微小。例如，有孔虫类、海绵动物、腕足动物、软体动物中的腹足类、瓣腮类中的某些种类都产生于 5 亿多年前的寒武纪而延续至今，可见这些物种的演化是何等缓慢。然而另外一些物种，尤其是植物种，通过杂交和染色体畸变，在一个世代或几个世代内就可以完成从旧种向新种的转化，这显然可以说是一种突变。但是，若把这种突变与我们日常见到的一些事物在一瞬间突然迅速发生的剧烈变化，如油库爆炸、桥梁坍塌、山体滑坡、洪水泛滥、飓风海啸相比，又可谓是渐变。

至于地球演化过程中所表现的突变就更具有相对性。例如，喜马拉雅山的隆起，至今仍然以每年 2 厘米的速度上升。地质学家认为这是一种急剧上升的造山运动。然而如果与日常见到的物体运动速度相比，显然可谓是一种极其缓慢进行的渐变。

同样，一次地震、或一次火山爆发，对于局部地区，无论从规模上，还是从能量的释放程度上都是一次突变。但对于整个地球而言，或对于整个地球内部积蓄的全部能量而言，却又只是微小的渐变。因为一次地震或火山根本不能使整个地球的结构形态，或使整个地球的内部能量发生明显的质的变化。为此，我们说，渐变和突变无论在空间规模上，还是在时间速度上，或结构、形态及能量变化的程度上，或采取的形式上，都具有相对意义，无绝对界限。渐变与突变的绝对性正是存在于这种相互对应的比较之中。

二、渐变和突变的层次性

所谓渐变和突变的层次性，就是指在事物发展演变的过程中，由不同性质的变化方式所构成的演变结构。对于同一事物的演变结构来说，每一对具有紧密关系的渐变形式和突变形式就构成了一个层次。例如，基因突变相对于几千万年保持其质的稳定性的基因来说就是一次突变。这种突变与基因的相对稳定的缓慢的微小变化构成同一个变化层次。在同一层次中，突变与渐变具有绝对意义。但是，由于有利的基因突变，在自然选择作用下，经过漫长时间的积累，旧种逐渐发生质变形成新种，这就进入第二个层次。在第二层次中，每一次基因突变只不过被看作是形成整个新种的渐变过程中的一次极其微小的渐变，而且正是第一层次的微小突变构成第二层次的长期的渐变过程。也就是说，第二层次的渐变是由第一层次的突变转化而成，它包含第一层次的突变。对于不同的层次来说，渐变和突变无绝对界限，两者是相对的。在新种形成之后，可能在几千万年至几亿年间都处于缓慢的、连续的、为人类所不能觉察的、逐渐变化的过程中。但是当某些物种所栖息的环境发生剧烈变化的时候，或者是在生存斗争中某些物种处于劣势的时候，或者是当地球上发生大规模的剧烈灾变的时候，就会造成一些物种，或者大批物种的灭绝，从而中断一些物种的渐变性演化过程。这种由全球性灾变造成的大批物种的绝灭，甚至会导致生物进化史上出现中断，即暂时的退化现象。物种的这种局部的或大规模的绝灭现象所表现的突变（激变）与物种演化过程中发生的基因突变显然不是相同层次上的突变，它和整个物种的缓慢演化过程属于同一层次，也可以说，这种突变属于宏观层次上的突变，它在生物史不乏其例。例如，瑞士地质学家许靖华就用大量科学事实证明：白垩纪末发生的生物界危机，即大批物种的突然绝灭，就是一次确定无疑的宏观上的突变事件或灾变事件。

同理可推，上述宏观上的突变作为第二层次上的突变，相对于更高层次上的物质运动所表现的形式来说，也不过是构成更高层次上的渐变过程的一次微小事变，因为地球上无论发生多么巨大规模的突变，对于整个地球、太阳系、银河系或整个宇宙来说，都不过是其漫长演化过程中的一次微小波动，根本不能使地球、太阳系、银河系或整个宇宙发生质上的突变。

从渐变和突变的层次上可以看出，两者的统一性就在于高层次上的渐变包含着低层次上的突变，而低层次上的突变构成了高层次上的渐变。在同一层次上，渐变和突变具有严格界限，在不同层次上渐变和突变就不具有严格界限。没有低层次上的突变就没有高层次上的渐变；没有高层次上的渐变，也就谈不上高层次上的突变。所以，孤立地看待渐变与突变的绝对性是一种形而上学的观点。渐变与突变相互对立，又相互依存，相互渗透和相互统一。

三、渐变和突变的相互转化

渐变和突变的统一性还表现在两者的相互转化上，即在一定条件下渐变可转化为突变，突变也可转化为渐变。例如，生物的发展演化，在外部环境不发生异常变化的条件下，一般都以一种缓慢的速度和连续渐进的方式进行。但是，当外部环境发生剧烈变化时，就有可能导致生物体发生高速度的基因突变，大大加速生物演化过程，使得生物进化史上出现一次突变，这在宏观上表现为一次飞跃或中断。同样，突变在一定条件作用下，也可转变成渐变。例如，一次地震在爆发之前，当人们能够准确预测它发生的时间和地点的时候，就目前的科学技术而言，就可以利用人工方法使地下积蓄的能量逐渐释放出来，使大规模的剧烈的突变事件转化为缓慢发生的逐渐进行的渐变事件，而避免一场地震灾难。

由于渐变和突变只是在一定条件下相互转化，因此在许多情况下，渐变不一定转化为突变，如海水的蒸发，可以说，从始至终就是一个渐变过程，即逐渐蒸发的过程，就目前所知，地球上还没有什么力量能使海水的蒸发产生突变，除非是一颗非同寻常的天外来客猛烈撞击海洋。突变也不一定转化为渐变，比如两个正负电子的相撞，迅速湮灭生成两个光子。此外，突变也不一定都是由渐变引起，可以说由偶然因素导致的突变都不存在一个作为突变发生原因的渐变作用的过程。无论是两个星体相碰撞，还是两个野生物种偶然相遇杂交形成新种，或日常所见到的偶发事件，预先都不存在一个与该突变有直接因果关系的渐变过程。

总之，渐变和突变是对立统一的关系。不同类型、不同层次上的渐变和突变具有错综复杂的关系。正是这种复杂性表现了事物发展变化形式的多样性和丰富性。

第三节　研究渐变和突变范畴的意义

研究渐变和突变这两种物质运动的主要表现形式，对于深入认识自然界的发展演变规律及各种自然现象，有着重大的理论意义和现实意义。就生物进化的方式来说，在生物学史上，之所以长期存在渐变论与突变论之争，主要就在于人们没有分清生物运动形式所表现的多样性。拉马克、达尔文等人只看到一些物种演化的渐进性和连续性，没有看到另一些物种演化形式的突变性和间断性，所以赞同"自然界无飞跃"的提法。而圣提雷尔、德弗里斯等人只看到一些物种演化的突变性和间断性，没有看到另一些物种演化的渐进性和连续性，所以反对渐变进化的提法。圣提雷尔说，物种的变化是突然的、迅速的，如爬行类不可能逐渐进化成为鸟类。一个全面的进化一定是在大约一个世代以内发生的。德国植物学教授卡尔·耐格里（Carl Nagele）提出了和达尔文的进化论完全相对立的观点，认为进化不是一个渐进的连续过程。生物的内在力量在按照黑格尔的辩证法的范畴，即否定之否定的规律运动，它是在飞跃、在否定、在发生质的变化。所以，进化不是连续的，而是一系列的突变。此后，荷兰植物学家雨果·德弗里斯

（Hogo de Vries）便比较系统地陈述了生物突变概念。实际上，无论是渐变论者，还是突变论者都只是看到渐变和突变相互对立的一面，忽视了两者的统一性，更没有认识到渐变和突变的相对性和层次性。

同样，在地质学中，自 19 世纪初，居维叶提出与郝屯的均变论相对立的灾变论之后，迄今均变论和灾变论一直在进行激烈争论。主要原因依然是双方都没有认识到地球运动或质变形式的多样性，以及突变与渐变之间的辩证关系。灾变论者只看到地球上突然发生的巨大变化，或只看到大规模的剧烈的地壳运动在地质演化史中的作用，如只看到剧烈的造山运动、岩浆活动或大冰期的发生，忽视了现存地表的各种地质营力的长期作用的结果和某些缓慢发生的、大规模的地壳运动。均变论者则相反，他们只看到现实仍在起作用的各种缓慢发生的地质营力在地质演化史中的作用，没有注意到地球表面发生的大规模的剧烈的地球运动或灾变事件，更没有认识到可能引起这些地壳运动和灾变事件的地球内部原因和外部原因。

另外，也可以说灾变论者只看到低层次的突变，或者说过分夸大了局部性的突变，把突变 - 灾变绝对化和扩大化了；而均变论者只看到高层次上的渐变，即过分夸大了在整体上或全局上表现出的渐变作用，也可以说渐变论者过于强调渐变作用的相对性。例如，在赖尔看来，局部地区爆发的火山、地震，对于整个地球来说，依然可谓是一次微不足道的渐变。这就说明，他既没有认识到渐变和突变的层次性，也过分夸大了渐变形式的相对性。事实上，无论是灾变论，还是均变论都既存在其合理性，也存在其片面性。

至于其他科学领域，正确认识渐变和突变两种主要的物质运动表现形式，同样将会给各学科的发展带来很大帮助，因为任何一门科学都必然要涉及物质运动、变化的这两种形式。根据这两种变化形式，我们既可以探寻现存事物发生发展的历史和机制，也可以根据和采用不同的变化形式来建构或创生新的事物，来制造和引发新的事件，如核能的发明和利用。

第十七章

灾变论的启示

　　我们说，灾变论有其合理性、客观性和实在性，无非是说，它确实揭示和反映了自然界中客观存在的这样一类事件和现象，这就是同样普遍存在于自然、宇宙、地球和人类社会中的一类大规模的、突然发生的毁灭性事件。这些事件发生的特点就是突发性、偶然性、随机性、不确定性、难以预测性以及防不胜防。虽然有些学者根据地球上多次发生的灾变事件，认为这些连续发生的灾变具有周期性，并对引发的原因进行了探索，然而说服力却极其微弱。例如，在美国学者埃里克森看来，根据地球上某些特定的历史时期，大量物种的突然消失，以及地质年代表上的发生时间告诉我们，这些大灭绝可能是一种周期性事件。于是他试图把这些大灭绝周期发生的原因归因于某些宇宙现象，如地球在银河系平面中的运动。在此运动过程中，来自银河系不同位置的引力扰动可能会使彗星从奥尔特云（Oort cloud）中挣脱，并撞向地球。太阳可能拥有一颗绕其运动的伴星，这颗伴星是一颗褐矮星，它会从奥尔特云附近经过。太阳系中神秘的第十颗行星也可能会在柯依伯（Kuiper）彗星带内周期性地穿进穿出。这样的相遇会使许多彗星的运动受到扰动，并被掷向太阳。这些彗星中的一部分如雨点般地陨落到地球上[①]，使得地球上经常周期性地发生大灾变。

　　然而，埃里克森的所有这些论述，既是一种想当然的猜测，又预设了一种或多种可能性。这也就内在地包含着事件发生的随机性和偶然性。即便具有发生的因果性和必然性，但这并不能像运用牛顿力学的三大定律或万有引力定律那样，能够测算出来何时何地发生灾变事件。当然，我们目前的科技手段已经大大地提升了我们预报火山、地震发生的时间和地点的几率。然而这毕竟都是一些概率性的预测和预报，本身就是对必然性规律和理论的否定和挑战。更何况，迄今为止人类还没有可能去预报何时何地会出现行星、彗星或陨星猛烈撞击地球的大灾

---

① 乔恩·埃里克森. 2010. 地球的入侵者——小行星、彗星和陨星. 杨帆译. 北京：首都师范大学出版社：199.

变。因为这种大规模的撞击，有些天文学家计算：大约每 100 万年，才有可能发生一次大规模的行星撞击地球的事件。然而人类有能力进行预报的科学年代才不过几百年。要在今天预报百万年之后才可能发生的事件，那只能是天方夜谭，白日说梦。但这也就决定了波普尔的说法，"一切科学都是猜想和假设"，因此一切科学都具有可错性和不确定性。

至于自近代，科学之所以赢得人们的普遍青睐和信任，并确认它拥有"真理性、规律性、必然性、客观性、确定性、有用性、可靠性和普遍性"等特征，那是因为科学技术作为一种新的生产力，在社会实践中取得巨大成功和节节胜利。然而这正因为如此，使得人们往往无视它的可错性、虚假性、变动性、有限性、条件性、特殊性、不确定性和不可靠性。结果，从古代"人是衡量万物的尺度"，至现代，科学话语成为衡量万物的标准。直到 20 世纪，诸多科学理论实现颠覆性突破，和科技史上发生的一系列令人震惊的灾难性事变，如美国"挑战号"载人飞船爆炸、苏联切尔诺贝利核电站 4 号机组爆炸、日本福岛核电站泄漏，以及无数的车祸、矿难、医疗事故和技术故障，才日渐摧毁"科学 = 真理"的神话。对此，不仅罗素曾讥笑科学是一只自作聪明的"归纳鸡子"，仅凭经验归纳常常得出荒谬透顶的结论；卡尔纳普等认为科学作为经验真理只具有或然性或概率性；波普尔等把科学定义为"大胆的猜测和假设"和"科学家集团的集体心理约定"；而且当今的科学悲观论者则直接把人口爆炸、资源枯竭、灾变频生、生态危机、疾病蔓延、战争升级等都归罪于科学。

上述看法虽皆有偏颇，但也说明科学确实是一个包含着真假虚实的矛盾体。而且社会现实中一切技术事故、实践差错和全部科学技术拥有的否定性，归根结底都是源自科学认识和技术实践内在包含的可错性和不确定性。那么，究竟是何种因素导致科学的可错性和现实中诸多的技术事故与实践风险的呢？如此，又将给我们的科技实践带来怎样的启迪和教训？人类能否将科学事故和技术风险降到最低程度？这里，至少需要解决三方面问题。

第一节　科学认识的可错性

科学认识的权威性和神性，至少自 20 世纪以来，就开始招致人本主义、原教旨主义、科学悲观论，以及科学哲学中的非理性主义和历史主义学派的批判与否定。尽管这四种势力各自否定的出发点、立场、角度和程度不同，但都无一例外地认可科学的可错性、非客观性、局限性和不确定性。至于导致科学认识可错性的具体原因，总体上主要有如下几种。

一、源自认识对象的复杂性、可变性

一切科学认识都只是人们对极端复杂的物质世界的某一局部或方面的反映。因为处于任何一定时期的人们都不可能实现对由诸多事物、事件、过程、现象的相互联系、相互作用构成的世界总体有一个包罗万象的认识。即便是对于某一具体而微的事物也不可能达到全面正确的认识，只能认识其部分。因为任何一个小事物不仅自身是一个无限复杂的小系统，而且它也不是孤立存在的，也是处于无限复杂的、多层次的关系网络中。另外，一切科学认识也都只是对永恒运动、变化、发展着的客观世界的一定过程或阶段的反映。而客观世界总是川流不息、绵延不断的，因此人们对真理的认识总是受着客观事物的发展及其呈现的程度所限制。"再者，人本身也限制自己只能认识无限发展过程中的某一阶段的在场事物。因为凡是把欲求能力的客体，即在其现实性上为人所欲求的对象作为意志决定根据的先天条件的原则，一概都是经验的，并且不能给出任何实践法则"[1]。也就是说，一切上升到理性实践高度的科学认识作为本质上的经验性都必然具有可错性。

二、源自认识对象的突然性、偶发性、随机性和不确定性

而今为什么许多哲学家把所谓的"客体"看作是"在场"或"在场之物"，根本原因就是任何认知对象都是一定时空中发生和展现的存在。它既有发生和存在的空间性，即具体地点，也有发生和存在的时间性，即具体时间。这样一来，就决定一切事物的出现，在时空上都有很大的偶然性。特别是由一些外部因素制造的巨大灾变，绝不会遵循一种线性方程，因为制约它发生的因素和轨道很多。除非两件物体是处于同一平面、同一轨道、相反方向或是处于同一方向运动的两个物体，后面物体的运动速度大于前面物体的运动速度，才有可能相互碰撞。然而在莫大的宇宙中，两颗星体相距几乎是无限的遥远，能够相互启动的时间，也几乎是无限的宽裕和漫长，而此时，一定时空中的星体数量总是有限的，所以要想叫人类这个有限的存在预测何时何地发生星体撞击事件几乎是不可能的。退一步说，即便是在日常生活中，想要精确地认识和预测任何一个小的事件，也是非常困难的。比如要想认识和预测为什么希特勒会在 1889 年 4 月 20 日，出生于一个跟南德交界的奥地利小城——布朗奥（braunauam inn），也是难上加难。因为倘若有谁能够在希特勒来到这个世界之前就预测到某年、某日、某时、某地出生的这个男婴，将来一定会挑起第二次世界大战，杀死数百万犹太人，我相信一定会有人将他杀死在襁褓之中。为此，我们说，一切由不确定的时间和地点所规定的事物或事件，都决定着人的认识只能是近似的和可错的。除非是一些只遵循简

---

① 康德．1999.实践理性批判．韩水法译．北京：商务印书馆：19.

单的运动规律和具有因果必然性的事物和事件。

三、源自人的认知能力和认知主体的有限性

固然，人的认知能力，从可知论角度看，具有认知的无限可能性，即如通常所言，世界上只有未认识的事物，没有不可认识的事物。但是人的认知能力和认识发展程度，一则受认知主体、大脑思维成熟程度的限制，受到人本身的肉体和精神状况的限制，受到认知的感性和理性，即与认知对象只具有一种偶然关系的感觉、知觉和经验与以某种普遍和必然的连接关系强加给认知对象的抽象的理论和概念之间的几乎不可调和的矛盾的制约。再则，不只是人的肉体结构和大脑器官是有限的，人也不能长生不老。对无限的宇宙来讲，人类作为一个具体物种总是有生有灭的。人类整体也像个体一样不可能光顾寰宇、先知先觉和全智全能，它像许多其他物种一样都是生物进化链条上的一个中间环节。因此，人的思维和认知也总是因自身条件的限制而不可能穷极真理。

也正基于此，法国著名实证主义哲学家孔德坚决反对人类追踪和探索诸如宇宙起源、天体起源、生命起源和人类起源等一系列发生在过去的重大事件的原因和动力。在他看来，类似大灾变一类事件发生的原因和机制，根本就是人类无法从经验上认识和证明的。第一，过去的事件早已化为乌有，人类根本无法从经验上触摸。第二，重大的历史事件即便留下一些痕迹，也很难说明问题。因为对于痕迹的解读，全靠今人之带有主观性的知识和能力。依照法国解构主义者德里达的说法，所谓历史都是现代人从当下开始书写的，因此过去发生的历史事件的真实性，实际上只存在于对其认知的现代人的大脑中和主观性的解释中。

四、源自人的认知背景和实践条件的限制

具体地说，人的一切认识都受到一定时代的认知手段、认知方法和认知水平的限制；受着指导人们从事各种实践活动的思想、理论、计划方案等主观因素的限制；受着整个社会的政治、经济、知识背景、意识形态、时代精神、历史条件的限制。人们不可能超越自己的时代去进行科学真理的探索和认识，他只能在所处的时代背景中，利用现有的知识和物质技术条件尽可能对认知对象进行相对真实和正确的认识。正是这些限制决定人们获得的一切知识都有局限性、片面性和相对性。正如恩格斯所言，"我们只能在我们时代的条件下进行认识，而且这些条件达到什么程度，我们才能认识到什么程度"[1]。当然，实践的规则始终是理性

---

[1] 中共中央马克思、恩格斯、列宁、斯大林著作编译局．1995.马克思恩格斯选集．第4卷．北京：人民出版社：337.

的产物，因为它指定作为手段的行为，以达到作为目标的结果 ①。但是，对于不以理性为意志的唯一决定根据的实践者来说，这个规则不过是一种主观命令，而绝非具有普遍性、必然性和准确无误性。故其实践结果，充其量只能满足人的主观意志，而不能达到对认知和实践客体的完全确定无错的认识。

五、源自理论构成和实践对象的矛盾

一切理论，不只是其认识主体具有强烈的历史性和时代性，就是用来表述科学理论或科学认识的工具——语言和文字，由于是人类思维抽象、概括的结果，也不可避免地具有僵死凝固和静态结构的特征，这就必然决定人的认识内在地包含着某种差异和缺陷。另外，就实践对象而言，作为一个充满能量与活力的外部世界，其表现出的复杂性、流变性、连续性、无限性和多样性使人类思维不从抽象性、有限性、间断性和单一性的角度入手，就不可能实现对混沌不清的外部世界的认识和实践。也就是说，人类要想说明、解释和认识世界，就必须利用概念和一定的推理形式。所以，虽然就主客体的统一性而言，人类可以认识外部世界，但一经进入具体实践，各种对立、差异、矛盾和诸多不可预料的偶然因素便不期而至，此时，术语、概念、定理、规律、理论体系的简单性、机械性、抽象性、僵死性、不变性便和现实的具体性、多样性、丰富性、变动性、偶发性发生激烈的冲突和斗争。结果，便经常地造成灾难性后果，使人类防不胜防，深感力不从心。

六、源自知识和权力的混同与滥用

知识，尤其是科学知识原本自然纯洁，仅是人类求知欲和好奇心的结果，只是此后人类发现其有利可图，才逐渐渗透人类社会的政治、经济、日常生活等诸多领域，形成知识权力。然而自从知识与权力结合后，知识就逐渐发生异化：一是通过权力的支配、控制和利用，使知识从属权力，形成工具知识；二是通过权力垄断、支配人力、物力、财力和相关的学术机构与教育资源优先发展与权力相关的知识，形成权力知识；三是利用权力弄虚作假、巧取豪夺、霸占别人研究成果，制造假知识、假文凭、假学位、假职称、伪理论、伪科学，导致知识异化、学术腐败，使知识日益远离真善美本性，形成科学知识和科学技术的虚假和伪作。在这里，权力高于知识，权力就是"知识、科学和真理"，因为权力在现阶段的本质就是话语，谁拥有话语霸权谁就拥有"科学知识"。

基于上述因素，不难看出：一切科学认识都是近似的、不完善的，都是充满

---

① 康德.1999.实践理性批判.韩水法译.北京：商务印书馆：18.

历史内容，随着一定的时间、地点、条件为转移的。即如列宁所言："一切都是相对的，一切都是流动的，一切都是变化的。"[①]这也就决定一切事物和过程、现象和观念等都必然具有流变性和延异性。整个自然界，不存在任何最终的、绝对神圣的东西。一切事物都处于永恒的产生和消灭中[②]，宇宙间的一切事变和要素都是构成整个宇宙发展演变过程的一个环节或阶段，因而它总是易逝的、过渡性的和有限的。正因为如此，黑格尔哲学的真正意义和革命性，就在于他永远结束了以为人的思维和行动的一切结果具有最终性质的看法。真理不是一堆现成的、可以生搬硬套的教条，而是包含在认知实践的长期历史发展中，而科学从认识的较低阶段向越来越高的阶段上升，但是永远不能通过所谓绝对真理的发现而达到这样一点，在这一点上它再也不能前进一步[③]。相反，科学作为精神的现实，总是在其自身不断生成的过程中，通过不断地超越和扬弃，建造着自身的真理和预示着各种可能性。

第二节　科学实践的不确定性

科学，作为人类的一种可以转化为生产力的认知活动、社会意识和精神文化的最重要样式，不只是借助相应的认识方法获得的、以精确的概念表述的、发展着的知识体系，而且它所包含的诸多概念和理论的真理性还必须经由社会实践来验证。此时，这种知识体系看起来是从自己出发，再次从头开始，可是它也是从一个更高阶段开始。在实际存在中，这样形成起来的精神王国，构成一个前后相继的系列[④]。结果，科学知识作为外部世界和人类精神活动的现象与规律的概念体系和各专门性知识的总和，也就为社会创造财富或预见和改造现实提供了诸多可能性。在这一由科学认识向科学应用和技术实践转化的过程中，人们或是将科学认识直接应用于人类社会和日常生活，或是将其转化为各种技术产品以为人类服务。

既然科学认识往往是直接通过科技实践转化为生产力的，那么限制科学认识的诸多因素，包括科学认识上的差错和不确定性，科学认识向技术操作转变过

---

① 中共中央马克思、恩格斯、列宁、斯大林著作编译局 . 1987. 列宁全集 . 第 9 卷 . 北京：人民出版社：71.

② 中共中央马克思、恩格斯、列宁、斯大林著作编译局 . 1995. 马克思恩格斯选集 . 第 4 卷 . 北京：人民出版社：271.

③ 中共中央马克思、恩格斯、列宁、斯大林著作编译局 . 1995. 马克思恩格斯选集 . 第 4 卷 . 北京：人民出版社：216.

④ 黑格尔 . 1983. 精神现象学 . 贺麟译 . 北京：商务印书馆：274.

程中出现的差错和不可预知的潜在危险，实践对象或作用客体的复杂性，以及实践对象的环境背景中潜伏的各种可能发生的灾害性事变，类似星体撞击、外星人侵、火山地震、洪水海啸等自然灾害的不期而遇和诸如战争暴力、恐怖活动等一类人为性破坏，也就必然会影响科学技术的开发、应用和实践。

换句话说，即便人类本性是追求至善，而且他们的各种认识能力也被认定是适合于这个目的，然而现在却证明：思辨理性无力以切合这个目的的方式解决交付给它的这个极端重要的任务。进一步说，即使借最博大的自然知识之助，也绝不能达到这个目的①。另外，不论科学对认知或作用对象具有怎样本质性和规律性的认识，然一经付诸实践，就必然暴露其抽象性、空泛性、形式性和不确定性等特征。因为一切实践对象作为一种欲求客体不只是先于科学认识、实践规则和理性方法，而且从根本上说，从始至终都是一种经验性对象。人们对它的认识和作用无非是依据该客体的表象以及与主体间的关系。就像挖煤、采矿、修建大型核电站等一类科技性实践，其作用对象总是潜藏着无数的未知要素。其区别，主要是从事科技应用的实践主体、作用对象、操作方法、环境背景和最后获得的结果与科学活动的性质、过程和所获得的认识有所不同。在这里，把科学技术仅仅当作获取利益或维护自身统治权的单纯工具来使用的实践主体——当权者常常起到决定作用。科学技术的双刃剑主要就是在运用层面得以实施和体现的。

这里所谓的实践主体，当然主要指在科技开发和实践过程中，担当主要角色的科技人员、工程师、决策者、管理者和权力掌控者。这些人往往会由于观念保守或急功近利影响科技开发与利用，也可能会由于当权者劣质的管理和指挥能力而损害科技的研究与开发。至于主要承担开发与转化任务的工程技术人员，也可能会因教育素质和知识修养较差而很难将科学技术转化为现实。进一步说，如果这些人根本不具备深厚的专业理论功底，他们就既不可能具备把握科学前沿和尖端技术的能力，更难发现原有科学理论和概念中的瑕疵错误。尽管这些专家是有用的，但无论是就思想方法、发言方式，还是就社会地位而言，他们更多的是恶意的、好竞争的和不慷慨的旧习者②。此外，科技开发应用中的最大潜在危险，还是来自政治权力、技术官僚和技术霸权对科学技术的限制、支配、干预、滥用和破坏。

当然，应肯定，正确的权力运用也会推动科技发展和新知识的产生，特别是那些得到国家科学基金资助，解决某些社会急需的科技项目就极其重要，如对于癌症的研究，因为存在道德、社会和财政压力，就会把这些问题"提升"到超越

---

① 康德 . 1999. 实践理性批判 . 韩水法译 . 北京：商务印书馆：159 ~ 160.

② 费耶阿本德 . 2006. 知识、科学与相对主义 . 陈健译 . 南京：江苏人民出版社：113.

其认知地位的高度①。因此，我们绝不可以把权力与知识完全对立，只要权力民主、决策科学、实践合理，知识就会真正发挥其至善作用。但是也必须看到，由于在权力面前，科学技术主要指一种权力效应，其真理性只能在人的社会实践和权力支配中得以理解和运用，而不能在与真实世界的相符中得以证实。这样，权力与知识真理的关系就日渐变成一种内在关系，即开启科学实践领域的权力关系同时也是一种解蔽关系，一种真理关系②。结果，通过权力操作获得成功的理论也就无需精确地表象世界，只需提高人类适应自然和处理事物的能力即可。由此，技术能力就日益代表科学的本质，日益疏远科学真理。此时，科学技术的发展、交流和保持，也不必以理论表象为中介；有用性逐渐变成科学技术的本质属性。至于许多科学认识和科学决定本质上也都从属于政治宣传活动。在这项工作中，声望、权力和雄辩在相互竞争的理论和理论家之间的斗争中起着决定作用。从权力和科学知识之间的紧密关系上讲，波普尔的有关"不断猜想和反驳"的科学发展模式对于现实的科学来说既不充分也欠公允。科学更多的是政治的奴隶，掺杂着许多社会要素的作用；包含着大量的非科学和非理性因素。

所以，一切科学知识都预设了一个由实践、用具、社会角色和目的构成的塑造或场景，后者既维系了解释之可能性的可理解性，也维系了呈现于其中的各种事物的可理解性。在这里，权力恰恰是这种场景或塑造的特征，而不是其中的某种事物或关系。与权力相关的，是处于场景中的解释对场景本身的重构方式，对行动者及其可能行动的重构方式或限制方式。为此，当我们说实践包含权力关系、产生权力效果或运用权力时，我们的意思是，实践以某种重要的方式塑造并限制了处于特定社会情境中的人的可能行动领域①。它也就同时塑造和限制了处于特定环境中的科学活动和科学知识。因此，科学技术实质上都是在各类社会现象的建构和操纵中，推出新的技能和产品；揭示了新的方法、用途和可能性；并通过技术能力、工具设备及其揭示的现象的系统化拓展，使得世界逐渐变成一个被构造的世界。

在这个构造过程中，人类既是认知主体，又是认识对象；既是强有力的行动者，又是权力规训的目标；自身既受到限制和操纵，又是操纵的服务对象；而且操纵所实现的恰恰是人类自身的价值。科学技术作为人类实践的所有物，反映了人类在社会政治实践中的选择和判断。特别是在人类利用科学技术所提供的强大的操纵能力进行改造世界的伟大实践时，总是既体现了自然科学中的权力和知识形式十分有助于把世界重构为可能的行动领域，同时又对我们生活中的许多重要

① Laudan L. 1977. Progress and Its Problems. Berkeley: University of California Press：32.
② 约瑟夫·劳斯 . 2004. 知识与权力 . 盛晓明译 . 北京：北京大学出版社：225.

问题产生根本性影响。所以，现代科学实践，不仅就其获得知识成就的关键方式和对科学技术的实际应用而言是政治性的，而且人们进行科学的实验活动与理论活动本身就是权力运作的方式[①]。既然如此，就有必要正确地使用政治权力这把双刃剑。其中，最有效地做法就是把主体精神、自由意志、民主政治和关照全球的人类意识深入到科学技术的发明创造和开发利用中。在这一过程中，要让科学家、专家学者、工程技术人员和管理者说话，不能只让官僚集团指手画脚。一切权力都要服从真理、正义和多数人的利益。只有如此，人类才能够在科学认识和技术实践中，实现最大利益化，将各种不确定性、风险和灾变降低到最低程度；最大效益地开发科学技术。

第三节　实践风险给予的警示

　　既然科学认识和科学实践不可避免地拥有某种局限性、不确定性和可错性；而且实践对象以及由此发生的人类意愿的决定根据总是经验的和表象的，而非实质，为此，常常因为客观上的实践理性和主观性实践之间存在巨大差距而导致一些无法挽回的事故和损失。这种情况对于智慧的人类来说，在今后的认识和实践中至少可以产生如下警示。

　　第一，要清楚地认识到：不论人类怎样智慧，其认知能力和所获得的认识总是有限的和不确定的。就像社会科学领域，19世纪，资产阶级确信资本主义的成功，社会主义者确信社会主义的成功，帝国主义确信殖民主义的成功，统治阶级认为他们注定要统治，而现在这些确定性几乎都不存在了[②]。自然科学也不例外。在自然科学中（区别于数学）我们所寻求的也只是具有高度解释力的真理[③]。这也就意味着我们所寻求的不只是逻辑真理，而且真理和错误还相互联系；绝不存在万无一失和毫无差错的绝对知识和永恒真理。一切科学作为试验性的事业都难免错误；都只能在不断地清除谬误、差错和偶然性中前进。在知识领域中不存在任何不向批判开放的东西[④]。全部问题都在于及时地发现错误和迅速地纠正错误，使自己在连续的失败和成功中成为谙熟某一领域的专家。只有如此，科学技术才能日臻完善和更好、更准确地为人类服务，而不是经常地制造麻烦或酿成灾难。

---

① 约瑟夫·劳斯.2004.知识与权力.盛晓明译.北京：北京大学出版社：264.

② 约翰·肯尼思·加尔布雷思.2009.不确定的时代.刘颖等译.南京：江苏人民出版社：2.

③ 波普尔.1980.猜想与反驳.傅季重，纪树立译.上海：上海译文出版社：328.

④ 波普尔.1986.科学发现的逻辑.查汝强等译.上海：上海译文出版社：16.

　　第二，警示人们不论面对怎样权威的科学真理，其验证和实践过程都要格外认真谨慎；要考虑到认识和实践对象的各个方面和可能发生变故的各种要件；力求认识和实践达到严谨、精确和全面；防止盲目自大和自以为是；更要禁止一切冒险盲动。要特别注意：越是速度、能量和技术含量越大的尖端科技，带来的危险和灾祸就可能越大。当然也无需悲观沮丧。要相信人的认识和实践有其确定性和真理性；相信物质世界有其统一性、规律性、系统性和普遍性。要确认人的认识总是一个不断进步和发展的过程；而且只有通过长期的科学认识和实践，不断地总结经验，吸取教训，矫正误差，扩展认识的深度和广度，提升认知的精度和准度，提高科学实践的广泛性、有效性和可控性，不断地提出问题，发现问题和解决问题，才能够不断推动人类认识日益接近实在世界和客观真理；日益摆脱必然王国走向自由王国；并在这一转变过程中尽可能少犯错误，避免重大损失，同时日益扩大生存空间。

　　第三，要不断地从理论和实践上批判经验主义、现象主义和肯定主义。在现实中不能只让科学技术说话。一切科学认识都包含着客观和主观、正确与错误两个方面。既然如此，人类在利用科学技术认识和改造世界的实践中，就可能歪曲世界和破坏自然；在指望增强人的认知和实践能力的过程中，就可能使得越来越多的人丧失主体意识和主体意志；在试图反对极权的同时，也可能将自身变成操纵人民和驾驭万物的绝对主义和极权主义；旨在推动社会进步，结果却是拉倒车，使世界到处都笼罩在一片危机和灾难中。启蒙运动中盛行的"知识就是力量"的神圣口号，如今也变成多数人的"盲目轻信，草率作结，夸夸其谈，咬文嚼字和一知半解"。诸如此类的情形不仅滋生了大量的盲目实验、空洞理论和自高自大的普遍真理与金科玉律，也严重地阻碍人类心灵与事物本性的和谐一致，使人类在认识和改造世界的过程中不断受到大自然的报复；使"知识"具有彻头彻尾的"自我破坏性"。

　　对此，我们只有反对权威主义和保守主义，敦促人们创立新的、开放型的、生动活泼的思维方式和方法，把人们从工具理性的桎梏中解放出来，开发人们的头脑和智慧，让单一、独断和僵死不变的理性教条和科学沙文主义远离人的认识和实践，才能真正做到抽象与具体、普遍与特殊、必然与偶然、要素与系统、经验与理论的辩证统一；真正彰显科学认识的客观实在性、可靠性、严密性、合理性、批判性和实践性。现代人类已经目睹技术专家决策体制的即将崩溃。为了跳出这种给人类带来诸多灾难的专家决策怪圈，为了制止军备竞赛，防止工业污染，保护生态环境，新一代人希望迅速改造生产形式；金融财政要更多地投向文化教育和食品工业，而不应该投入危害人类安全的烟酒工业和军火生产。在未来社会大变革中，科学技术要把人性的改善和社会进化放在首位，消除盘根错节的经济市侩主义和利己主义。

第四，要去除科学技术应用与实践中的权力异化。权力异化作为人类社会普遍存在的现象，不只是使劳动异化，导致"劳而不食，不劳而食"；使精神异化，制造了虚假意识、虚假观念，以及由此导致的无数罪恶和丑陋行径；也同样引发科学技术的异化，使科学日益丧失往日的审美性和真理性。具体而论：一是将科学变成招牌和荣誉，由此出现许多伪科学。二是将真知识变成假知识、知识者变成无知者。三是将科学知识变成奴役人类自身的力量。这种异化既破坏了科学技术原有的真善美统一性，也曲解了社会需要和人类生存的真正目的。为此，一些人将科学定义为唯物主义的，反人类的力量，是一个失控的、自己创造反而毁灭自己的恶魔[①]。他们责备科学使人退化为没有特殊本质的机器；把人类的生存环境变成一个危机四伏的大废墟；谴责科学用炸弹威胁人的生命；认定科学技术是导致一切腐败堕落、灾难和战争的罪魁祸首，因而对未来充满绝望，主张遏止科学技术。

当然，这种完全否定科学技术的极端反科学主义不可取。最恰当的做法就是克服科学技术自身的缺陷及其异化造成的危害。要认识到科学与真理不是等价的。一方面还有大量的真理没有被科学发现；另则是已经发现的真理也多为片面。实际上，科学并不是单纯的理性和经验事业。人类的歪曲、权术和其他非理性因素同样在科学团体中起作用。科学的世界观绝非仅对事物本来面目的真实发现，更是一种建构和猜想。因此未来科学的目标不是只旨在发现科学真理，而主要是追求科学的实用性、解释的有效性，以及理论的经验适合度；迅速改变现实中高成本、高消耗的生产形式；让科学尽可能地展露其自在自为的本性。由此，消灭权力异化，使科学不再成为资本的雇佣和单纯谋生的职业，因而也不再是人们之外的非本质存在或外部力量强加给人们的负担，而是使人获得解放和满足的手段。这时，科学技术才会恢复其真善美的特性；结束劳动异化和人对货币权力的服从；日益减少科学认识和技术实践中的错误和风险，使其真正成为人类用来认识、改造、塑造和完善自身的智慧、工具与技能。另外，无论何时，在我们的认知和实践领域都必须保持清醒的认识，在这样一个不确定的时代，只有一项是确定的，我们必须面对这个"不确定"的事实[②]。

第四节　"以地球为本"的生态观

随着现代社会的高生产、高消耗、高消费和高浪费对全球生态破坏的日益

---

① 约翰·齐曼. 2003. 可靠的知识. 赵振江译. 北京：商务印书馆：4.
② 约翰·肯尼思·加尔布雷思. 2009. 不确定的时代. 刘颖等译. 南京：江苏人民出版社：281.

加重及对人类生存带来的严重威胁，使得越来越多的人对人类未来命运予以关注。通过反思发现：当人类以控制和征服自然的主人姿态贪婪地利用、挖掘、开发、修整或改造地球的时候，完全无视老子的"人法地、地法天、天法道、道法自然"的自然主义思想。没有认识到生养全部生命的地球并不是一个人类可以随心所欲地支配和统治的对象；更不是一个可以为所欲为地进行挥霍、浪费和糟蹋的客体。面对这个庞大的生命体，人类绝不可一味狭隘地"以人为本"，一意孤行或是孤注一掷。在与地球的相处中，只能俯首屈尊，"以不强生而长生"之道，去认识、遵从、汲取、改造和利用它。树立一种"以地球为本"的生态观。理论上，唤醒人们的生态意识，探讨地球生态、科学技术和人类社会之间的关联，发展生态学。实践上，组织全人类保护地球，维护生态，实行生态经济，反对核战争和核扩散，拯救日益恶化的自然环境。对地球再也不能无限制地索取；只能因地制宜，凭借人类的智慧，发明创造和生产新天地。为此，近几十年来，既激励了生态学的迅速发展，推动了全球性的"绿色革命"，也在生态哲学层面，促动许多学者从全球化、政治生态学、生态理性、稳态经济、人道主义，以及"天人一体"的高度对人类面临的危险处境给予深入研究。认为今天的人类必须一改旧习，齐心协力地利用高科技共同摆脱由人的贪欲造成的资源短缺、能源紧张、环境污染、物种萎缩、生态失衡等威胁人类生存的严重危机。也正出于此种情势和目的，本章主要从如下三个方面，论述了"以地球为本"的新生态观的理论宗旨和实践要义。

一、人类对地球的毁损

提倡保护自然，维护环境，节约资源，反对人类对地球财富的无节制的利用、消耗和破坏，当然自古有之。特别是许多古老的民族或部落迄今仍然沿袭下来的各种拜物教，包括对蛇、狗、猪、树、鹰和鱼等诸多动植物的崇拜习俗，以及把一些自然物或自然力视作具有生命、意志和伟大能力的对象而进行顶礼膜拜的自然崇拜，都是旨在维护他们赖以生存的生态环境和自然资源。只是随着文明的发展，私欲的膨胀，一方面导致人类对地球资源的开发和利用在与日俱增，另一方面也导致人类对地球环境的毁坏愈演愈烈。尤其是自第一次工业革命将科学技术转化为生产力之后，"永不安分的资本、利润经济、高生产、高消费和永无餍足的贪欲"，就促使人类开始大规模地侵占土地，聚敛财富，囤积产品，追求奢侈，滋生贪婪，杀戮同类，绝灭动物，践踏环境，破坏生态，恶果丛生。具体而言如下。

一是引发了越来越具破坏性的战争和恐怖活动。特别是现代战争，由于普遍使用的都是杀伤力极强的武器，除了使用最常见的炸药武器和核能武器之外，在许多场合，战争疯子们还经常使用一些令人恐怖的化学武器、毒剂武器、生物武器、细菌武器以及热毒素武器等。结果，也就给人类带来无可估量的深重灾难，不仅给人的生命财产造成重大损失，也给整个地球，包括土地、草原和矿产资源带来巨大损毁。据一项权威性数据统计，仅20世纪爆发的两次世界大战就导致1亿多人类同胞死亡，消耗和损失财产58683多亿美元。至于第二次世界大战后发生的上千次大大小小的战争，不只是同样造成参战士兵和平民百姓的巨大伤亡，给一些地区带来长期的动荡不安，使得民不聊生，流离失所，难民激增，也同样给整个人类社会的人力、物力、财力和资源造成无可挽回的损失，并刺激了更多国家不惜代价"扩军备战"。

二是导致日益严重的科学技术的功利化、权力化和异化。其最大危害就是背离科学技术旨在提升人类文明的初衷和本性，使越来越多的人为了满足自己的权欲、物欲、财欲和私欲，经常地丧失理智，滥用科技，除了发明制造大量的杀人武器之外，就是制造毒品和生产假冒伪劣产品坑害和毒害广大百姓。除此之外，就是利用科学技术这把双刃剑导致的资源枯竭、森林锐减、草原沙化、毒物扩散、海洋污染、耕地减少、自然环境和人文环境严重损毁、人与自然的矛盾加剧，以及人际间、国家间的竞争日益激烈。特别是由于人类的滥捕滥杀，地球正在进入第六次物种大灭绝时期。面对这种严峻形势，如果人类不采取断然措施拯救物种，挽救生态，务必会将人类赖以生存的环境变成各种生命都难以为继的大废墟。这种日益缩小的生境将会使人类陷入生死攸关的困境。为此，一些反科学主义者谴责科学技术用炸弹威胁人类生命，蓄意破坏人类文明；总有一天会成为一种可怕的怪物消灭人类。

三是逐渐形成一个荒淫糜烂、纸醉金迷、游手好闲的寄生阶级及背离节俭主义的异化消费。其副作用有三：①导致物质财富的无限浪费、地球资源的巨大消耗，使人类和其他物种形成的一种食物链发生断裂，及至迄今还没有依靠科学技术杜绝全球性的饥荒和疾病。②破坏了人的身心健康，刺激了人际间的攀比、嫉妒和仇恨，加速了人性的异化，分裂了人的存在，摧毁了人的审美欲求。人的消费原本是生命的一种自然行为，而现实中的消费本质上却变成人为刺激起来的幻想的满足；变成一种与我们的真实自我相异化的虚幻活动①。从而对整个人类产生腐蚀和肢解作用。③衰减了经济领域人类扩大再生产的能力，阻滞了自然资源的可持续开发和社会的可持续发展。一些败家子们不知贪欲乃众恶之本，骄奢乃杀身之源，一味地坐吃山空、杀鸡取卵，既熄灭了人的创造热情，使人日益沉迷于追名逐利，完全被贪欲控制；也颠倒了人和物的关系，使人的本质完全被物化。照此下去，人类不仅会破坏自然界正在努力维持的平衡，也将快速成为这颗

---

① 弗洛姆.1988.健全的社会.孙恺祥译.北京：中国文联出版社：134.

星球上最具毁灭性的一种力量[①]。

　　四是落后陈旧的生殖观念导致的人口的急剧增长和恶性膨胀，使得今日人类面临着非常严峻的形势。据一项权威统计，世界人口 1800 年仅为 10 亿，而刚过 2 个世纪，就增长到 70 亿，按照这种几何级数增长的趋势，到了 2025 年世界人口将达到 82 亿。这种人口无节制增长趋势必然带来各种问题、困难和灾难，特别是贫富悬殊的加大和穷国与富国的经济差距的拉大，必将使得饥饿、疾病、暴力和战争在所难免。人口无限增长带来的一个最严重后果就是地球上可耕地的日益减少和贫瘠。以中国为例，1957 年中国人均耕地为 2.57 亩，到了 1997 年人均耕地就迅速减少到 0.9 亩。全国有 463 个县，人均耕地低于 0.5 亩。平均每年净减少耕地 289.9 万亩。若按照此种速度演变下去，有人预计到 2050 年，中国的许多地区将无地可耕。届时，印度将成为世界第一人口大国，将要成为世界上最拥挤和最令人窒息的人间地狱。与土地萎缩相伴随的是矿物资源的危机，有人预言在 21 世纪末，世界就将面临煤炭、石油、燃气、木材，以及海洋资源和其他多种资源枯竭的危险。

　　上述四方面的危机既使人类面临着难以自拔的困境，同时证明，随着科学技术的发展和广泛应用而实现的人类对自然界的日益增长的控制，并没有给人类解放带来本质性进步。因为人与自然的矛盾是由人们贪得无厌地追求物质享受所致。这种对自然界的发现、利用和盘剥，使大自然越来越屈从于商品生产和商业组织。于是被人类占领和控制的地球便逐渐成为异化、商品化、军事化和权力化的地球。结果，表面上看是"技术至上，人定胜天"，是"知识就是力量"，实际上正是那些所谓不可动摇的"发展规划""开发决策"或是"科学真理"，不仅损毁了人类得以生存的美好环境，也牺牲了人类自身的精神追求和审美愉悦；不仅切断了人与自然的纽带，使人成为一种无根基的存在，也破坏了作为地球组成部分的人自身的有机性。此时，自然沦为被主宰、被掠夺、被奴役的对象，人与自然的关系蜕变为占有者和被占有物、使用者和被使用物、生产者和原料的关系。对自然的掠夺式开发和利用带来了自然生态和人的生存环境越来越严重的破坏，使人遭到了可怕的报复。与此同时，对物质财富和利润的无限制获取导致了物欲的极度膨胀和人的"物化"，人被置于物的必然和强制之下，越来越沉迷于物质追求和消费追逐，从而被完成的贪欲所控制，最终成为物的奴隶[②]。为了将人和地球从相互间的奴役中解放出来，达到互惠互利的目的，我们应竭力在实践上建立人与地球的和谐关系、共生关系，以便从人中解放地球，也从地球中解放人。

---

① 乔恩·埃里克森 . 2010. 地球面临的挑战 . 杨心鸽译 . 北京：首都师范大学出版社：9.
② 哈贝马斯，哈勒 . 2001. 作为未来的过去 . 章国锋译 . 杭州：浙江人民出版社：209.

二、地球的有机性和生命性

为什么人类过度地消耗地球资源，往往会遭到地球的报复呢？或者说在人类控制和操纵地球的时候，为什么也同时存在地球对人的反作用和反控制呢？这不仅因为地球本身就是一个高度有序的自在自为的整体系统，还因为地球和人类原本就是一个不可分割的高级有机体。这个特殊的有机体不仅是自然界几十亿年发展演化的结果，而且体现在空间形式和结构功能上，是由各种圈层架构起来的一个最复杂、最活跃、最高级和最具生命力的星球。这个星球并不像现在的地质学、地理学、生物学、水文学、气象学、环境学等自然科学进行的分门别类的研究那样，是一个由各种圈层各自孤立地堆积起来的一个僵死球体。相反，正是这些圈层的有机结合形成一个不断创化生命的巨型生命体。

在这个巨型生命体中，其基本结构是：从内往外依次是地核、地幔、岩石圈、土壤圈、生物圈、水圈和大气圈。这种结构不仅在圈层与圈层之间没有严格界限，而且每一圈层的命名也不具有完全的"客观实在性"。这里既存在认识论上的二分法和不可避免的主观性，也有圈层之间的相互渗透、嵌入、交合、重叠与融汇。也就是说，现实中人类很难区分出哪一个是岩石圈、土壤圈、水圈和生物圈。只要看看岩石圈中隐藏着那么多的矿产资源：煤、石油、天然气、页岩气，以及无数的珠宝、金属、生物、微生物、水和诸多气体，就会证明，人类对地球的认识只能依赖抽象的概念对地球进行实用性和概括性的描述与表达。实际上，不仅构成地球整体的各个圈层都是相互交织、相互融合的，而且正是各个圈层形成和拥有的一种"广大的新陈代谢作用"执行着地球固有的自我消化、自我更新、自我生产和自我创造的功能。由此，才产生出自然界中几乎是独一无二的生命现象和人类社会。

在这里，正是地核、地幔和岩石圈内部的物理化学作用及各圈层间的相互作用导致的火山地震运动，实现了地球内部的物质能量循环，从而对地球上的气候和生命产生深远影响。也正是地壳内外的碳循环维持着热能输出和输入的平衡，决定了地球的温度，并通过其特有的温室效应圈住了大气中的热量，阻滞它逃逸到外太空，才保证地球上的生命永驻不衰。至于生物圈中的氮循环也是支撑和维持生命在地球上得以进化发展的基本条件和因素。事实上，地球上根本就不存在一个独立自存的大气圈。所谓的大气在地球上是无孔不入，直至一切生命。没有气体的存在，就没有生存的可能。即便是最高级的人类，其存活也完全决定于氧气的吸入和排出。更何况大气作为一种物质形态，也源于地球的其他壳层，比如来自岩石圈、水圈、黏土圈和生物圈，并通过相互间的作用而相互激活。

至于容纳了所有生命体的生物圈，不仅要依赖于广泛存在于地球之上的氮循环，更需要吸收阳光和水分进行光合作用。而且正是这一将光能和水能转化为生命能量的光合作用又为地球上的生命制造了得以生存的必须物质——氧气。在这个制造"生命气体"的过程中，仅"活跃于海洋光照区的单细胞光合作用生物就生成了大气中的80%的氧气"，而另一些生物作用则可以聚集地壳中的诸多元素，形成整个生物圈赖以生存的食物链中的最底层的生物种。

地球的有机性和生命性不仅体现在地球为生命提供了生存所必须的条件，生命本身也会通过完成自身的一些变化维持生命体的最佳状态。也正基于此，盖亚假说将地球描述为一个为自身创造良好环境的巨大生命有机体。正是在这里，生命体和非生命体之间的互相影响形成了一个保持平衡常态的自我调节系统[1]，执行着生命不断创生进化的功能，将地球带入一个自在自为的过程。而地球就是由这一过程创造和维持的，而且这种创造是永恒的，不是一度存在过，而是永恒地产生着自己[2]。也就是说，地球一经生成这种生命力，就会像一只火凤凰一样生生不息，创造和滋养着赖以生存的万物及能思维的人类。从此，也就使得地球逐渐演变成宇宙中的一只光彩夺目、纷繁复杂和高级智慧的球体。

由此，也导致人类对地球的看法发生本质性变化。在这种源于生态学的地球观和世界观看来："世界是一个有机体和无机体密切相互作用的、永无止境的复杂的网络。在每一系统中，较小的部分只有置身于它们发挥作用的较大的统一体中，才是清晰明了的。"[3] 所以，我们必须从整体的、系统的、多元的和综合的角度来看待地球。应当从人类关系、历史范畴、经济要素上，以及同生产力发展的紧密联系上来理解地球，必须把它作为社会地、历史地为生产所组织起来的东西来考察。因此，所谓客观的地球并不只是被反映的自在，随着物质对象被日益增长地纳入人的社会行动中，其客观规定也便日益增多地进入主体之中。此时，实践既是人对自然和地球的主宰，又是人类自由的实现。为此，一切新的社会形态都应依据自然和地球本身的秩序进行设计，特别是有着生命神性的地球，它是一个整体，一个生命系统[2]，从石头、树木到昆虫和鸟兽都是这个有机系统的一个构成部分。在这里，没有一物是无用和多余。这恰如伟大的牛顿所言，自然界从不用多余的原因解释结果，也从不在其创造中浪费一个微粒，在用很少的东西就能够解决问题的情况下，它从不兴师动众[4]。

不仅如此，这个生命体还会像乔伊·哈尔约在《记忆》一文中所描绘的那样，它有自己的语言和声音。在这里，地球会说话，人类身体会说话，人也会

---

① 乔恩·埃里克森. 2010. 地球面临的挑战. 杨心鸽译. 北京：首都师范大学出版社：5.

② 黑格尔. 1986. 自然哲学. 梁志学等译. 北京：商务印书馆：384, 379.

③ 大卫·格里芬. 1995. 后现代科学. 马季方译. 北京：中央编译出版社：121.

④ 塞耶. 1974. 牛顿自然哲学著作选. 王福山等译. 上海：上海人民出版社：3.

说话。大家都有自己的语言，而且具有理解彼此的潜质①。只是人类，直到今天，其中的大多数人还没有学会倾听自然和地球的声音，还没有收到关于我们在地球上生存的不可协商的要求②。如果能够确识地球给人类下达的律令，就会清楚，人类只有遵循地球自身的演化规律，才能将智慧赋予地球，地球才能变成一个智慧的对象和主体，及至提升人类的地位和生存能力。

为此，无论今后人类拥有怎样高超的科学技术和改天换地的能力，都不可忘记在人类对地球的统治史上，是人类和地球相互作用的辩证法在起作用。固然，迄今为止的自然科学可以分为物理、化学、生物等门类，但这并非现象本身的门类③。因为地球无论何时都是一个相互关联的整体，因此，研究它、认识它和改造它，都必须运用一种理论上的信息论、整体论和系统论，将迄今为止人类所创造的全部精神财富和科学理论都用在对自然和地球的开发、利用和改造上。只有如此，我们才不至于把科学技术只看作是统治自然或地球的能力，而将其看作是对自然或地球和人类之间关系的控制。只有这种控制才"能够实现在统治自然的原始概念中所蕴含的进步希望"④；才能够真正地创建"智慧地球"和解放地球。

三、"天地人合一"理念的践行

从地球的有机性和生命性可知，整个自然界的根本特性就是："天地一指，万物一马"。谁破坏这种统一，谁就必然遭到大自然的报复。至于如何去除人类对地球的贪婪控制，达到恢复地球、活化地球和解放地球，这需要首先消除"以人为本"的意识，确立"以地球为本"的理念；批判以人的主观意志为转移的"人类中心论"；拒绝将地球"全盘人化和权力化"。从古希腊的普罗泰哥拉提出"人是万物尺度"的思想开始，人类中心论就坚持把人的利益作为价值原点和评价的依据；认为只有人类才是价值判断的主体。由此强加自己的欲求、动机、目的给地球，毫不顾忌地球自身的承受能力及内在运行规律。结果，也就自然地犯了一个严重错误：颠倒了地球和人类之间的本末倒置关系。人类没有认识到：不是人类生养了地球，而是地球生养了人类；人类不是中心，地球才是中心；不是人类具有至上性，而是地球具有至上性；不是人类决定地球的命运，而是地球决定人类的命运。地球绝不是一个可以任人宰割的无机物体。当然，人类可以凭借自己的权力意志和所谓的"能动性"自以为是地践踏地球，但结局只能是自取其

① 格蕾塔·戈德，帕特里克·D，墨菲. 2013. 生态女性主义文学批评：理论、阐释和教学法. 蒋林译. 北京：中国社会科学出版社：303.
② 格蕾塔·戈德，帕特里克·D，墨菲. 2013. 生态女性主义文学批评：理论、阐释和教学法. 蒋林译. 北京：中国社会科学出版社：304.
③ 大卫·哈维. 2012. 地理学中的解释. 高泳源等译. 北京：商务印书馆：572.
④ 威廉·莱斯. 1993. 自然的控制. 岳长岭译. 重庆：重庆出版社：172.

辱、自食苦果和甘受惩罚。

为此，我们必须清楚，庞大的地球和无限的宇宙，其背后隐藏着的无数奥秘深不可测、遥不可及。它虽然不像康德所言，作为自在之物永远处于人类认识的彼岸，但相比较广大无边的未知领域，人的认知能力和已获取的认识无疑极其有限。此时此刻，如果我们仍以老大自居，那后果就是对它们了解得越多，距离它们就越远①。因此人类在任何时候都不可以独断专行，以己度人，把自己的感觉、认识和评判标准强加给周围事物。要相信"科学就是绝对真理"的时代已经一去不复返。也正基于此，眼下的人类中心主义遭到非人类中心主义生态学的激烈批判。一种新的生态伦理学，其在生态观的表达、整体思维的运作、经济价值观的转向、绿色科技观的生成、生产方式观的转换、文化自然观的整合等层面上显示的重要学术价值，都给今天确立"以地球为本的生态观"以非常多的启示。

虽然自古以来"自然和地球"就浑然天成，合为一体，没有天地间的交合，就没有地球上的万物和生命，使得今天的人类完全可以从系统论和生态学的高度来看待宇宙万物之间的紧密关系，但是一经比较自然、地球和人类之间的关系，就会发现，尽管宇宙中发生的一些大的事件，如太阳风暴、黑子运动、月亮的周期运行、太空流星、小行星爆炸都会波及地球万物和人类生存，但真正直接影响到整个地球及人类的生死存亡和物种绝灭的主要因素，还是发生于地球上的地壳运动、火山地震、沙尘暴、森林火灾、洪水飓风、洋流海啸等各种灾害事件。正因如此，今天人类在处理地球和人类之间的关系时，必须时时处处以地球为本，要充分认识到，即便是地球上发生的一些看似微不足道的事件，如汽车尾气、动物排泄、草芥燃烧、垃圾污染、病菌增生以及日常生活中个人的一些微小行动，如吸烟、吸毒、酗酒、乱性、水源污染、病毒传播甚至是莽撞和冲动等，都可能给地球生态带来破坏，或是给整个生物界带来灭顶之灾。以地球上的碳循环为例，表面上看碳元素在地球上的作用不能和氮、氢、氧三种元素相提并论，然而碳在生态圈内的变换和迁移也直接涉及地壳、海洋、大气和生命之间的相互作用。这个循环首先从地球内部通过各种途径移出的二氧化碳开始，然后是二氧化碳转换为碳酸氢盐从陆地进入海洋，继而海洋生物又将它转换为碳酸盐沉积物，而后通过板块运动、地幔对流将其推入地球内部，经过高温熔化变为岩浆，然后随着火山喷发再次将大量的二氧化碳射入大气，由此在地球上完成整个碳循环过程。

这个循环看起来无足轻重，实际上与整个地球生命息息相关。因为二氧化碳既是植物光合作用的原料，又是地球温度的调节器；既保证了地球生命的存活发

---

① 格蕾塔·戈德，帕特里克·D，墨菲. 2013. 生态女性主义文学批评：理论、阐释和教学法. 蒋林译. 北京：中国社会科学出版社：171.

展，也遏制了更多的地质灾害和生物灾变。当然在这个循环过程中，仅有光合作用对二氧化碳的吸收也不会始终维持地球上的物质和能量的动态平衡，因为一旦当二氧化碳被植物吸收殆尽，导致大气圈中的二氧化碳变得稀薄，此时地球上的热量就会因失去大气圈中由二氧化碳气体形成的温室效应的保护而逃逸，导致地球温度不断降低，直至变成一个冰球，引发大冰期的到来和大量生命的毁灭。不过，如此引发的生命的毁灭也不是一件绝对的坏事。比如，正是大量植物种的死亡，降低了整个地球上的光合作用，使得大气圈中的二氧化碳含量再次增加，重建温室效应，恢复地球上温暖如春的气候，使地球上的物种再获繁荣茂盛和生机勃勃。总之，人类只有千方百计地去呵护和协调地球上的各种物质能量，才能够保证整个地球生态的和谐共生。

至于如何"以地球为本"，实践"天地人合一"，近些年，不仅已形成一种以地理学和人文学科相互结合为特征的跨学科聚合，而且人文学科的空间整合与地理学工具的使用也都进入这项实践。特别是近几年异军突起的地质人文学科，通过借助来自国际上著名的学者、建筑师、艺术家、活动家和科学家所做出的 30 项尖端贡献，映射和描绘了这个脱颖而出的智力领域 [①]。这种迅速扩展的人文学科与地理学的结合，以及对多元方法论的探究和应用，都旨在重构地理空间的意义，以激发产生新知识和改变政治实践的可能性。在这个智力和学术发生巨大变革的时代，地质人文学科的大量涌现并不是一种巧合。例如，现代国际上集中讨论的一些最急迫的主题：如"创造性和地理空间"的关联问题，已经改变了的空间识能实践，艺术、文化和科学中的视觉表现的日益复杂性，以及信息时代地理空间技术的普遍在场和应用等，都正在积极推动人类去竭力实现"天地人一体化"。也正基于此，地质人文学家米切尔·迪尔指出，即便是地图制作也不应该只限于地理学领域，不能说那借助于地理空间分析和地理信息系统对地理位置和地理距离进行计算和应用的最安全的地方只限于地理学，而与历史学、文学、哲学、社会学、政治学、经济学、风景地貌、设计或是公众健康完全无关。实际上，地理学和历史学都与人文学科拥有类似的关系，而且它们的基本分析模式都面临类似的挑战。两者都横跨社会科学和人文科学 [②]，都可以用于设计和操作天地人的和谐与统一。

例如，目前受到普遍关注的一个跨领域学科，即统一地理学和历史学的生态考古学。它通过重新审视原始社会狩猎经济，从中发现原始人的生活方式往往能够以比粮食生产花更少的力气来维持较低的人口密度。于是，一些考古学家不仅倾向于将这些原始的狩猎采集者重新看作人类史上最悠闲和高尚的野蛮人，而且

① Dear M. 2011. GeoHumanities: Art, History, Text at Edge of Place. New York：Routledge：1.
② Dear M. 2011. GeoHumanities: Art, History, Text at Edge of Place. New York：Routledge：296.

认为即便是利用先进的科学技术获得较大生活安全感的现代人，也会设法维持已经熟悉的生活方式。于是他们主张：至少那些较平等的史前人群就有意试图成立一种"节约型社会"（conserving societies）[①]。在这种社会里，原始人类也许是在自觉地追求自然本真的生活，而不是像现代人，只一味地对地球敲骨吸髓。

实际上，人类只是地球这个巨大生命体的一个可有可无和无足轻重的从属部分，任何时候都不可造次，只能依照地球遵循的规律去实践。老子言，智者对待大自然的明智做法就是"稀言自然，无为而治"。因为只要"谷神不死"，其玄牝之门就会用之不尽。人类也只有如此，才能真正做到"天地相合，天人一体，生息长存"。当然，这不是要否定智慧的人类在实践"天地人合一"的过程中所能起到的"改天换地"的伟大作用，而是强调要在开发地球的过程中，能够在那经久不衰的、旨在强化人类社会的深层实践和日常生活中的个人唯意志论行为之间做出区分。要确信："这种区分是重要的，因为它能够告诉我们社会控制和自由意志的相对重要性是什么，以及这两种对立力量怎样才能够在日常生活中做到相互交织和相互制约。"例如，有关旨在改观人类生存环境的"空间生产的探求途径"问题，一些结构主义者认为空间生产观主要源自马克思主义的政治经济学，包括列斐弗尔的空间生产概念，以及哈维的有关资本主义都市化过程的认识。另一些人则认为：有关空间生产观的形成机制完全有一种不同的理论遗产，包括对物质的关注，也包括认知的、文化的和社会的诸多方面，如人的态度和信念、情感和情绪等因素[②]。而在笔者看来，上述两种途径都为人类通过空间生产来塑造地球面貌、扩展地球空间、提升人的生存质量做出重要贡献。

除此之外，当然，还需要解决人类所面临的诸多问题。因为现实世界的可持续发展需要消除贫富分化、解决国际合作等重大问题，而合作的内容就是控制军备、改善人类的生存环境、减缓人口大爆炸的速度和提供发展所需的必要力量[③]。而欲达此目的，至少还需要建立一个"世界共同体"来实施和支撑，并使其成员能够形成共识：全人类都拥有和享用着共同的财富，都承担着同一个重要任务：保护地球的健康与安全，保护好地球上的珍贵资源，采取一切有效措施控制人口增长，节制非再生性资源的开发利用，杜绝大气污染、臭氧层破坏、森林衰退、水土流失、酸雨增加、物种退变，以及一些毁灭性疾病的蔓延。只有如此，才有可能真正实现"天地人合一"，保证地球和人类的持续进化与发展。

---

① 布鲁斯·G·特里格．2011.时间与传统．陈淳译．北京：中国人民大学出版社：72.

② Dear M，et al. 2011. GeoHumanities: Art, History, text at the edge of place. New York：Routledge：5.

③ 辛西娅·斯托克斯·布朗．2014.大历史——从宇宙大爆炸到今天．安蒙译．济南：山东画报出版社：273.

参 考 文 献

A. 施密特 . 1988. 马克思的自然概念 . 欧力国，吴仲昉译 . 北京：商务印书馆 .

D. M. 劳普，S. M. 斯坦利 . 1978. 古生物学原理 . 武汉地质学院古生物教研室译 . 北京：地质出版社 .

道格拉斯·帕尔默 . 2013. 地球的历史 (下). 秦静远译 . 北京：人民邮电出版社 .

D. 约克，R. M. 法夸尔 . 1976. 地球年龄与地质年代学 . 袁相国译 . 北京：科学出版社 .

沙特斯基 . 1956. 论褶皱形成的长期性及褶皱幕 . 江克一译 . 北京：地质出版社 .

牛顿 . 1974. 牛顿自然哲学著作选 . 王福山等译 . 上海：上海人民出版社 .

保罗·戴维斯 . 1996. 上帝与新物理学 . 徐培译 . 长沙：湖南科技出版社 .

卡尔·波普尔 . 1986. 猜想与反驳 . 傅季重，纪树立等译 . 上海：上海译文出版社 .

卡尔·波普尔 . 1986. 科学发现的逻辑 . 查汝强等译 . 上海：上海译文出版社 .

布鲁斯·G. 特里格 . 2011. 时间与传统 . 陈淳译 . 北京：中国人民大学出版社 .

达尔文 . 1963. 物种起源 . 周建人，叶笃庄，方宗熙译 . 北京：商务印书馆 .

达维塔什维里 . 1956. 古生物学教程 . 上卷 . 第一分册 . 李佩娟，杨鸿达译 . 北京：地质出版社 .

大卫·格里芬 . 1995. 后现代科学 . 马季方译 . 北京：中央编译出版社 .

大卫·哈维 . 1996. 地理学中的解释 . 高泳源等译 . 北京：商务印书馆 .

恩格斯 . 1971. 自然辩证证法 . 曹葆华，于光远，谢宁译 . 北京：人民出版社 .

恩斯特·迈尔 . 2010. 生物学思想发展的历史 . 第 2 版 . 涂长晟译 . 成都：四川教育出版社 .

法兰士·达尔文 . 1957. 达尔文言语生平及其书信集 . 叶笃庄，孟光裕等译 . 上海：生活·读书·
新知三联书店 .

菲利普·布雷特 . 2010. 地球的终结 . 李志涛，王怡译 . 北京：中央编译出版社 .

费尔巴哈 . 1995. 基督教的本质 . 荣震华译 . 北京：商务印书馆 .

保罗·费耶阿本德 . 2006. 知识、科学与相对主义 . 陈健译 . 南京：江苏人民出版社 .

弗朗斯·德·瓦尔 . 2011. 人类的猿性 . 胡飞飞等译 . 上海：上海科学技术文献出版社 .

格蕾塔·戈德，帕特里克·D 墨菲 . 2013. 生态女性主义文学批评：理论、阐释和教学法 . 蒋
林译 . 北京：中国社会科学出版社 .

哈贝马斯 . 2001. 作为未来的过去 . 章国锋译 . 杭州：浙江人民出版社 .

海克尔 . 2002. 宇宙之谜 . 郑开琪等译 . 上海：上海译文出版社 .

海克尔 . 1935. 自然创造史 . 马君武译 . 上海：商务印书馆 .

黑格尔 . 1980. 小逻辑 . 贺麟译 . 北京：商务印书馆 .

黑格尔 . 1983. 精神现象学 . 贺麟译 . 北京：商务印书馆 .

黑格尔 . 1986. 自然哲学 . 梁志学等译 . 北京：商务印书馆 .

黑格尔 . 2010. 哲学科学全书纲要 (1830 年版). 薛华译 . 北京：北京大学出版社 .

康德.1999.实践理性批判.韩水法译.北京:商务印书馆.

莱伊尔.1959.地质学原理.上册.徐韦曼译.北京:科学出版社.

卢继传.1980.进化论的过去与现在.北京:科学出版社.

鲁迅先生纪念委员会.1973.鲁迅全集.第一卷.北京:人民文学出版社.

洛伊斯·N.玛格纳.生命科学史.第3版.刘学礼译.上海:上海人民出版社.

斯蒂芬·F.梅森.1977.自然科学史.上海外国自然科学哲学著作编译组译.上海:上海人民
     出版社.

昂利·彭加勒.1962.科学与假设.李醒民译.北京:商务印书馆.

乔恩·埃里克森.2010.地球的入侵者——小行星、彗星和陨星.杨帆译.北京:首都师范大学
     出版社.

乔恩·埃里克森.2010.活力地球·沧海桑田:地球之形成.董锋,羊倩仪译.北京:首都师范
     大学出版社.

乔恩·埃里克森.2010.地球面临的挑战.杨心鸽译.北京:首都师范大学出版社.

乔恩·埃里克森.2010.地球上失落的生命——大灭绝.张华侨译.北京:首都师范大学出版社.

乔治·居维叶.1987.地球理论随笔.张之沧译.北京:地质出版社.

石沧桑.1975.试论地质力学中的自然辩证法.吉林大学学报(地球科学版),02.

田战省.2011.探索发现世界未解之谜(彩图珍藏版).长春:北方妇女儿童出版社.

威廉·莱斯.1993.自然的控制.岳长岭,李建华译.重庆:重庆出版社.

辛西娅·斯托克斯·布朗.2014.大历史——从宇宙大爆炸到今天.安蒙译.济南:山东画报出
     版社.

雅克·莫诺.1977.偶然性和必然性:略论现代生物学的自然哲学.上海外国自然科学哲学著
     作编译组译.上海:上海人民出版社.

伊安·巴伯.1993.科学与宗教.阮炜等译.成都:四川人民出版社.

圆明.1995.索性做了和尚.上海:生活·读书·新知三联书店.

约翰·肯尼斯·加尔布雷思.2009.不确定的时代.刘颖等译.南京:江苏人民出版社.

约翰·齐曼.2003.可靠的知识:对科学信仰中原因的探索.赵振江译.北京:商务印书馆.

约瑟夫·劳斯.2004.知识与权力.盛晓明等译.北京:北京大学出版社.

中共中央马克思、恩格斯、列宁、斯大林著作编译局.1964.马克思恩格斯全集.第23卷.北京:
     人民出版社.

中共中央马克思、恩格斯、列宁、斯大林著作编译局.1973.马克思恩格斯选集.第4卷.北京:
     人民出版社.

中共中央马克思、恩格斯、列宁、斯大林著作编译局.1987.列宁全集.第9卷、第38卷.北京:
     人民出版社.

朱洗.1980.生物的进化.第2版.北京:科学出版社.

Britton A L. 1975.Philosophy of Geohistoty.Stroudsburg:Dowden Hutchinson & Son.

Cannon W F. 1960. The uniformitation-catastrophist debates. Isis,51:38-55.

Cuvier G. 1834. The Animal Kingdom.London:G Henderson.

Cuvier G. 1813. Essay on the Theory of the Earth. London:Shrand.

Dear M. 2011. Geohumanities:Art History Text at Edge of Place. New York:Routledge.

Dewey J. 2010. Reconstruction in Philosophy.Montana：Kessinger Publishing.

Gillispie　Charles C. 1981. Dictionary of Scientific Biography. New York：Scribner.

Laudan L. 1977. Progress and Its Problems.Berkeley：University of California Press.

Mial L C. 1911. History of Biology. London：Watts & Co Ltd.

附录: 本书作者已经发表的有关居维叶及灾变论的文章目录

1. 居维叶世界观是唯心主义的吗?《自然辩证法研究会通信》.1981.14.
2. 如何理解恩格斯对居维叶灾变论的批判.《自然辩证法研究会通信》.1982.3.
3. 论居维叶灾变论的科学性.《南京大学学报（自然科学版）》.1982.2.
4. 居维叶主张神创论吗?《自然辩证法通讯》.1982.6.
5. 居维叶的成功之道.《人才》.1982.7.
6. 灾变论是唯心的吗?《大自然》.1982.2.
7. 就辩证法观点浅析居维叶之灾变论.《自然辩证法报》.1983.3.
8. 居维叶的辩证法思想.《南京大学学报（哲学·人文科学）》.1983.2.
9. 生物进化中的偶然性.《哲学研究》.1983.1.
10. 居维叶与圣提雷尔的争论.《自然辩证法通讯》.1983.6.
11. 居维叶不怕鬼.《中国青年》.1983.2.
12. 居维叶对进化论的贡献及进化观.《化石》.1983.1.
13. 两种灾变论.《自然信息》.1984.2.
14. 博物学家居维叶.《自然杂志》.1984.7.
15. 略论灾变论的起源及其发展.《地质科学与管理》.1984.2.
16. 现代灾变论与进化论.《自然辩证法报》.1985.16.
17. 略论渐变性质变.《南京大学学报》增刊.1985.2.
18. 进化思想的先驱——布丰.《自然杂志》.1985.10.
20. 渐变性质变的特征.《学术研究》.1986.3.
21. 试论华莱士在形成生物进化论中的地位.《自然杂志》.1986.9.
22. 论获得性遗传的科学性及哲学意义.《科学、辩证法、现代化》.1986.2.
23. 等级性:对生态学复杂性的看法.《科学、辩证法、现代化》.1986.1.
24. 灾变论与进化论的关系.《科学、辩证法、现代化》.1987.

术语和主体索引

后　记

　　本书始作于 1979 年我在南京大学哲学系攻读硕士学位期间撰写的《论居维叶灾变论的科学性》一文。那个年代，虽然"文化大革命"已伴随"四人帮"的垮台渐行渐远，但极"左"思潮依旧根深蒂固。特别是被"四人帮"出自勃勃野心无限拔高的马克思主义，还不能触碰任何微词。为此，凡是被马克思主义经典作家予以肯定的人和理论，依然是不可怀疑和批判；凡是被其批判和否定的对象，也不可"正名和平反"。法国著名博物学家乔治·居维叶，就是因为恩格斯在《自然辩证法》一书中批判他的灾变论"词句上是革命的，而实际上是反动的"，使其在中国的学术界长期被赋予负面形象。然而我在阅读居维叶的相关著作之后，发现这位伟大的科学家，不仅为人类的知识宝库奉献了《比较解剖学讲义》《四足动物骨骼化石研究》《论地球表面的革命》《动物界》等巨作，还由此创立了比较解剖学，发现"器官相关律"，建立了自然分类法，提出地质"灾变论"，开创了古生物学和地史学。其成功的研究方法、高尚的科学美德、严谨的治学态度、对科学精益求精和勇于探索的精神，也极大地鼓舞追求科学真理的后来人。故我以"论居维叶灾变论的科学性"为题，开始多年的研究和撰写工作。1981 年研究生毕业时，留下 19 万字的书稿和 20 多万字的翻译资料。1987 年地质出版社出版我翻译的居维叶灾变论的代表作《地球理论随笔》。只是我撰写的《居维叶及灾变论》一书依旧沉睡中国大地。无情的时间一晃就是 35 年，我不甘心过去的岁月为这位科学伟人花费的心血，终于在"江苏省地理信息资源开发与利用协同创新中心"的赞助下，使本书面世。我诚挚地感谢"创新中心"的慷慨支持；感谢间国年教授提供的相关资料和宝贵理念；感谢南方科技大学为我提供的良好的工作与生活条件；感谢科学出版社慧眼识珠以及邹聪、刘溪、李嘉佳三位编辑为该书问世花费的辛苦。当然也要感谢 30 多年前，用钢笔为我数次誊抄书稿的夫人陆振丽女士。

　　著作虽已面世，问题还是不少。况且对世上万物，总是仁者见仁，智者见智。眼下我以一己之见，企图洗清居维叶的"千古蒙冤"，尽管绵力微弱，也总算体现了我对科学及其贡献者的一片赤心碧胆。

张之沧

2015 年 11 月 14 日

于南方科技大学专家公寓 2 栋 407 室